"十四五"职业教育国家规划教材

"十三五"职业教育国家规划教材

国家中等职业教育改革发展示范学校质量提升系列教材

电梯专业技术人员职业素养

沈阳市汽车工程学校 主 编

迟春芳 朱嫣红 副主编

中国铁道出版社有限公司

CHINA RAILWAY PUBLISHING HOUSE CO., LTD.

内容简介

本书是为适应电梯专业技术人员就业能力培养的需要，根据职业学校的教学特点，选取典型案例，精心编排，讲究实用性、操作性，目的在于帮助该专业毕业生顺利就业或帮助工作人员提升自我素养。本书共八章，主要内容包括：职业认知、职业与职业素养、职业意识、职业道德、自我管理素养、团队协作、沟通能力素养和创新能力素养。

本书适合作为中等职业学校电梯安装与维修保养专业的教材，也可作为职业技能培训用书，还可作为从事电梯技术工作人员的参考用书。

图书在版编目(CIP)数据

电梯专业技术人员职业素养/沈阳市汽车工程学校主编.
—北京：中国铁道出版社有限公司，2019.8(2024.7重印)
国家中等职业教育改革发展示范学校质量提升系列教材
ISBN 978-7-113-25980-8

Ⅰ.①电… Ⅱ.①沈… Ⅲ.①电梯-工程技术人员-职业道德-中等专业学校-教材 Ⅳ.①TU857

中国版本图书馆CIP数据核字(2019)第125393号

书　　名：电梯专业技术人员职业素养
作　　者：沈阳市汽车工程学校

策　　划：李中宝　邬郑希　　　**编辑部电话**：(010)83527746
责任编辑：邬郑希　冯彩茹
封面设计：刘　颖
责任校对：张玉华
责任印制：樊启鹏

出版发行：中国铁道出版社有限公司(100054，北京市西城区右安门西街8号)
网　　址：https://www.tdpress.com/51eds/
印　　刷：河北宝昌佳彩印刷有限公司
版　　次：2019年8月第1版　2024年7月第3次印刷
开　　本：787 mm×1 092 mm　1/16　**印张**：17.25　**字数**：412千
书　　号：ISBN 978-7-113-25980-8
定　　价：48.00元

国家中等职业教育改革发展示范学校质量提升系列教材

教材编审委员会

前言

党的二十大报告中指出“统筹职业教育、高等教育、继续教育协同创新，推进职普融通、产教融合、科教融汇，优化职业教育类型定位”。党的二十大报告更加突出了职业教育的重要地位，明确了职业教育优先发展的战略。

2019年6月，教育部发布了《中等职业学校专业目录》增补专业的通知。文件中明确在“05加工制造类”新增“电梯安装与维修保养专业”，对应职业（岗位）“电梯安装维修工（6-29-03-03）”。同时人力资源和社会保障部职业技能鉴定中心公布了国家职业技能标准《电梯安装维修工》（职业编码:6-29-03-03）。

至此，电梯安装维修岗位既有《中华人民共和国职业分类大典》（2015年版）指导下的国家职业技能标准对接职业技能鉴定，又与中等职业教育、高等职业教育明确了专业对接，在此背景下，我们编写了《电梯专业技术人员职业素养》一书。

本书是在全面贯彻党的二十大精神，认真落实新的《中华人民共和国职业教育法》，健康推进中职教育教材的时代特征的基础上进行修订的。本书从电梯专业技术人员应具有的职业认知出发，重点阐述了该专业人员应具备的职业意识、职业道德、自我管理素养、团队协作、沟通能力、创新能力等几方面的职业素养。全书通过大量的案例引领读者在轻松的阅读学习中自觉对照自身，进而领悟到一个人具有良好的职业素养的重要性。同时，了解自己应该如何提升自己的职业素养，从而使自己成为一名合格的、优秀的、成功的电梯专业技术人员，让自己在人生的大舞台上展现才智，绽放光彩，实现梦想，开创未来！

本书由沈阳市汽车工程学校主编，迟春芳、朱嫣红担任副主编。朱嫣红、张颖松负责全书的统稿工作，迟春芳审阅全书；陶钧、郭凯、倪青山、张丽、周天、赵莹莹、钱丹、顾可新、杨亚娟、迟春芳、朱嫣红、张颖松、刘毅文、尚微、康哲等同志均参与了编写工作。

由于编者水平有限，加之时间仓促，书中难免存在疏漏和不足之处，敬请专家和读者朋友批评指正。

编　者

2022年12月1日

目 录

CONTENTS

CONTENTS

CONTENTS

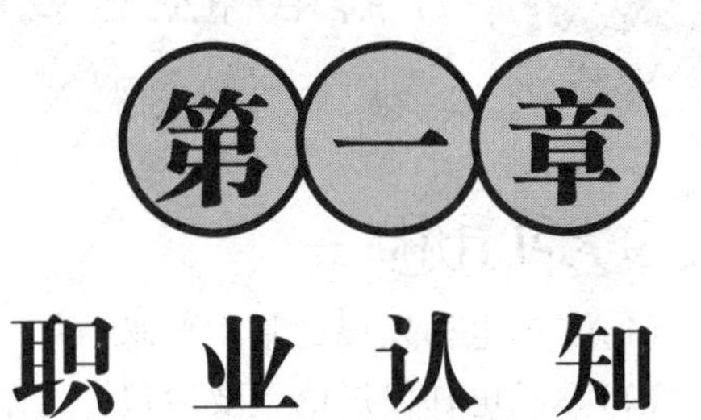

第一章 职业认知

电梯作为特种设备，维保人员需要经过严格且专业的培养，具备社会认可的相关资质后，方可从事该行业。为了更好地让电梯专业技术人员快速地融入企业，电梯专业职业素养提升的培养势在必行。

第一节 了解电梯业在我国的发展

学习目标

(1)了解电梯发展的基本要求。

(2)熟悉电梯发展的重要阶段。

(3)了解我国电梯业发展的现状。

【案例】

根据日本NHK电视台报道,普通电梯只有“上”“下”键,进入电梯轿厢后方可选择楼层。但是三菱电机推出的新款电梯更加人性化、智能化。用户在等候电梯时选好目的楼层,电梯的人工智能系统会进行分析整合,对多台电梯进行调配,尽可能减少单趟停驻次数,以缩短用户等候时间。根据官方披露的数据来看,融入人工智能系统之后,可将电梯平均等候时间减少至29 s。

物联网、人工智能时代已经全面到来。虽然距离真正实现万物互联、万物智慧还有很远的距离,但不得不承认的是,近些年来人类在“为物赋予智慧”这条路上,已经走得越来越快。

分析:

(1)你如何看待上述案例中阐述的问题?案例给你带来了什么启示?

(2)你认为我国电梯业在发展过程中会出现什么问题?产生这些问题的原因是什么?

一、电梯业生存和发展的外部环境

据前瞻产业研究院《中国电梯行业市场需求预测与投资机会分析报告》数据显示,近年来,随着我国经济水平的提升、城镇化进程的推进、人民生活质量的提高,我国电梯行业正在快速发展。我国电梯行业自2000年以来保持着较快增速,2015年我国全行业电梯总产量实现76万台。目前,我国电梯产品的产量、销量均居全球首位,电梯产量占全球总产量的50%以上,我国已成为全球最大的电梯生产和消费市场。

随着我国电梯行业的飞速发展,近年来外资品牌和民族品牌电梯制造企业在品牌和目标市场定位方面逐渐差异化,从互相竞争向互相促进转变。外资品牌电梯企业由于掌握着部分高端电梯制造技术,加之较强的品牌影响力,其品牌和目标市场定位正逐渐聚焦于高端电梯市场,在高端市场具有很高的市场占有率。

由于社会经济发展水平的不均衡,全球电梯区域市场存在较大差异。欧美和日本等发达国家电梯行业起步较早,目前电梯保有量水平已达约每200人拥有一台电梯,由于近年来人口增长缓慢,其电梯保有量基本保持稳定,安装维保业务已成为电梯行业重要的收入来源。中国、东南亚、中东等国家和地区因电梯行业起步较晚,人均电梯保有量水平较低,但近年来其经济增长迅速,大力发展基础设施建设,电梯需求增长迅速,已成为全球重要的电梯消费市场。

在中、低端电梯市场,民族电梯品牌在技术与产品质量方面与外资品牌差距较小,较高的性价比优势使得我国民族品牌在市场上逐渐占据主动。当前我国电梯市场的主要需求来源为普通住宅、保障房和基础设施建设,需求以中、低端电梯产品为主,因此民族电梯品牌在该市场具有较高的占有率。

随着政府不断加大对民生工程的重视,医疗、卫生、体育、文化等相关项目也随之启动,配套的电梯采购不可或缺。近两年政府采购电梯市场呈现异军突起之势,采购内容不仅有新梯加装,还有旧梯改造、更新和电梯维护保养等项目。虽然受经济增长放缓和房地产调控的影响,电梯行业近年来增长有所趋缓,但在新型城镇化的推动下,民用住宅、商业配套设施、公共基础设施建设将带来较大的电梯新增需求,预计未来电梯行业仍保持一定的增长态势。

二、电梯业的发展历程

科技在发展,电梯也在进步。电梯的颜色由黑白到彩色,样式由直式到斜式,在操纵控制方面更是步步出新——手柄开关操纵、按钮控制、信号控制等,多台电梯还出现了并联控制,智能群控;双层轿箱电梯展示出节省井道空间,变速式自动人行道扶梯大大节省了行人的时间。电梯服务在我国已有100多年的历史,而在用电梯数量的快速增长却发生在改革开放以后。100多年来,我国电梯行业的发展经历了以下几个阶段:

(1)对进口电梯的销售、安装、维保阶段(1900—1949年),这一阶段我国电梯拥有量仅为约1 100多台。

(2)独立自主,艰苦研制、生产阶段(1950—1979年),这一阶段我国共生产、安装电梯约1万台。

(3)1980—2007年,建立三资企业,行业快速发展阶段。1980年7月4日,中国建筑机械总公司、瑞士迅达股份有限公司、香港怡和迅达(远东)股份有限公司3方合资组建中国迅达电梯有限公司。这是我国自改革开放以来机械行业中的第一家合资企业。该合资企业包括上海电梯厂和北京电梯厂。中国电梯行业相继掀起了引进外资的热潮。这一阶段我国共生产、安装电梯约42万台。

(4)2008至今,行业高速发展阶段。为了应对国际金融危机,我国政府于2008年11月推出了进一步扩大内需、促进经济平稳较快增长的十项措施。近十年来国内的电梯制造企业数量激增,生产数量、在用电梯保有量均呈现高速增长,目前我国已成为世界最大的新装电梯市场和最大的电梯生产国。

2002年,我国电梯行业电梯年产量首次突破6万台。2010年,受益“四万亿”投资,电梯年产量单年增速达到40%,然而从2013年开始,电梯增速显著放缓,2016年电梯产量为77.6万台,增速仅为2%。我国2000—2016年电梯产量及增速如图1-1所示。

1900年,美国奥的斯电梯公司通过代理商 Tullock & Co. 获得在我国的第1份电梯合同——为上海提供2台电梯。从此,世界电梯历史上展开了中国的一页。

1924年,天津利顺德大饭店(英文名 Astor Hotel)在改扩建工程中安装了奥的斯电梯公司1台手柄开关操纵的乘客电梯。其额定载重量630 kg,交流220 V供电,速度1.00 m/s,5层5站,木制轿厢,手动栅栏门。

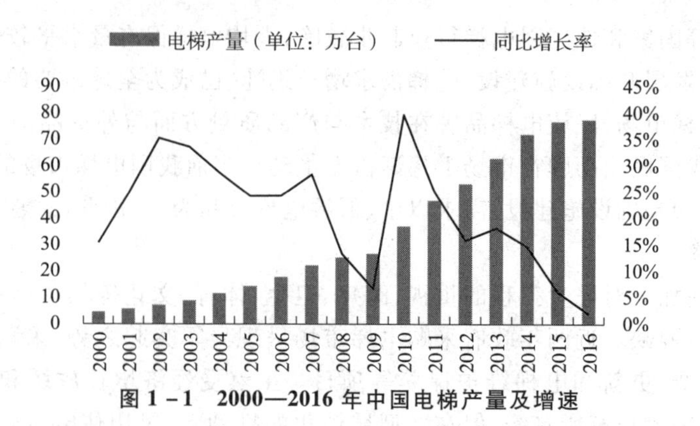

图 1-1 2000—2016 年中国电梯产量及增速

1931 年，瑞士迅达公司在上海的怡和洋行（Jardine Engineering Corp.）设立代理行，开展在我国的电梯销售、安装及维修业务。曾在美国人开办的慎昌洋行当领班的华才林在上海常德路 648 弄 9 号内开设了华恺记电梯水电铁工厂，从事电梯安装、维修业务。该厂成为中国人开办的第 1 家电梯工程企业。

……

1951 年冬，党中央提出要在北京天安门安装一台我国自己制造的电梯，任务交给了天津（私营）从庆生电机厂。4 个多月后，第一台由我国工程技术人员自己设计制造的电梯诞生。该电梯载重量为 1 000 kg，速度为 0.70 m/s，交流单速、手动控制。

1971 年，上海电梯厂试制成功我国第 1 台全透明无支撑自动扶梯，安装在北京地铁。1972 年 10 月，上海电梯厂大提升高度（60 多 m）自动扶梯试制成功，安装在朝鲜平壤市金日成广场地铁。这是我国最早生产的大提升高度自动扶梯。

1974 年，机械行业标准 JB 816—1974《电梯技术条件》发布，这是我国早期的关于电梯行业的技术标准。

1979 年 11 月，由郗小森等译的《电梯》一书由中国建筑工业出版社出版，该书由日本木村武雄等著。这是我国早期出版的电梯专业书籍之一。中华人民共和国成立 30 年间，全国生产安装电梯约 1 万台。这些电梯主要是直流电梯和交流双速电梯。国内电梯生产企业约 10 家。

……

1984 年 6 月，中国建筑机械化协会建筑机械制造协会电梯分会成立大会在西安市召开，电梯分会为三级协会。1986 年 1 月 1 日，更名为“中国建筑机械化协会电梯协会”，电梯协会升为二级协会。

1987 年，国家标准 GB 7588—1987《电梯制造与安装安全规范》发布。该标准等同采用欧洲标准 EN81-1《电梯制造与安装安全规范》（1985 年 12 月修订版）。该标准对保障电梯的制造与安装质量有十分重要的意义。

1990 年 11 月，中国电梯代表团访问香港电梯业协会。代表团了解了香港电梯业概况和技术水平。

1992 年 7 月，中国电梯协会第 3 届会员大会在苏州市举行，这是中国电梯协会成为一级协会并正式命名为“中国电梯协会”的成立大会。

……

2008 至今，我国电梯行业高速发展。

自我认知——电梯的起源

【案例】

VR作为一门新兴的技术，其应用已从游戏机和主题游乐园扩展到工业、商业、医学和军事等多个领域。虚拟现实，并不是真正的世界，而是一种可交互的环境，人们可通过计算机等各种媒介进入该环境与之交流和互动。从不同的应用背景来看，VR技术是把抽象、复杂的计算机数据间转化为直观的、用户熟悉的事物。它的技术实质在于提供一种高级的人机接口。利用VR技术所产生的局部世界是人造和虚构的，并非真实的，但当用户进入这一局部世界时，在感觉上与现实世界却是基本相同的。因此，虚拟现实技术改变了人与计算机之间枯燥、生硬和被动的现状，给用户提供了一个趋于人性化的虚拟信息空间。在电梯从业人员培训中，将VR技术与电梯结构认识及安全培训相结合，将这项技术的优势发挥出来并让人们体验到非常逼真的现实效果，对提升培训人员的感知度及记忆力，具有积极意义。

分析：

分组探讨VR技术的应用在电梯发展中具有的意义。

三、我国电梯发展的现状

与印度相比，我国的电梯生产能力是其5倍，涌现出像上海三菱、天津奥的斯、广州日立和苏州迅达等年产200部以上的大型电梯企业，并且在电梯的技术、质量上几近与国外大企业同步。当然，急速发展的中国电梯业在发展过程中也难免存在许多问题。

（1）产业结构不合理。2018年，在全国700家电梯企业中，以上海三菱、天津奥的斯、广州日立、迅达等为代表的15家合资企业预计占电梯总产量的75%，而我国的民族电梯总产量只占不到30%；另外，产值产量前10名的企业，占我国电梯市场的70%。前者说明我国的民族电梯业（在我国境内的仅由中国资本、由中国人自己经营的企业）相对落后；而后者则说明过多小企业的存在，使中国电梯不仅在质量上难以保证，而且对有序的市场竞争带来破坏。

（2）产业组织不协调。电梯作为一种楼宇设备，虽一直归口住房和城乡建设部行业管理，但由于电梯涉及人身安全，劳动和社会保障部也出台了许多法规。

自我认知——我国电梯业的发展前景与条件

拓展延伸

通过本节的学习,对电梯的发展历史、进程、现状及前景有了一定的了解,对即将从事的工作有了自己初步的判断。那么,你对此有何看法?

第二节 认识电梯从业人员的工作内容及特殊性

学习目标

(1)电梯从业人员的工作内容。

(2)电梯从业人员工作的特殊性。

(3)提高电梯从业人员的责任意识。

知识学习

【案例】

2014 年 9 月 14 日 17:47,某大电梯事故,当天正是某大学厦门校区新学期开学第一天。这名男生在教学楼内乘坐电梯,当他跨进电梯时,电梯突然上行,男生当时被夹住。开始男生并未死亡,但在挤压中,男生的内脏受损过度,最终不治而亡。

2015 年 6 月 4 日 16 时 35 分,福州 ×× 花园小区 3 号楼(FGH 区),业主郭先生在被困电梯 20 min 后,被维保员开门带出,返身捡皮包时,不幸被夹身亡。

分析:

(1)当电梯突然停电或者出现故障,被困在轿厢内时应注意什么?说一说你所知道的电梯危险应急措施。

(2)谈谈案例给你带来了什么启示?工作中需要注意哪些事项?

一、电梯安装工作

(一)电梯安装流程

随着城市化进程的发展,电梯已成为人们日常生活中不可缺少的楼宇间交通工具。电梯的安全也成为人们的关注焦点,它对人们的生产、生活、工作乃至人身安全有着极大的影响。电梯的安装和监督检验是保障电梯质量好坏最重要的环节之一,是电梯产品的各项功能和技术指标得以实现的保障,是电梯投入使用后维修保养的基础。

电梯产品的质量在一定程度上取决于安装的质量,但安装质量又取决于制造质量和建筑物的质量以及电梯与建筑物相融合的程度。电梯与建筑物的关系与一般机电设备相比要紧密得多。要使一部电梯具有比较满意的使用效果，除了制造质量和安装质量外，还需要按使用要求正确地选择电梯的类别、主要参数和规格，搞好电梯产品的设计、井道建筑结构的设计以及它们之间的互相配合等。为了统一和协调电梯产品与井道建筑之间的关系，GB/T 7025.1～3对乘客电梯、住宅电梯、载货电梯、病床电梯、杂物电梯等的轿厢、井道、机房的形式与尺寸做了具体规定。

进行建筑物的设计时，建筑物中用于机房与井道的土建图应按照专业电梯生产厂家提供的同类型的标准图纸，并结合建筑物电梯井道的不同结构（如砖结构、混凝土结构、砖混结构或钢骨结构）等进行设计。最好是在建筑物的图样确定前，能先确定拟采用的电梯规格型号，避免土建施工完成后再选择电梯的型号，从而造成电梯与土建不匹配的问题。

土建交接检验就是在电梯安装前对建筑物中安装电梯零部件的空间尺寸、预埋件的尺寸等以及与拟装电梯零部件的附着部分的检验，其目的是保证建筑物与拟装电梯有效融合。

电梯设备安装于建筑物的土建结构上，土建结构是否符合电梯土建布置图的要求，将直接影响电梯设备能否安装以及安装质量能否达到电梯设计的要求。因此，电梯安装前应在建筑物具备施工条件并勘察确认后，进行土建交接检验，检验应由监理工程师（或建设单位项目技术负责人）负责组织，安装单位项目负责人、土建施工单位项目负责人共同进行，应记录检验结果，并签字确认。

土建交接检验是电梯安装准备的第一步，这直接决定了电梯能否顺利完成安装并符合设计要求。GB 50310—2002对此要求予以明确的规定，每部电梯安装流程中也做了相应的要求，但是有的安装单位对此检验不予重视，进而造成电梯安装完成后，电梯运行必需的安全空间不能满足技术规范要求，给电梯的安全运行留下了严重的隐患。检验机构要在电梯安装过程的监督检验中予以重视。

土建交接后，要进行导轨安装调试。在电梯所有部件的安装过程中，电梯导轨系统安装一旦出现较大偏差，其调整难度最大，并且也将影响到层门安装及其他后续作业的过程和质量。决定电梯运行舒适感的一个重要因素是电梯运行中的水平振动加速度，它主要与导轨安装质量有关。导轨的安装还能影响电梯运行的垂直振动加速度和噪声。根据GB 10060—2011《电梯安装验收规范》，电梯安装精度（按长度计量单位计算）要求最高的项目为电梯轿厢导轨接头台阶不应大于0.05 mm。对轿厢导轨安装要求还有工作面每5 m垂直度偏差不大于0.6 mm；导轨全长垂直偏差不大于1.2 mm；导轨接头缝隙不大于0.5 mm；导轨台阶修光长度不小于150 mm；导轨间距误差为0～2 mm；导轨连接板、导轨压板固定牢固以及厂家规定的两根导轨的平行度、扭曲度等质量要求。电梯导轨的安装调整属于关键过程。

接下来是曳引机安装。曳引机是电梯最关键的部件，GB 10060—2011要求：曳引机对铅垂线偏差不大于2 mm；制动器松闸间隙平均值不大于0.7 mm。如果曳引机安装和轿厢、对重相对位置偏差过大，会增加电梯运行中的阻力，影响电梯的运行效率，加快曳引轮的磨损，也会影响电梯运行中的水平、垂直振动加速度。曳引机的安装质量可以重复检验，也属于关键过程。

然后是一层门传动系统等的安装和调试。电梯运行中80%的故障是在电梯门系统（尤其是在层门）。门系统安装质量关系到电梯运行的可靠性及开门噪声。GB 10060—2011中对电梯层门安装质量的要求有：层门地坎水平度不大于2/1 000；地坎要高出装修2～3 mm；层门地坎和轿厢地坎偏差 0 ~ 3 mm；门锁滚轮与轿厢间隙为 5 ~ 10 mm；关门阻止力不大于 150 N；开关门噪声不大于 65 dB(A)及开关门时间等。

最后是进行整机调试、试验。电梯快车调试后，按电梯制造厂家与客户签订的电梯供货合同规定的电梯功能及 GB/T 10059—2009《电梯试验方法》、TSG T7001—2009 的要求进行相应的整机性能和功能试验。试验包括：轿厢上行超速保护装置试验，耗能缓冲器复位试验，轿厢限速器-安全钳实验，对重限速器-安全钳(如果有)试验，平衡系数测试，空载曳引力试验，运行试验，消防返回功能(如果有)试验，电梯速度测试，轿厢上行制动试验，轿厢下行制动试验，静态曳引试验(载货电梯及非商用汽车电梯轿厢超面积时)，以及电梯起制动加减速度、水平振动加速度、垂直振动加速度、开关门时间、噪声、平层精度的测试和供需双方在合同中规定的电梯其他功能测试和试验。

(二)电梯安装要求

工作前：探讨工作中可能存在的风险。这些风险可能来自于环境、工具设备，来自于操作；可能来自于客户和用户、自己的同事，还可能来自于无关人员；检查自己及同事的精神状态是否良好，检查个人防护用品和安全防护用品是否携带和良好，检查工具是否足够和良好。

工作中：穿戴好个人防护用品，对影响工作的危险源进行控制和清理；按照正确的施工步骤进行操作，不违章、不冒险、不心存侥幸、不投机取巧；同事间要进行相互的沟通与配合、相互的监护和监督、发现违章必须立即指出并要求立即纠正；保持工作场所清洁有序。

工作后：每次离开现场，一定要保持"工完场清"的状况；离开工作区域前，再次对是否影响公众安全进行检查，防护措施到位后方可离开；检查有没有遗失或损坏的工具设施，如果遗失或损坏，应及时补充及更换。

自我认识——电梯安装存在的一些问题

【案例】

2011 年 7 月 5 日，地铁某站 A 口上行电扶梯发生设备故障，正在搭乘电梯的部分乘客由于上行的电梯突然之间进行了倒转，原本是上行的电梯突然下滑，很多人防不胜防，人群纷纷跌落，导致踩踏事件的发生。有关部门组成事故调查组，对事故原因进行调查，并要求对设施设备进行安全隐患排查，确保电梯安全。

分析：

(1)电梯的应用有利有弊，我们应该如何看待其利与弊？

(2)今后的工作中你将以怎样的态度对待你的工作？

二、电梯维保工作

(一)电梯维保工程安全操作规程

(1)在轿厢内工作。

①进入轿厢前,首先看清楚轿厢是否停在本层,切不可只看楼层灯即进入厅门,防止踏空坠落。

②进入轿厢后,要检查操作盘各按钮是否灵活可靠,急停开关是否起作用。

③在轿厢内检修保养时,严禁将外厅门敞开走车。如检查门锁时,检查完毕时将门关好,以免他人坠落。

④因故厅门暂不能关闭时,必须派专人监护,或装好牢固可靠的防护栏,挂好明显的警告牌,防止他人误入坠落,并及时向用户说明情况请其配合做好安全工作。

⑤在轿厢内维修时,身体各部分不得超越轿厢底坎以外,以免刮伤、撞伤。必须将身体某部位伸出时,一定要先断开急停开关。进行难度大的操作时,除采取必要的安全措施外,必须事先断开电源。

(2)在轿厢顶上工作。进入轿厢顶以前,首先要看清轿厢是否停在本层理想的位置,不可只看楼层指示灯即进入井道,防止踏空坠落,指挥(作业人员直接指挥)开车前,司机一定要重复口令。

(3)在轿厢底部工作。在底坑工作需要开车时,工作人员一定注意站在安全位置,防止被随线或平衡链兜倒;底坑有人工作时,轿厢应停止运行,若需要开动轿厢到顶层或再次下到底坑时,工作人员应站在安全位置,防止被对重撞伤。

(4)保障(紧急)情况下的安全操作规程。

①电梯冲顶。电梯内如有乘客,工作人员要首先将动力电源断开,再将乘客按援救方法安全放出,处理故障,提升轿厢。

②电梯蹲底。电梯内如有乘客,工作人员要首先将动力电源断开,再将乘客按援救方法安全放出,处理故障,提升轿厢。

③电梯扎车。首先断开主动力电源,按援救方法将乘客安全放出,必须注意,如轿厢坎高于厅门地坎超过 60 cm 时,则不允许轿厢内人员外出,按救援措施将人放出,如从轿厢顶放出。中间层扎车,必须按援救措施,将人安全可靠地放出。

④电梯不关门。在处理不关门的故障前,一定要预计到关门后,轿厢随时有向上或向下走车的可能,此时电梯不允许载客,维修人员要注意电梯突然启动,以防伤人;严禁不关门就开车,如需短时间开门修理时,必须派专人看护门口,以防他人误入坠落。

⑤电梯不开门。当轿厢内有人时,首先与轿厢内的人说清楚,请其听从维修人员的指挥,不要慌乱,然后排除故障,但轿厢停于不安全位置时不要开门;手动开门时,不能将门猛开,以防轿厢内的乘客猛然冲出,发生危险。一般不准在机房控制屏上强行开门。

(二)电梯维保的重要意义

电梯事故及故障频发的原因是多方面的,按照不同的维度,电梯故障原因分类也不同,一般来说电梯事故及故障主要有设计制造、安装及维保使用三个方面的原因。据我国电梯行业协会统计数据显示,导致电梯安全隐患的因素中,制造质量占 16%,安装占 24%,而保养和使用问题高达 60%,这一比例也印证了电梯行业流行的一句话:“三分凭产品,七分靠维保”。2015

年质检总局特种设备局印发的《电梯应急处置平台数据归集规则(试行)》将电梯故障原因分为人为原因、外部原因、门系统、曳引系统、导向系统、轿厢、控制系统、电梯系统及安全保护装置九大类。

电梯维修保养,是指对电梯进行清洁、润滑、调整、更换易损坏部件和检查等日常维护和保养性工作。电梯作为机电类特种设备,既有机械设备部件,又有电子控制元器件;既有静止部件,又有运动部件,其频繁的使用极易造成较大磨损,若不能得到及时有效的维护保养,极易带来一些安全隐患。因此,检修保养在电梯使用中的作用极其重要,是电梯能长时间安全使用的基本要求。据统计,电梯维护保养工作不到位是导致电梯事故和故障发生的重要原因,所以对电梯的维护保养十分必要。

(三)电梯维保的相关要求

国家历来重视电梯的维护保养,为了提高电梯使用的安全水平,国家在电梯维护保养行业也制定了详细严格的制度及技术规范,对电梯的维护保养各个环节提出了具体的要求,明确了相关各方所承担的法律责任和义务。然而,作为一种复杂的频繁运行的机电设备,电梯发生故障的概率依然存在,尤其是电梯维护保养质量落实不到位屡屡导致电梯故障及事故频发。

《特种设备安全监察条例》明确规定:电梯应当至少每 15 天进行一次清洁、润滑、调整和检查。在一些相关规范中也明确规定电梯必须每 15 天维修保养一次,电梯的维保分为半月、季度、半年、年度维保,而且对各类维保的具体内容都做了相应的规定。维保单位应当依据相应要求,按照安装使用维护说明书的规定,根据所保养电梯使用的特点,制订合理的保养计划与方案,对电梯进行清洁、润滑、检查、调整,更换不符合要求的易损零件,使电梯达到安全要求,保证电梯能够正常运行。

自我认知——电梯安装、改造、维修工程的法律风险防范

三、电梯工作的特殊性

随着科技的不断发展,经济水平的不断提高,人们生活环境的不断改善,电梯已成为快节奏社会必不可少的代步工具之一,在人们的日常生活中占有很大的比重。与之相辅发展的当属电梯从业领域,科技发展,新材料、新技术如雨后春笋蜂拥而至,因此,对电梯从业人员的工作要求越来越高,这一工作的特点决定了电梯工作人员的工作具有特殊性:较高的危险性、复杂性与繁重性、高度的责任感。

(一)较高的危险性

危险性是指潜在的某种不安全因素一旦触发时,足以导致人员伤亡和财产损失事故发生的可能性。危险性一般体现在人、物、管理、环境四个方面。

电梯事故的危险性主要表现在机械伤害、电气伤害、高处坠落等。与电梯有关的人员伤亡事故可以分成两类:其一是安装工地的工伤事故,这类事故的受害人通常是电梯(自动扶梯)安装作业人员或建筑工地上的工人;其二是发生在使用过程中的电梯、自动扶梯设备上的人身伤亡事故,乘客伤亡事故主要属第二类。与电梯相关的设备损坏事故可分为两类:其一是电梯本身的机械或电气方面的损坏;其二是电梯周边设备、设施的破坏。电梯的事故发生往往导致伤、残甚至死亡的后果。

综上所述,电梯是一种涉及人们生命安全、属于危险性较大的机电类特种设备,是七种"特种设备"之一。电梯从业人员应充分认识到自己所肩负工作的责任,抱着对人民生命安全高度负责的态度把工作做好。同时,也应该认识到自己所从事的工作,特别是电梯的安装、维修保养作业也具有较大的危险性,应提高安全防护意识,注意自身安全。

(二)复杂性与繁重性

这一特点的内涵是指电梯从业人员的工作并不是简单地重复,凡是上岗人员(包括学徒工、实习工、代培人员、合同工、临时工),一定要熟知本专业工种安全操作规程,将学到的专业技术理论转化为技能的熟练过程都离不开动手能力的培养。对电梯安装维修工人来说,如果动手能力不强,只掌握专业理论知识就等于是纸上谈兵,在实际岗位中是用不上的。所以平时不要放过任何一次动手的机会,勤学苦练,多动手、多操作才能使技能达到逐步熟练进而运用自如的程度。

(三)高度的责任感

电梯安装维修过程涉及工作环境周围人员的安全,如用电安全、高空坠物和高空堕下等,玩忽职守、渎职失责的行为不仅影响企业的正常活动,还会使公共财产、国家利益和人民的生命安全遭受伤害,严重的将构成渎职罪、玩忽职守罪、重大责任事故罪而受到法律的制裁。部分电梯维修维保人员玩忽职守,擅自离开工作岗位,去做与自己工作岗位无关的事情,造成当其岗位出现情况时无法到岗的失责行为;更有甚者,在对电梯进行维护时,麻痹大意,贪图省事,违章操作,这都可能导致种种危险事故的发生。所以,电梯从业人员要具有高度的责任意识。

拓展延伸

自行组队进行角色扮演,通过活动能够对所学内容有更深入的理解。

情景:

原告张某受雇于李某,到海城小区安装电梯,此项电梯工程是海城 A 房地产开发商包给被告沈阳 B 电梯有限公司,被告李某又从 B 公司承揽该业务。施工中,原告张某因公受伤,受伤后原告在海城正骨医院治疗,原告认为其受雇于被告为其安装电梯,并在施工中受伤,被告应当承担主要责任,海城 A 房地产开发公司与沈阳 B 电梯安装公司作为发包方与分包方明知李某没有安装的资质,仍将工程分包给李某,因此应当承担连带赔偿责任。根据法律规定,请求法院判令被告赔偿原告张某的各项经济损失共计 50 万元(包括医疗费、住院伙食补助费、误工费、护理费、交通费、营养费、被扶养人生活费、二次手术费、复查费、精神损失抚慰金等),并由被告承担本案诉讼费。

讨论:分角色模拟法庭,收集相关知识,分析完成案件诉讼。

第三节 具备电梯从业人员的专业能力

学习目标

(1)掌握电梯的基本结构。

(2)读懂电梯电路图。

(3)电梯的维护与保养。

(4)电梯故障的诊断与排除。

知识学习

【案例】

非常的聪明——是刘彻在校时,老师和同学都公认的标签。无论是理论学习还是实践操作,刘彻都能在很短的时间内学会。正是由于他有这个能力,所以在学习过程中总是浅尝辄止,觉得自己已经懂了、会了,就不再做进一步的巩固。

很快,刘彻进入实习阶段。他被分配到一家中型电梯维修企业进行实习。由于人手紧张,初到不久,他就开始独立管理电梯的维修保养工作。开始,刘彻认为凭借自己的能力应对电梯问题绰绰有余。然而,一些十年左右的电梯不仅出现故障的频率高,而且故障的情况总是不尽相同,使得刘彻不得不一边请教师傅,一边重新学习理论,此时刘彻才明白了"懂不代表会,会不代表专"。

分析:

(1)刘彻的经历对我们有什么启示?

(2)一个人的专业能力强,具体应该体现在哪些方面?

一、掌握电梯的基本结构

(一)直行电梯的基本结构

在高层建筑中,电梯是不可或缺的代步工具。电梯的轿厢安装在建筑物内电梯专用的井道中,通过导轨限制电梯的摇摆。轿厢通过钢丝被井道顶部机房旁的曳引机轮牵引上下垂直运行,到达每个层站后人员可通过厅门和轿厢门进出轿厢。井道的底部低于建筑物底层地板的部分称为底坑,底坑中装有缓冲器。

电梯在做垂直运行过程中,有起点站也有终点站。对于三层以上建筑物内的电梯,起点站和终点站之间还设有停靠站。起点站设在一楼(常称为基站),终点站设在最高楼。起点站和终点站称两端站,两端站之间的停靠站为中间层站。因此,从空间位置上可划分机房、井道、轿厢、层站四大空间。如果从电梯各部分的功能区划分,可分为曳引系统、导向系统、轿厢系统、门系统、重量平衡系统、电气控制系统和安全保护系统七个系统。下面简单地介绍一下电梯各个系统的主要作用和部件。

1. 曳引系统

电梯曳引系统的作用是产生输出动力,通过曳引力驱动轿箱的运行。曳引系统主要由曳引机、导向轮、曳引假丝绳等部件组成。

1)曳引机

曳引机是电梯运行的动力,曳引轿厢的运行。曳引机主要由曳引电动机、减速箱、制动器和曳引轮组成,与之相关的部件还有导向轮、曳引钢丝绳和机座等。曳引机通过曳引钢丝缆经导向轮将轿厢和对重装置连接,其输出转矩通过曳引钢丝绳传送给电梯轿厢,驱动力通过曳引绳与绳轮之间的摩擦力产生。

2)制动器

电磁制动器是电梯的一个重要的安全装置,其作用是使电梯轿厢停靠准确,并在停车时使曳引机制动。

2. 导向系统

电梯导向系统分别作用于轿厢和对重,由导轨、导靴和导轨架组成。导轨架作为导轨的支撑件被固定在井道壁上,导轨用导轨压板固定在导物架上,导靴安装在轿厢和对重架的两侧上下。导轨限定了轿厢与对重在井道中的相互位置:导轨架作为导轨的支撑件,被固定在井道壁上;导靴安装在轿厢和对重架两侧,其靴衬(或滚轮)与导轨工作面配合,这三个部分的组合使轿厢及对重只能沿着导轨作上下运动。

1)导轨

导轨是对轿厢和对重架的运动起导向作用的组件,由钢轨和连接板组成。电梯导轨是电梯上下行驶在井道的安全路轨,导轨安装在井道壁上,被导轨架、导轨支架固定连接在井道墙壁。电梯常用的导轨是T字形导轨,它具有刚性强、可靠性高、安全廉价等特点。导轨平面必须光滑,无明显凹凸不平。由于导轨是电梯轿厢上的导靴和安全钳的穿梭路轨,所以安装时必须保证其间隙。

电梯导轨分为实心导轨、对重空心导轨和扶梯导轨三大类。

(1)实心导轨是机加工导轨,由导轨型材经机械加工导向面及连接部位而成,其用途是在电梯运行中为轿厢的运行提供导向,小规格的实心导轨也用于对重导向。

(2)对重空心导轨是冷弯轧制导轨,是由板材经过多道孔型模具冷弯成形,主要用于电梯运行中为对重提供导向。

(3)扶梯导轨是冷弯轧制导轨,主要用于自动扶梯和自动人行道的梯级的支承和导向。

2)导靴

导靴是电梯导轨与轿厢之间可以滑动的尼龙块,它可以将轿厢固定在导轨上,与导轨配合强制轿厢和对重沿着导轨运行。导靴上部有油杯,用于减少靴衬与导轨的摩擦力,每台电梯轿厢安装四套导靴,分别安装在上梁两侧和轿厢底部安全钳座下面,四套对重导靴安装在对重梁的底部和上部。

3)导轨架

导轨架是支承导轨的组件,固定在井道壁上。

3. 轿厢系统

电梯的轿厢用于承载乘客与货物,由轿厢架与轿厢体(轿壁、轿顶、轿底及操纵箱等)构成。

1)轿厢架

轿厢架是固定轿厢体的承重构架,由上梁、立柱、底梁等组成。

2)轿厢体

轿厢体是电梯的工作容体,具有与载重量和服务对象相适应的空间,由轿底、轿壁、轿顶等组成。

客梯的轿底一般安装负载称重装置,称重装置用于检测轿厢的载重量,当电梯超载时该装置发出超载信号,同时切断控制电路使电梯不能起动;当重量调整到额定值以下时,控制电路自动重新接通,电梯得以运行。

4. 门系统

电梯的门系统包括轿门、厅门、开门机及门锁装置等,轿门在轿厢上,厅门安装在井道层站门口。

5. 重量平衡系统

重量平衡系统主要由对重架、对重块、补偿装置等组成,对重相对于轿厢悬挂在曳引绳另一端,曳引机只需克服轿厢与对重之间的差重便能驱动电梯。

6. 电气控制系统

电梯的电气控制系统由机房配电箱、电气控制柜以及安装在电梯各个部位的控制、保护电器所组成。

7. 安全保护系统

电梯的安全保护系统由机械安全装置和电气安全装置所组成,主要有限速器、安全钳、缓冲器和行程终端限位保护开关等。

(二)自动扶梯的结构

自动扶梯由桁架、导轨、梯级、驱动装置、扶手带系统等主要部件组成。

1. 桁架

自动扶梯的桁架用于安装和支承扶梯的各个部件,承载各种负荷以及连接建筑物两个不同高度的层面,一般由金属型钢焊接而成,故称为金属结构桁架。金属结构桁架一般用角钢和矩形钢等焊制而成,有整体式结构桁架与分体式结构桁架两种。自动扶梯梯路、驱动装置、张紧装置、导轨系统以及扶手系统等安装在金属结构的里面和上面。

2. 导轨

自动扶梯的导轨是扶梯的主要部件之一,其作用在于支承由梯级主轮和副轮传递来的梯路载荷,保证梯级按一定的规律运动。导轨应满足梯路设计要求,应具有光滑、平整、耐磨的工作表面。导轨包括主轮导轨、副轮导轨、支承导轨、卸荷导轨。

3. 梯级

梯级是自动扶梯中最关键的部件,一台自动扶梯由多个梯级组成。自动扶梯的质量与性能在很大程度上取决于梯级的质量和性能。梯级是特殊结构形式的四轮小车(两只主轮和两只副轮)。梯级的主轮轴与梯级链铰接在一起,而副轮不与梯级链铰接。这样,梯级运行时才能保持梯级踏板平面始终在扶梯的上分支保持水平,而下分支的梯级可以倒挂翻转。

4. 梳齿、梳齿板与楼层板

1)梳齿与梳齿板

在扶梯出入口应装设梳齿和梳齿板,以确保乘客安全通过。梳齿上的齿槽应与梯级上的齿槽啮合,即使乘客的鞋和物品在梯级上相对静止,也会平滑地过渡到楼层板上。一旦有物品阻碍了梯级的运行,梳齿被抬起或位移,可使扶梯停止运行。梳齿可采用铝合金铸件或工程塑料注塑件。

2)楼层板

楼层板既是扶梯乘客的出入口,也是上平台、下平台维修间的盖板,为钢板制作,背面焊有加强筋。楼层板面铺设耐磨防滑材料。

5. 驱动装置

驱动装置是自动扶梯的动力源,它通过主驱动链将曳引电动机的动力传递给驱动主轴,由驱动主轴带动梯级链轮以及扶手链轮,从而带动梯级及扶手带的运行。由于自动扶梯主要是在人流密集的公共场所用于运载人员,连续运行的时间很长,因此驱动装置应具有以下特点:

(1)所有零部件都有较高的强度和刚度,以保证机器在短时过载的情况下有充分的可靠性。

(2)零部件具有较高的耐磨性,以保证每天长时间运行条件下的工作寿命。

(3)结构紧凑,装拆维修方便。

6. 扶手带

扶手带是供乘客站立在自动扶梯梯级上扶手之用,在进出扶梯瞬间,扶手带的作用尤为重要,同时它也是一种装饰性的装置。扶手带系统的基本结构包括驱动装置、扶手带、护壁板、导向装置、压滚轮、扶手带压(张)紧装置、扶手支架等。扶手带由多种材料组成,主要是合成橡胶、棉织物、钢丝或钢带等。扶手带的标准颜色是黑色,也可根据客户要求提供多种颜色。

7. 自动润滑系统

自动扶梯的运转时间长(往往一天运行时间超过 12 h 以上),其机械零件齿轮 - 链条经过长时间相对运动摩擦后会产生大量热量,并产生粉尘。如果润滑不足,则会造成磨损加快,运行噪声增大,降低机件的使用寿命,所以自动扶梯均配备自动加油润滑系统。自动扶梯需要自动加油润滑的部件主要有驱动链、梯级链、齿条式牵引装置、扶手带驱动链等。

8. 电气系统

自动扶梯的电气系统由控制柜、分线箱、控制按钮、扶手照明(按用户要求配置)、梯级间隙照明、安全开关及连接电缆等组成。控制柜安装在金属骨架上水平端部;分线箱安装在下水平端部,主要实现下端各安全开关的中间连接。各安全开关主要起保护乘客安全的作用,一旦扶梯某部位发生故障,扶梯会立即停止运行,并且故障显示装置将显示出发生故障部位的代码。维修人员依据故障显示部位排除故障后,扶梯才能重新起动,投入正常运行。

二、读懂电梯基本电路图

(一)主电路电路图

1. 电源

读主电路电路图的第一步就是了解系统的电源,其目的是知道电源的数量、种类,为后面的分析做准备。电梯系统电源不仅有交流电,还有直流电。而且交流电有四个不同的电压等级:380 V 为主拖动电动机电源;220 V 为照明和运行控制电路电源(主要为接触器线圈供电);36 V 为检修照明和插座电源(检修常常需要移动式照明,要求采用安全电压);26 V 信号与指示电路电源。而直流电源是由 380 V 交流电经过整流,得到 110 V 直流电,通过 L + 和 L - 输出,作为过程控制电路和呼梯选层电路的电源。此外,为了在发生异常时保证呼叫值班人员的警铃能够正常使用,紧急报警警铃采用蓄电池供电。

2. 升降电动机主电路

升降电动机又称主拖动电动机,采用交流双绕组双速电动机,其中一套多组为 6 极,用于电梯正常快速运行;另一套绕组为 24 极同步转速 250 r/min,用于轿厢平层时或检修时的慢车运行。

通过主回路电路图(见图 1 - 2)可了解电梯整个电气系统的总体组成和控制过程,为后面分析控制电路的工作做准备。

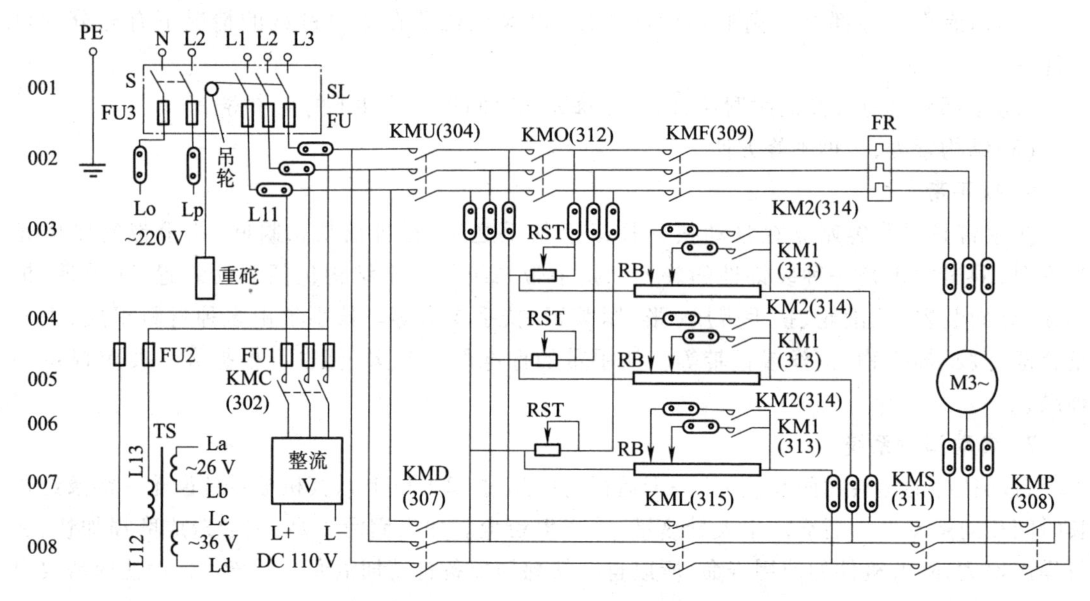

图 1 - 2　主回路电路图

3. 门电动机电路

开关门电路是负责电梯门的开启和关闭。电梯门包括轿厢门和层站厅门,该电路实际控制的是轿厢门。轿厢平层前,通过轿厢门上的开门刀插入厅门滚轮门锁。轿门开启时开门刀拨开厅门的钩子锁,带动厅门同步开启。轿门关闭时,厅门也同时关闭。

电梯门的开关电路能否正常工作,对电梯的正常运行有着重要作用,开关门不正常,整个电梯就不能工作。开关门的动作过程同时还影响电梯运行的质量,门的开关过程既要求速度快又要求噪声小。为了满足这一要求,交流双速电动机拖动的电梯一般采用直流电动机作为开关门的拖动电动机,以便实现对开关门速度的调节与控制(初始动作时快速,结束前慢速)。图 1 - 3 所示的门电动机电路包含电动机电路(励磁回路和电枢回路,相当于主电路)和控制电路(控制门电动机的电枢回路),读图时先读电动机电路。根据前面对电源的分析可知,钥匙开关 S1 闭合后,门电动机的励磁绕组 YM 有电,改变 YM 串联的电阻 RJ 可以调节门电动机的励磁。

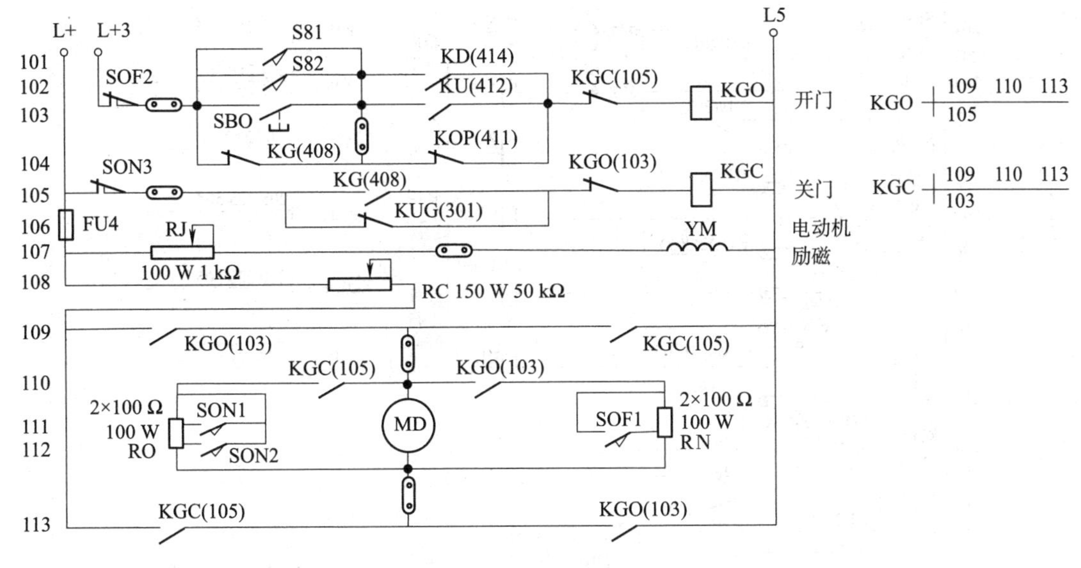

图 1－3 门电动机电路

（二）控制电路电路图

电梯系统是一个大的复杂系统，其控制电器不可能在一张图样中完整表示，而是通常将系统分为若干个分系统分别绘制，因此读控制电路时就必须逐个分系统分开读图，牵涉其他分系统时还需跨图分析。应对这样复杂的控制电路时，通常可采取多次识读的方法进行。

可以先粗读，然后再细读，最后再进行总结和归纳。粗读和细读都可以多遍进行，粗读时主要是了解电路各个部分的功能，细读时再详细分析各电路中各回路的工作原理。读图时切莫出现急躁情绪，否则只能越读越乱。遇到读不懂的地方，可以结合说明书、位置安装类图、元器件代号清单等其他相关资料再读，多读几遍直到读懂。具体读图时，应选择含有主要元件的分系统入手，根据线圈元件后面的索引标注查找线圈所控制的触点所在的回路，然后逐个回路进行分析。读图时既可以采用经典读图法，也可以采用逻辑代数读图法，或者两者混合使用。

1. 选层与呼梯电路

选层与呼梯电路还可以分为两个主要部分，第一部分是图 1－4 所示的电路中 201～214 回路之间的部分，这部分电路的功能主要是选层与呼梯记忆信号的形成和清除。第二部分是图 1－4 中218～228 回路之间的部分，这部分电路的主要功能是对选层与呼梯信号进行处理，并形成电梯定向控制信号。

选层信号是指电梯乘员进入轿厢后，通过按钮选择所要到达的楼层，而呼梯则指在厅外等待乘坐电梯的人员，通过厅门旁边的按钮召唤电梯。为了让选层与呼梯信号能够持续起作用，选层和呼梯信号电路都应有“记忆”的功能，而当轿厢到达信号所在层站后，还要对信号的“记忆”进行清除。

2. 运行控制电路和过程控制电路

运行控制电路主要是对电梯轿厢升降运行的控制，读图时主要掌握图 1－5 所示的主路中控制电动机工作的 7 个接触器 KMU、KMD、KMS、KML、KMP、KMF 和 KMO 的通断电控制。

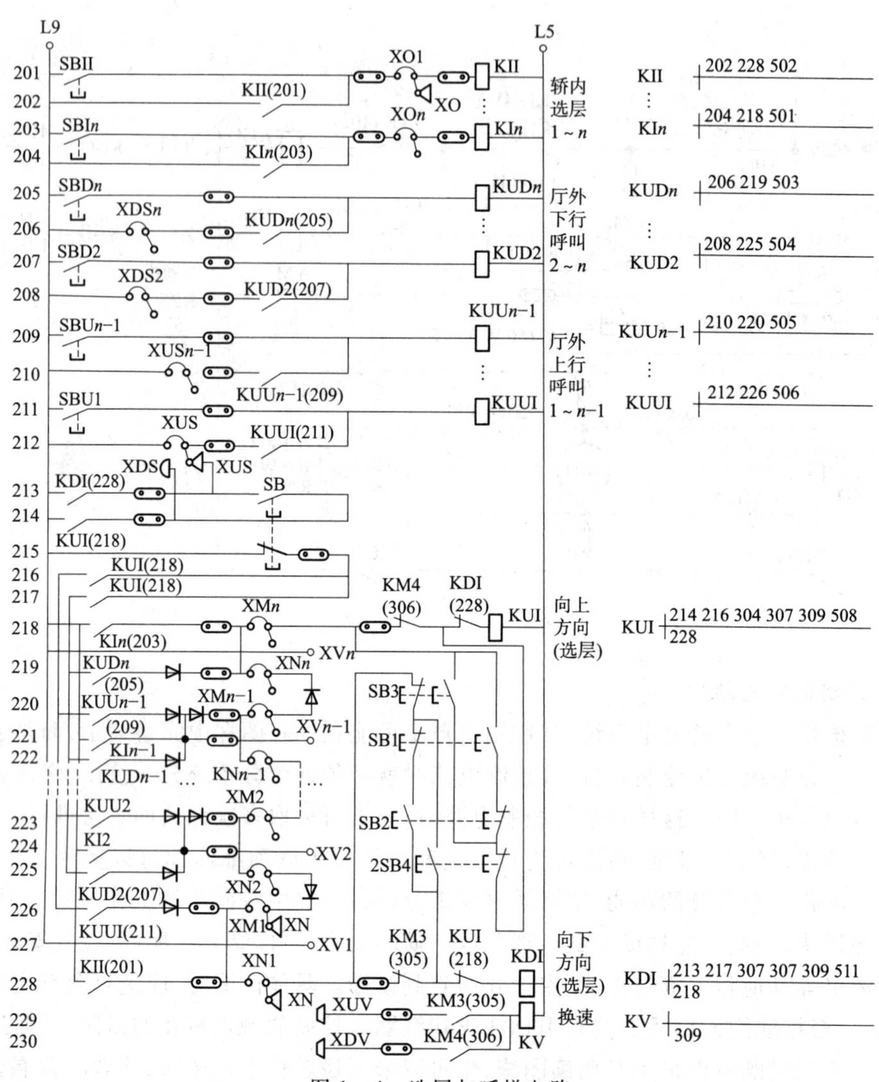

图 1－4　选层与呼梯电路

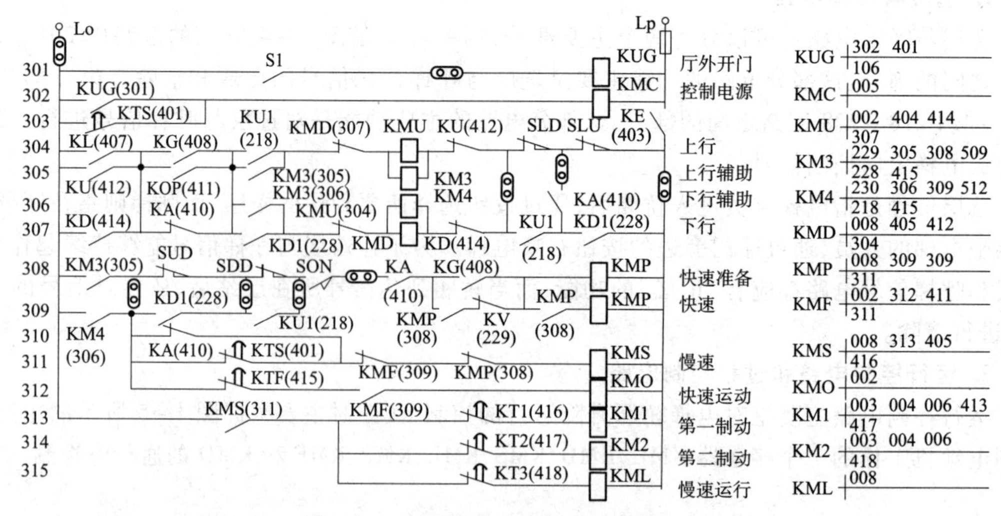

图 1－5　运行控制电路和过程控制电路

过程控制主要指对运行接触器的控制过程,它实际与运行控制不能完全分制。

电源及升降电动机的主电路图如图 1 -6 所示。

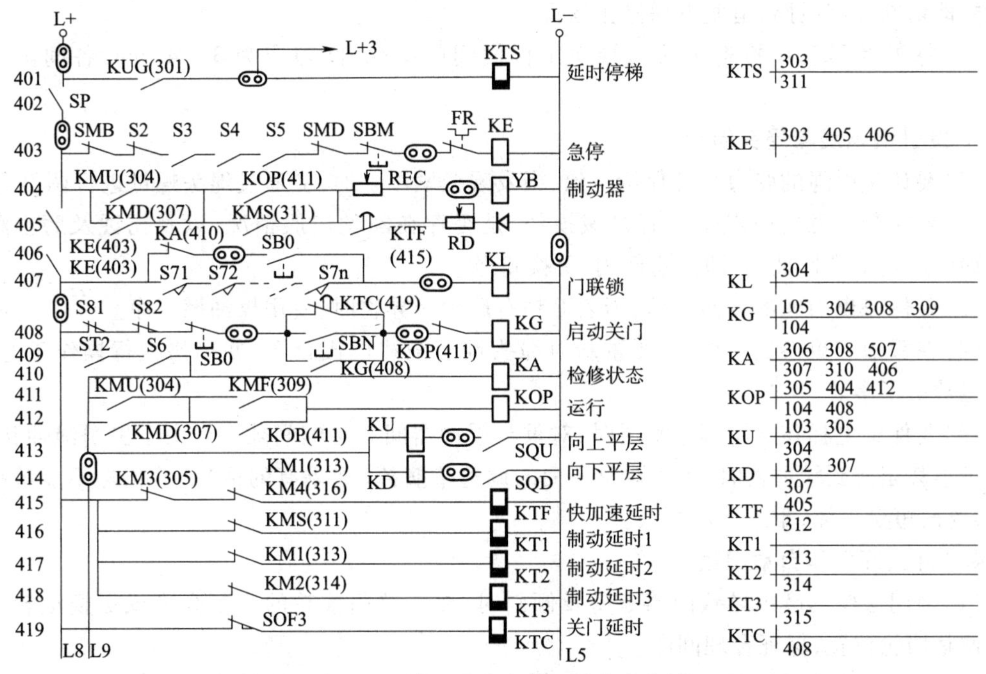

图 1 -6　电源升降电动机的主电路图

三、维护与保养电梯

(一)电梯的日常维护保养概述

电梯的维保分为半月、季度、半年、年度维保,维保单位应当依据各附件的要求,按照安装使用维护说明书的规定,并且依据所保养电梯使用的特点,制订合理的维保计划与方案。对电梯进行清洁、润滑、检查、调整,更换不符合要求的易损件,使电梯达到安全要求,保证电梯能够正常运行。

现场维保时,如果发现电梯存在的问题需要通过增加维保项目(内容)予以解决的,应当相应增加并且及时调整维保计划与方案。如果通过维保或者自行检查,发现电梯仅依靠合同规定的维保内容已经不能保证安全运行,需要改造、维修或者更换零部件、更新电梯时,应当向使用单位书面提出。

(二)电梯主要部件的维护保养

1. 限速器

(1)限速器对速度的反应灵敏,动作灵活可靠,旋转部分的润滑良好,每周进行一次加油,每年换新油清洗一次。当发现限速器内部有污物时,应予以清洗(注意铅封不要损坏)。

(2)限速器张紧装置应转动灵活,一般每周应加油一次,每年清洗一次。

(3)经常检查夹绳钳口处,并注意清除异物,保证动作可靠。

(4)及时清洁钢丝绳的油污,当钢丝绳伸长超过规定范围时要截短。

2. 安全钳

(1)要常常检查传动连杆部分,灵活无卡死现象。每月在转动部位加注润滑油。楔块的滑动部分，动作应灵活可靠，并涂以凡士林润滑。

(2)每季度检查非自动复位的安全联动开关的可靠性。安全钳起作用前，安全联动开关应能立即切断控制电路，迫使电梯停止运行。

(3)每季度用塞尺检查楔块与导轨工作面间的间隙，间隙应为 3 ~ 4 mm，各间隙值应相近。

3. 曳引钢丝线与绳头组合

(1)要让曳引绳的张力全部保持一致，当发现松紧不一时，应通过绳头螺母进行调整。

(2)要时刻注意曳引绳是否有机械损伤，是否存在断丝爆股情况，以及锈蚀及磨损程度等。如已达到更换标准，立即停止使用，更换新绳。

(3)要保持曳引绳的表面清洁，当表面粘有砂尘等异物时，要用煤油擦干净。

(4)在截短或更换曳引绳时，要重新对绳头锥套浇注巴氏合金，并严格执行操作工艺，绝对不能敷衍了事。

(5)要保证电梯在顶层端站平层时，对重与缓冲器间有足够间隙。当由于曳引绳伸长，使间隙过小甚至碰到缓冲器时，可将对重下面的调整垫摘掉(如果有的话)。若仍然不能解决问题，就要截短曳引绳，重新浇注绳头。

4. 轿门、厅门和自动门锁

(1)当门滚轮的磨损导致门扇下坠及倾斜时，要调整门滚轮的安装高度或更换滚轮。并同时调整挡轮位置，保证合理间隙。

(2)应经常检查厅门联动装置的工作情况，对于钢丝绳式联动机构，发现钢丝绳松弛时，要马上张紧。对于摆杆式联动机构和折臂式联动机构，应使各转动关节处转动灵活，各固定处不应发生松动，当厅门与轿门出现动作不统一时，应对机构进行检查调整。

(3)应保持自动门锁的请洁。在季检中应检查保养，对于必须做润滑保养的门锁，应定期加润滑油。

(4)应保证门锁开关工作的可靠性，并注意触点的工作状况，防止出现虚接、假接及粘连现象，特别注意锁钩的啮合深度，一定要保证电器动作之前的啮合深度不小于 7 mm，用手扒开厅门的力不小于 300 N。

5. 自动门机

(1)应保持调定的调速规律，当门在开关时的速度变化异常时，要立即检查调整。

(2)对于带传动的开门机，应使带有合理的张紧力，当发现松弛时应加以张紧。

6. 缓冲器

(1)弹簧缓冲器，要保护其表面不出现锈斑，随着使用年限的增长，要加涂防锈油漆。

(2)油压缓冲器，应保证油缸中油位的高度，每季度应检查一次。

7. 导轨和导靴

(1)不论何种导轨，都应保持润滑良好。润滑作业应从上而下，以检修速度运行。操作者在轿顶加油，轿厢由配合者操作，操作口令要清晰准确，配合者复述口令正确后再进行操作。

(2)滑动导靴的靴衬工作面侧面磨损量不应超过 1 mm，内端磨损量不超过 2 mm，磨损超限后要予以更换。

8. 导向轮及反绳轮

(1)应保证转动灵活，其轴承部分应每周补加一次润滑油脂。

（2）发现绳槽的磨损深度达到 1/10 绳径时，应拆下来修理或更换。

9. 对重和质量补偿装置

（1）若发现补偿链在运行时产生较大噪声，应检查消声绳是否折断。检查两端固定元件的磨损情况，必要时要加固。

（2）对于补偿绳，其设于底坑的张紧装置应转动灵活，上下浮动灵活。对需要人工润滑的部位，应定期添加润滑油。

（3）应经常检查动、静触点的接触可靠性及压紧力，并予以适当调整，当过度磨损时应更换。

（4）应保持触点的清洁，视情况清除表面积垢或将烧蚀处用细锉刀修平。

（5）注意保持传动链条的适度张紧力，出现松弛时，应予以张紧。

10. 选层器

（1）经常检查传动钢带，如发现断齿或有裂痕时，及时修复或更换。

（2）保持动触点盘（杆）运动灵活，视情况加注润滑油。各传动部位保证足够润滑，注意添加润滑油或润滑脂。

（3）经常检查动静触点的接触可靠性及压紧力，并进行适当调整，当过度磨损时应更换。

（4）保持触点的清洁，视情况清除表面积垢或将烧蚀处用细锉刀修平。

（5）注意保持传动链条的适度张紧力，出现松弛时予以张紧。

11. 电气设备

1）安全保护开关

（1）安全保护开关应灵活可靠，每月检查一次，擦除表面灰尘，核实触点接触的可靠性和弹性触点的压力与压缩程度，清除触点表面的灰尘，烧蚀地方要锉平，严重时应予以更换。转动和磨损部分要用凡士林润滑。

（2）极限开关应灵敏可靠，每月进行一次越程检查，视其能否可靠地断开主电源，迫使电梯停止运行。

2）控制柜（屏）

（1）应经常用软刷和吹风机清除屏体及全部电器上的灰尘，保持清洁。

（2）应经常检查接触器、继电器触点的工作情况，保证其接触良好可靠，导线和接线柱无松动现象，动触点连接的导线接头无断裂现象。

（3）交流 220 V、三相交流 380 V 的主电路，检修时必须分清，防止发生短路损坏电气元件。

（4）接触器和继电器触点烧蚀部分，如不影响使用性能时，不必修理，如烧伤严重，凹凸不平很明显时，可用细锉刀修平，切忌用砂布修光以保证接触面积，并将屑末擦净。

（5）更换熔丝时，应使其熔断电流与该回路相匹配，对一般控制电路，熔丝的额定电流应与该回路额定电流相一致，电动机回路熔丝的额定电流应为该电动机额定电流的 2.5～3 倍。

（6）调整电磁式时间继电器的延时，可用改变非磁性垫片的厚度和调节弹簧压力的方法。

（7）电控系统发生故障时，应根据其现象按电气原理图分区，分段查找并排除。

3）整流器

（1）熔丝选用合适，以防止整流器过负荷和短路。

（2）整流器工作一定时期后会老化，使输出功率有所降低，此时可提高变压器二次电压而得到补偿。

(3)整流器存放不用也会老化。使本身功率损耗增大,当存放超过 3 个月时,在投入使用前,应先进行成形试验。

4)变压器

检查变压器是否过热,电压是否正常,绝缘是否良好,响声是否过大。

12. 机房和井道

(1)机房禁止无关人员进入。维修人员离开时应锁门,门上应有标志。

(2)注意不要让雨水漏入机房。平时保持良好透风,并注意机房的温度调节。

(3)机房内不准放置易燃、易爆物品。同时要保证机房中灭火设备的可靠性。

(4)底坑应干燥、清洁,发现有积水时应及时排除。

四、诊断与排除电梯故障

(一)机械系统部分

1. 机械系统的故障诊断与排除

电梯机械系统的故障较少,但是一旦发生故障,可能会造成较长的停机待修时间,甚至会造成严重的设备和人身事故。电梯机械系统主要包括:曳引系统、轿厢和称重、门系统、导向系统、对重及补偿装置、安全保护装置六个部分。引起电梯机械系统常见故障的原因主要有以下几个方面:

(1)连接件松脱引起的故障。

(2)自然磨损引起的故障。

(3)润滑系统引起的故障。

(4)机械疲劳引起的故障。

只要做好日常的维护保养工作,定期润滑有关部件及检查有关紧固件情况,调整机件的工作间隙,就可以大大减少机械系统的故障。

2. 电梯机械故障的检查方法

电梯机械发生故障时,在设备的运行过程中会产生一些迹象。维修人员可通过这些迹象发现设备的故障点。机械故障的迹象主要表现在:

(1)振动异常。振动是机械运动的属性之一。不正常的振动往往是发现设备故障的有效手段。

(2)声响异常。机械在运转过程中,在正常状态下发出的声响应是均匀与轻微的。当设备在运转过程中发出杂乱而沉重的声响时,提示设备出现异常。

(3)过热现象。工作中常常发生电动机、制动器、轴承等部位超出正常工作状态的温度变化,如不及时发现并诊断与排除,将引起机件烧毁等事故。

(4)磨损残余物的激增。通过观察轴承等零件的磨损残余物,并测定油样等样本中磨损微粒的多少,即可确定机件磨损的程度。

(5)裂纹的扩展。通过机械零件表面或内部缺陷(包括焊接、铸造、锻造等)的变化趋势,特别是裂纹缺陷的变化趋势,判断机械故障的程度,并对机件强度进行评估。

因此,电梯维修人员应首先向电梯使用者了解发生故障的情况和现象,到现场观察电梯设备的状况。如果电梯还可以运行,可进入轿顶(内)用检修通道控制电梯上、下运行数次。通过观察、听声、鼻闻、手摸等手段实地分析、判断故障发生的准确部位。

故障部位一旦确定,即可和修理其他机械一样,按有关技术文件的要求,仔细地将出现故障的部件进行拆卸、清洗、检测。能修复则修复,不能修复的则更新部件。无论是修复还是更新,投入使用前,都必须认真调试并经试运行后,方可交付使用。

(二)电气系统部分

电气系统的故障可分为电路故障和电子元件故障两大类。

电路故障是电梯系统中最常见的故障,也是形式最多、最复杂的故障,无法一一列举。本节仅举两例进行说明。

1. 电梯轿厢内操纵箱控制电路故障诊断与排除

(1)故障现象:轿厢操纵盘司机开关功能无效。

(2)故障分析:在平层开门状态下,按下司机功能开关,此时微机主板的 X16 接口指示灯应该会亮,如果没亮说明司机功能的信号没有送到机房控制柜。造成故障的原因可能是轿厢操纵箱的司机开关触点损坏、轿厢操纵箱的 24 V 电源不正常、信号线(KSJ)断线等。

(3)检修过程:先拆下司机开关的接线,用万用表电阻测量开关通断电阻值是否正常,如正常则检查轿厢的 24 V 电源是否正常,若正常则再查信号线(KSJ)是否断线。

最后发现是司机开关触点不良,更换新开关后司机功能有效。

2. 电梯微机控制电路的故障诊断与排除

(1)故障现象:电梯能选层呼梯,但是关好门之后不运行,并且重复开关门。

(2)故障分析:电梯能正常选层和呼梯,并且能正常开关门,但不能运行,可见微机控制的内外呼部分正常、门机系统正常,应该是外围还有条件未达标(未收到反馈)。仔细观察微机主板的输入接口是否正常,还可以观察主板是否有故障码显示。

(3)检修过程:仔细观察主板的各个输入接口(看其相应的输入指示灯),重点观察当门关好后,JMS 门锁继电器是否已经吸合。如果吸合再观察主板的输入接口是否正常。

最后发现在 JMS 门锁继电器吸合的情况下,输入指示灯仍然没有点亮,所以问题就是出自这里。经检测 JMS 门锁继电器的触点接触不良,经过更换新继电器故障消除。

根据电梯出现的故障现象,结合电梯电器元件在各控制环节的作用,可初步判断故障点,通过进一步检测,可确定故障发生在哪一个电器元件上。

自我认知——未来电梯工的发展前景

拓展延伸

职业能力的高低对于个人发展前景有何影响？

第四节 具备电梯从业人员的职业能力

学习目标

(1)安全用电的基本知识。

(2)操作工具的了解与使用。

(3)安全防护用具的掌握。

(4)掌握基础急救知识，提升职业素养。

知识学习

【案例】

李渊是一名来自偏远农村的孩子，初中毕业后本来已经准备跟随表哥去南方打工。但听人介绍说，修理电梯是一门可以安身立命的手艺，经过和家长商量，来到我校学习电梯修理。

初来时，李渊学习非常认真。但过一段时间后，班主任老师发现李渊的学习劲头非常松懈。经过询问，才知道李渊认为来校后的学习应该同电梯紧密相关，而不是一些看上去没有什么关系的课程。班主任感到李渊提的这个问题，在职业学校学习的学生中是普遍存在的一个问题。

于是，就李渊的疑问，班主任召开了一次班会……

分析：

作为一名中职生，你在学习时是否也有同样的困惑？

一、安全用电的基本知识

(一)电路的主要物理量

1. 电流

电荷在导体中定向的移动产生电流。正电荷定向移动的方向规定为电流方向。电流的单位是安培，简称安(A)，常用的单位还有毫安(mA)、微安(μA)等。

$$1\ \text{A} = 10^3\ \text{mA} = 10^6\ \mu\text{A}$$

2. 电动势

电源是把其他形式的能转化为电能的装置。不同的电源转化电能的本领不同，这种本领越大，我们就说它的电动势越大。因此，电动势是描述电源把其他形式的能转化为电能本领的物理量。电动势用字母 E 表示，其单位为伏特，简称伏(V)。

3. 电压

电压用字母 U 表示,其单位是伏特(V),电压的方向规定由正极(高电位端)指向负极(低电位端)。

要维持某段电路中的电流,就必须在其两端保持电压。发电机、电池等电源,都能在电路中产生和保持电压,把电源连接到闭合电路中,就能在电路中形成电流。

4. 电位

电位(也称电势)用字母 V 表示,不同点的电位用字母 V 加下标表示,如 V_A 表示 A 点的电位值。就像空间的每一点都有一定的高度一样,电路中每一点都有一定的电位。电路中电流的产生必须有一定的电位差,在电源外部通路,电流从高电位点流向低电位点。衡量电位高低必须有一个计算电位的起点,称为零电位点,该点的电位值规定为 0 V。

零电位点是可以任意指定的,但习惯上规定大地的电位为零,称为零电位点。电路中零电位点规定后,电路中任何一点与零电位之间的电压,就是该点的电位。

5. 电能

导体中产生电流的原因是导体两端的电压在导体内部建立了电场,在电场力(静电力)推动下搬运电荷。电能的单位为焦耳,简称焦(J)。在实际应用中,常以千瓦时(kW · h)(俗称度)作为电能的单位。1 kW · h 在数值上等于功率为 1 kW 的用电器工作 1 h 所消耗的电能。电能是可以直接测量的,电能表(俗称电度表)就是用来直接测量电能的,它是记录电路(用电设备)消耗电能的仪表。

6. 电功率

用电设备在单位时间(t)中所消耗的电能(W)称为电功率,用字母 P 表示。电功率的单位是瓦特,简称瓦(W),电路中电压越高,电流越大,其电功率也就越大。电功率可用功率表进行测量。

(二)欧姆定律与电阻元件

1. 欧姆定律

电流、电阻和电压之间满足欧姆定律:

$$I = \frac{U}{R}$$

上式表明,在电路电压一定的情况下,电路电阻越大,电路中电流就越小(电阻一般不随电压或电流的改变而发生变化)。也就是说电阻越大,对电流的阻碍作用越大。电阻的单位为欧姆,简称欧(Ω),常用的电阻单位还有千欧(kΩ)、兆欧(MΩ)。

一般情况下,电源内阻越小越好,这样可以向外电路提供更大的电流(电能)。

2. 电阻元件

(1)电阻元件的电流、电压关系。将电阻两端电压与流过电阻的电流用图形表示,称为该电阻的电流、电压关系特性。在电阻为恒定值时,电流随着电压线性增长。

(2)线性电阻和非线性电阻。如果电阻的值是恒定的,即能够遵循欧姆定律,该电阻称为线性电阻。否则,不服从欧姆定律的电阻就是非线性电阻,如压敏电阻器和热敏电阻器。

(三)电路状态与负载的连接

1. 电路的状态

电路主要有以下三种状态:通路;开路;短路。

2. 负载的连接

(1)负载的串联。串联形式表示电路中负载电阻没有分支路的依次相连,电流只有一条通路。

(2)负载的并联。并联形式是指电路中每个负载电阻都直接承受电源电压,所以每个负载电阻都在相同的电压下工作。

3. 电气设备额定值

电气设备在正常工作时对电流、电压和功率具有一定限额,这些限额可以表征电气设备工作的条件和工作能力,我们称为额定值。标注额定值的方法很多,有的用铭牌标出,如电动机、电冰箱、电视机;也有的直接标在该产品上,如白炽灯泡、电阻。额定值还可以从产品目录中查到,如各种半导体器件。

正确使用电气设备必须遵守该产品额定值的限定。使用中,当实际值等于额定值时,电气设备的工作状态称为额定状态;如果实际值超过额定值,就可能引起电气设备的损坏或降低使用寿命,即发生了过载情况。如果实际值低于额定值,某些电气设备也可能发生损坏,但多数是不能发挥正常的效能,这种情况称为欠载。

4. 电路中各点电位的计算

在分析电子电路时,常用到电位的概念。在分析、计算电路中某点的电位时,就涉及选择参考点。选择参考点从原则上讲是任意的,但一经选定,在分析和计算过程中就不得改动,在实际应用中,对于强电的电力电气线路,是以大地为参考点。在弱电的电子电路中,以装置的外壳和底板为参考点。

(四)基尔霍夫定律

基尔霍夫定律是由电流定律和电压定律组成的,它是分析与计算电路的基本定律。

1. 基尔霍夫第一定律——电流定律(KCL)

基尔霍夫第一定律指出,在任一瞬时电路、节点上电流的代数和为零,其数学表达式为$\sum I=0$。因此,基尔霍夫第一定律也可描述为流入节点电流的代数和等于流出节点电流的代数和。

2. 基尔霍夫第二定律——电压定律(KVL)

在电路中,由支路组成的任一闭合路径称为回路。基尔霍夫第二定律指出,在任一瞬时沿回路绕行一周,所有支路电压的代数和恒为零,其数学表达式为$\sum U=0$。因此,基尔霍夫第二定律也可描述为沿绕行方向电位的升高等于电位的降低。

(五)电容器与电容量

1. 电容器的构造

中间被绝缘物质(介质)隔开的两个导体的组合就构成一个电容器,这两个导体称为电容器的两个极。两块靠近而且平行放置的金属板称为平行板电容器。当电容器两极间产生一定电压时,电容越大,电容器所需储存的电荷就越多。从这个角度出发,可以说电容是表征电容器储存电荷的能力。

2. 电容器类型和额定值

电容器按结构可分为三大类:固定电容器、可变电容器和微调电容器。

电容器也可按其使用的介质,如空气、云母、纸、聚苯乙烯等分类。空气电容器既可以做成容量固定的,也可以做成容量可变的。纸介质电容器中有被油或蜡浸渍过的纸介质,极板是金属箔，整个纸介质被卷成圆柱状。塑料薄膜介质电容器所使用的塑料包括聚苯乙烯、聚酯、聚丙烯等。云母作为介质的电容器称为云母电容器。陶瓷电容器有镀覆在陶瓷盘、圆片、管子两边的镀银极板。

（六）楞次定律及右手定则

1. 电流的磁场

电流总是在其周围产生磁场，这一现象称为电流的磁效应。在磁场中可以用磁感应线来形象地描述各点磁场的强弱和方向。所谓磁感应线，就是人为画出的磁场中有方向的曲线。磁感应线越密的地方，磁场越强，磁场的方向为曲线的切线方向。

1）右手螺旋定则

电流产生磁场的方向，可用右手螺旋定则（也称安培定则）判断。

（1）通电直导线产生的磁场。通电直导线产生磁场的方向用右手螺旋定则来判断：用右手握住导线，让伸直的大拇指的方向跟电流方向一致，那么弯曲四指所指的方向就是磁感线的环绕方向。

（2）通电螺线管产生的磁场。通电螺线管产生的磁场方向也是用右手螺旋定则来判断：用右手握住螺线管，让弯曲四指所指方向与电流的绕向一致，那么伸直的大拇指所指的方向就是螺线管内部磁感线方向（或者说，大拇指指向螺线管的 N 极）。

2）磁通量

穿过磁场中某一面积的磁感应线的条数，称为穿过这个面积的磁通量，简称磁通，用 ϕ 表示，其单位是韦伯，简称韦（Wb）。

3）磁感应强度

穿过垂直于磁场方向的单位面积的磁感应线的条数，称为磁感应强度。在数值上等于该处的磁感应强度。磁感应强度用 B 表示，单位为特斯拉（T）或韦伯/米^2（Wb/m^2）。

2. 楞次定律

载流导体周围存在磁场。当导体中电流大小变化时、伴生的磁通也发生变化；而当与导线或线圈交链的磁通量变化时，会在导线或线圈中感应出电动势。如果将导线或线圈连成一个闭合回路，则回路中有感应电流通过。这种由磁场产生电动势的现象称为电磁感应现象，产生的电动势通常称为感应电动势，产生的电流称为感应电流。

感应电流的方向可用楞次定律来确定。该定律指出：闭合电路中产生的感应电流，其磁场总是阻碍原电路中磁通量的变化。

3. 右手定则

右手定则是确定导线切制磁感应线所产生的感应电动势方向的简便方法，它实质上是楞次定律的特殊情况。右手定则规定：伸开右手，使大拇指跟其余四指垂直在一个平面内。让磁感应线穿过手心，大拇指指向导体运动的方向，那么其余四指所指的方向就是感应电流的方向。

二、操作工具的了解与使用

（一）电工工具

1. 验电器的使用

低压验电器也称低压测电笔，常用的有钢笔式和螺钉旋具式两种。使用验电器时，手指接触金属笔挂(钢笔式)或测电笔顶部的金属螺钉(螺钉旋具式),如图 1－7 所示。使电流由被测带电体经测电笔、人体及大地构成回路。当被测带电体与大地之间的电压超过 60 V 时,氖管就会发光。检测电压的范围为 60～500 V。

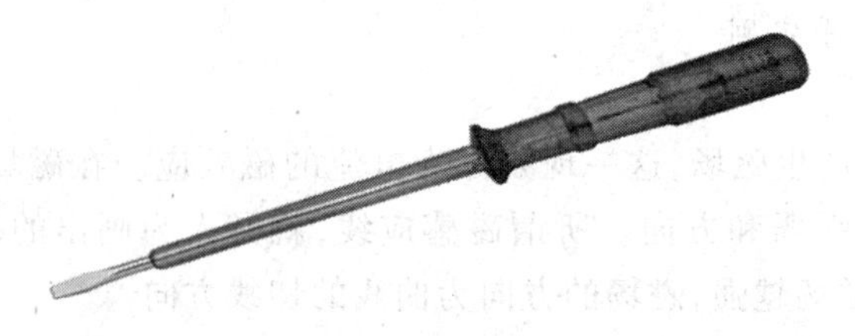

图 1－7　螺钉旋具式的测电笔

利用低压发电器中氖管的发光情况,还可以对以下电气现象进行粗略判断:

(1)区别相线与中性线(地线或零线),在交流电路中,当验电器触及导线时,氖管发亮的是相线,不亮的是中性线。

(2)区别直流电与交流电。氖管里的两个极同时发亮的是交流电,氖管里的两个极只有一个极发亮的是直流电。

(3)区别直流电的正负极。把验电器连接在直流电的正负极之间,氖管发亮的一端是直流电的负极。

(4)区别电压的高低。根据氖管发亮的强弱来估计电压的高低。如果氖管暗红、微亮,则电压低;如果氖管黄红色、很亮,则电压高;如果有电、不发光,则说明电压低于 36 V,为安全电压。

(5)识别相线碰壳。用验电器触及电机、变压器等电气设备外壳,若氖管发亮,则说明该设备相线有碰壳现象。如果壳体上有良好的接地装置,氖管是不会发亮的。

(6)判断用电事故。在照明线路发生故障(断路)时,如果检验相线和中性线均有电,且发出同样亮度的光,说明中性线短路(包括中性线上熔断器熔丝熔断)。如果两根导线上均无电,可能是电源停电(包括漏电保护器跳闸),相线短路(包括相线熔丝熔断)。在三相四线制电网中,若发生两相相线发光正常,一相不发光,且中性线也发光,则不发光的相线接地。

2. 钳口工具的使用与维护

(1)斜口钳,可用于剪断导线或其他较小的金属、塑料等物件。并拢斜口钳的钳口,应该没有间隙。这种钳子不能剪断较粗的金属件或用来夹持东西。

(2)钢丝钳,可用于夹持导线、切断金属丝或折断金属片。

(3)尖嘴钳,钳口形状分为平口和四口两种,适用于在窄小空间中操作,不能用于扳弯粗导线,也不能夹持螺母。

(4)剥线钳,适用于剥去导线的绝缘层。使用时,注意将需要剥皮的导线放入合适的槽口,剥皮时不能剪断导线,剥线钳剪口的槽并拢后应为圆形。

3. 活动扳手

活动扳手的规格以最大开口宽度乘扳手长度来表示。例如,14 mm × 10 mm、19 mm × 15 mm、24 mm × 20 mm,这三种规格最常用。

4. 电工刀

电工刀在使用时,刀口应朝外进行操作。口在剖削导线绝缘层时,刀面与导线成 45°角倾斜切入，再使圆弧状刀面贴在导线上以150°角进行切割，以免削伤线芯。电工刀柄部没有绝缘护套，不能剖削带电导线。

5. 紧固工具

一字形螺钉旋具用来紧固和拆卸一字槽螺钉。使用时旋具头部的长短和宽窄应与螺钉槽相适应。若旋具头部宽度超过螺钉槽的长度，在旋沉头螺钉时容易损坏安装件的表面；若旋具头部宽度过小，难以将螺钉旋紧，还容易损坏螺钉槽。头部的厚度通常取旋具刀口的厚度为螺钉槽宽度的0.75～0.8.使用时旋具不能斜插在螺钉槽内。

十字形螺钉旋是用来紧固和拆卸十字槽螺钉。使用时旋具头都应与螺钉槽相吻合，否则容损坏螺钉槽。十字形螺钉旋具的端头有四种槽型：1号槽型适用于2～4.5 mm螺钉；2号槽型适用于3～5 mm螺钉；3号槽型适用于5.5～8 mm螺钉；4号槽型适用于10～12 mm螺钉。

6. 电烙铁

内热式电烙铁的特点是烙铁芯安装在烙铁头的内部。20 W内热式电烙铁的头部温度可达到350 ℃左右，一般通电2 min就可进行焊接，是目前应用较多的一种电烙铁。其烙铁芯、电源线通过一个接线柱连接，机械强度较差，使用时不能敲击，以免损坏。

新的烙铁一般不宜直接使用，要对烙铁头进行处理。除了要按使用要求将烙铁头加工成需要的形状外，还要通电烧热，蘸上松香，使烙铁头上均匀地镀上一层锡。这样做，可以便于焊接和防止烙铁头表面氧化。

电烙铁在使用中，还要防止跌落。烙铁头上焊锡过多时，不可乱甩，以防烫伤他人。可用湿布、浸水海绵擦拭烙铁头，以保持烙铁头良好地挂锡，并可防止残留助焊剂对烙铁头的腐蚀。焊接时应采用松香或弱酸性助焊剂，以保证烙铁头不被腐蚀。

电烙铁不能长时间通电而不使用，这样容易使烙铁芯加速氧化而烧断，同时会使烙铁头因长时间加热而氧化，甚至被“烧死”不再“吃锡”。

（二）万用电表

1. 万用电表的使用方法

图1-8所示为指针式万用电表面板图。面板由刻度、测量范围选择开关、调整旋钮、插孔组成，它们的作用与功能如下：

（1）刻度盘共有四条刻度线，分别为电阻、直流电压和直流电流、交流电压和分贝的刻度。在这几条刻度线中，欧姆刻度线是非线性的，而电流、电压是线性刻度线。在估读线性刻度时，只要均匀分隔刻度线之间的区域，就可以读取数据。而非线性刻度线的刻度是不等间隔的，在读取非线性刻度时，必须注意各刻度线所代表的正确刻度值。

图1-8 万用电表面板图

（2）面板下方是测量范围选择开关（转换开关），将该开关置于不同位置，即可选择不同的被测量（电压、电流、电阻）及测量挡位（倍率）。

（3）面板上有一对插孔，在测量前，要将万用电表所附的两根测棒（红、黑各一根）分别插入对应插孔中。其中红色测试棒插入标有“+”符号的插孔内，黑色测试棒插入标有“-”符号的插孔内。

（4）面板上有两个旋钮，一个位于表盘正下方，可以使用一字形螺钉旋具进行调节，称为“机械零位调整”旋钮。使用万用表测量前，指针应在零位，若指针不在零位，应用旋具调节机械零位调整旋钮，使指针回到零位，否则会影响测量的准确性。另一个旋钮位于测量范围选择开关左上方，称为“零欧姆调节”旋钮。在测量电阻前，要进行零欧姆调零。将两支棒短接后，直接用手调节“零欧姆调节”旋钮，使指针指示在“Ω”刻度线的“0”刻度上，在万用电表无故障的情况下，如果调零无法使指针到达欧姆零位，说明电池的电压太低，应更换电池。

在万用电表的使用过程中，为保证人身、电表的安全和测量的精度，应注意以下事项：

(1)在测量前，指针应在零位，若指针不在零位，应进行“机械调零”。测量电阻前，还应进行“零欧姆调节”。

(2)测量前应估计被测量的大小，然后合理选用相应的挡位。若无法估计，可选用最大量程进行快速测量(点测)，根据指针大概指示位置重新选用合适的量程。为使测量结果更准确，量程的选择应使读数在整个标尺的一定刻度范围内。例如，在测量电流和电压时，应使指针在满刻度1/2以上；在测量电用时，指针尽量接近标尺的中间位置。这样，测量的结果就相对比较准确。

(3)注意万用电表置欧姆挡时表面板上标“+”的插孔与表内电池“-”极相连，表面板上标“-”的插孔与表内电池“+”极相连。表面板上标“+”和“-”是指在测直流电流和直流电压时，“+”应接高电位，“-”应接低电位。

(4)测电压和电流时，若发现选用挡位不合适，不允许带电换挡，这样易损坏万用电表。另外，测量电阻时不允许带电测量，否则除了会引起较大误差外。还可能导致电阻上电压窜入表内甚至烧毁表头。

(5)万用电表使用完毕，应将转换开关旋至空挡，若该表没有空挡位置(如MF-30万用电表无空挡)，应将其旋至交流电压最大挡位，以防止在下次测量时由于粗心而发生事故。

2. 万用电表的应用

1)用万用电表测量电阻

在进行电阻测量前，要估计被测量电阻的大小，选择相应的量程(量限)。例如，估计待测电阻为56 Ω，应选用$R\times1$ Ω挡测量，在欧姆刻度上直接读出待测的电阻值，若估计待测电阻为560 Ω，应选用$R\times10$ Ω挡测量，将指针在刻度上指示的数值乘10倍，就是所测电阻的实际电阻值。也就是说，选用不同挡位测量时，应将刻度读数乘以挡位的倍率才是实际电阻值。

测量电阻时，不能双手同时握住电阻引线和测笔金属部分进行测量。

2)用万用电表测量电压

万用电表可以测量交、直流电压。无论测量哪种电压，都应先估计被测量大小，选择合适的测量挡位。如果是测量直流电压，将选择旋钮旋至直流电压(V)挡，使万用电表与被测电路并联，红色测试笔(插在“+”孔内)应接在高电位端(让电流从“+”端流入)，而黑色测试棒(插在“-”孔内)应接在低电位端，如果接错会引起表指针反偏转，严重时会将表针打弯而损坏仪表。在测量较高电压时(如交流220 V电压)，应特别注意人的身体不能碰触到测试棒的金属部分，防止被电击而造成人身伤亡。

3)万用电表测量直流电流

万用电表可以测量直流电流，将选择旋钮旋至电流挡，使万用电表与被测电路串联，且被测的电流必须从红色测试棒("+"插孔)流入,从黑色测试棒("-"插孔)流出。

由于万用电表电流挡的内阻很小,所以在使用电流挡测量时,要将两只测棒串入电路,千万不可并联在电源上,否则会形成短路电流烧毁万用电表。

三、安全防护用具的掌握

(一)安全帽使用要求

(1)任何人员进入生产、施工现场必须正确戴上安全帽。针对不同的生产场所,根据安全帽产品说明选择适用的安全帽。

(2)安全帽戴好后,应将帽箍扣调整到合适的位置,锁紧下领带,防止工作中前倾后仰或其他原因造成滑落。

(3)受过一次强冲击或做过试验的安全帽不能继续使用,应予以报废。

(4)高压近电报警安全帽使用前应检查其音响部分是否良好,但不得作为无电的依据。

(二)防护眼镜的使用要求

防护眼镜是在进行检修工作、维护电气设备时,保护工作人员不受电弧灼伤以及防止异物落眼内的防护用具。防护眼镜的镜片及镜架都要求质地非常坚固,不易打碎,接触眼部的遮边不应有锐角。

(1)防护眼镜的选择要正确。要根据工作性质、工作场合选择相应的防护眼镜。如在装卸高压熔断器或进行气焊时,应戴防辐射防护眼镜;在室外阳光曝晒的地方工作时,应戴变色镜(防辐射防护眼镜的一种);在向蓄电池内注入电解液时,应戴防有害液体防护眼镜或戴防毒气封闭式无色防护眼镜。

(2)防护眼镜的宽窄和大小要恰好适合使用者的要求。如果大小不合适,防护眼镜滑落到鼻尖上,就起不到防护作用。

(3)防护眼镜应按出厂时标明的遮光编号或使用说明书使用。

(4)透明防护眼镜佩戴前应用干净的布擦拭镜片,以保证足够的透光度。

(5)戴好防护眼镜后应收紧防护眼镜镜腿(带),避免造成滑落。

(三)安全带的使用要求

(1)围栏作业安全带一般使用期限为3年,区域限制安全带和坠落悬挂安全带使用期限为5年,如发生坠落事故,则应由专人进行检查,如有影响性能的损伤,则应立即更换。

(2)应正确选用安全带,其功能应符合现场作业要求,如需多种条件下使用,在保证安全的提前下,可选用组合式安全带(区域限制安全带、围杆作业安全带、坠落悬挂安全带等的组合)。

(3)安全带穿戴好后应仔细检查连接扣或调节扣,确保各处绳扣连接牢固。

(4)2 m及以上的高处作业应使用安全带。

(5)在坝顶、陡坡、屋顶、悬崖、杆塔、吊桥以及其他危险的边沿进行工作,临空一面应装设安全网或防护栏杆。否则,作业人员应使用安全带。

(6)在没有脚手架或者在没有栏杆的脚手架上工作,高度超过1.5 m时,应使用安全带。

(7)在电焊作业或其他有火花、熔融源等场所使用的安全带或安全绳应有隔热防磨套。

(8)安全带的挂钩或绳子应挂在结实牢固的构件或专为挂安全带用的钢丝绳上,并应采用高挂低用的方式。

(9)高处作业人员在转移作业位置时不准失去安全保护。

(10)禁止将安全带系在移动或不牢固的物件上[如隔离开关(刀闸)支持绝缘子、瓷横担、未经固定的转动横担、线路支柱绝缘子、避雷器支柱绝缘子等]。

(四)安全绳的使用要求

(1)安全绳应是整根,不应私自接长使用。

(2)在具有高温、腐蚀等场合使用的安全绳,应穿入整根具有耐高温、抗腐蚀的保护套或采用钢丝绳式安全绳。

(3)安全绳的连接应通过连接扣连接,在使用过程中不应打结。

(五)连接器的使用要求

(1)有自锁功能的连接器活门关闭时应自动上锁,在上锁状态下必须经两个以上的动作才能打开。

(2)手动上锁的连接器应确保必须经两个以上的动作才能打开,有锁止警示的连接器锁止后应能观测到警示标志。

(3)使用连接器时,受力点不应在连接器的活门位置。

(4)不应多人同时使用同一个连接器作为连接或悬挂点。

四、基础急救知识

当发现有人触电时,电梯从业人员不可惊慌失措,应保持冷静,迅速、安全、正确地进行紧急救护。触电急救对于减少触电伤亡是行之有效的方法。

(一)触电急救

1. 使触电者尽快脱离电源

一旦发生触电事故,首先应当设法使触电者迅速而安全地脱离电源,每争得一秒都是给触电者一分生存的希望。脱离电源采用的方法应视触电现场具体情况而定,常用的方法有:

(1)当电源开关距离触电现场很近时,可迅速切断电源再把触电者移开。

(2)若电源开关很远或不具备关闭电源的条件,可拉住触电者干燥的衣角,使之与带电体分离;也可站在干燥的木板上拉触电者使之脱离电源。

(3)断落的导线与触电者相连时,可用干燥的木棒将电线挑开。

(4)救护人员还可用绝缘钳子,从来电的方向切断电线,使触电者脱离电源。

(5)对于处在高空的触电者,在必要时可用绝缘导线将电源的两条线路短路,迫使电源跳闸或熔丝烧断来切断电源。采用短路救护,应注意救护者的自身安全,对高空触电者还应采取措施,不致使触电者跌落摔伤。

2. 脱离电源后的急救

触电者脱离电源后,应迅速就地抢救,同时请医生来治疗。若触电者伤害较轻,没有失去知觉,只是一度昏迷,应使触电者处于有利恢复呼吸的环境,如在通风阴凉处解开触电者的衣领裤带,使其平卧放松,注意观察触电者的变化,等待医生治疗。

若触电者已停止呼吸,应马上对触电者进行人工呼吸;若触电者心跳停止,应马上采用胸外心脏按压法进行抢救。在实施上述急救的同时,迅速去请医生,并采取措施,将触电者尽快送往医院。在抢救的过程中要注意两点:一是要及时,力争分秒的时间,不能等医生,也不可因送医院而中断抢救;二是要坚持不懈。即使触电者的呼吸与心跳均已停止,但这很可能是假死，不能停止抢救，应同时施行人工呼吸和胸外心脏按压法坚持努力抢救，直至医生确认已经死亡为止。

（二）人工呼吸法

人工呼吸法是帮助触电者恢复呼吸的有效方法，当触电者出现痉挛、呼吸困难，以致完全停止呼吸时应采用人工呼吸法。人工呼吸法有口对口呼吸法、仰卧压胸法、俯卧压背法等多种，其中口对口呼吸法效果好，并容易掌握，应用普遍。进行人工呼吸前首先要排除影响触电者呼吸的障碍，解开触电者上衣裤带，去掉围巾，清除口腔中的黏液、血液、食物、假牙等。口对口呼吸法要领如下：

（1）使触电者平卧，将头部尽量后仰，鼻孔朝天，颈部伸长。

（2）救护人员位于触电者一侧，一只手捏紧触电者的鼻孔，另一只手掰开他的嘴巴。

（3）救护人员深呼吸后，紧贴触电者的嘴巴吹气，使其胸部膨胀。

（4）救护人员换气，放松触电者的嘴鼻，使其自动呼气。

反复吹气与呼气动作，每循环约 5 s，吹气 2 s，放松呼气 3 s。当触电者自己开始呼吸时，人工呼吸应立即停止，但停止后触电者仍难以自行呼吸时，则应继续人工呼吸。

五、人工胸外心脏按压法

人工胸外心脏按压法是帮助触电者恢复心跳的有效方法。当触电者心跳停止时应采取此法进行急救。若触电者心跳和呼吸都已停止，应同时进行人工呼吸。一人救护时，人工呼吸和胸外按压可交替进行。二人救护时，两种方法同时进行。胸外心脏按压法要领如下：

（1）使触电者仰卧在地上，解开其上衣，找到心脏按压点，其部位在前胸正中间、稍偏下的地方。

（2）救护人员跨跪在触电者腰部位置，身体稍向前倾，两臂前伸，伸开手掌，使右手掌根部对准按压点，中指尖抵住颈部凹陷处下沿，左手掌搭在右手上，双手相叠。

（3）手掌根部借助身体的重量向下按压，压陷的深度为 3 ~ 4 cm，按压出心脏里面的血液。

（4）按压后手掌根部突然抬起，让触电者胸部压陷部位自然恢复，使血液充满心脏。按压和放松的动作要有节奏，约每秒一次。

重复以上按压、放松动作，坚持做到心脏恢复跳动为止。

自我认知——中职毕业生深受用人单位欢迎

具备良好的职业能力素养对于每一个职业人有何意义？

第二章

职业与职业素养

基本职业素养就是职业人把工作做好应具备的最基本、最核心、最关键的素质和能力。从构成上看,基本职业素养具体体现在学习能力、沟通能力、组织协调能力、意志品质、进取心和求知欲、敬业精神、责任意识、团队意识等诸多方面。

第一节 认识职业

学习目标

(1)了解职业的含义、特征。

(2)理解职业定向与选择的因素。

(3)掌握职业选择与定向的原则。

(4)树立正确的职业价值观,为实现个人职业的成功做好准备。

知识学习

【案例】

在《泾野子内篇》一文中,记录着一则"西邻五子食不愁"的故事,西邻有五子,但三子残疾。西邻则认为五子"各有千秋":长子质朴,次子聪明,三子目盲,四子背驼,五子脚跛。按照常理看,这家人的日子很难过,可是西邻有方,日子过得还不错。细一打听,原来他对自己的儿子各有安排:老大质朴,正好让他务农;老二聪慧,正好让他经商;老三目盲,正好让他按摩;老四背驼,正好让他搓绳;老五脚跛,正好让他纺线。这一家子人,各展其长,各得其所,"不患于食焉"。

分析:

(1)"西邻五子"的各种劳动指的是什么?

(2)什么是职业?

一、职业

(一)职业的含义

职业是参与社会分工利用专业的知识和技能,为社会创造物质及精神财富,从中获取合理报酬,满足物质生活、精神生活的工作。职业的含义强调了以下五个方面:

1. 社会分工

比如,我们都要穿皮鞋,但不能从养牛做起,在养牛、杀牛、制皮、设计鞋样、制作皮鞋、销售皮鞋的各个环节中,都需要有不同的人参与其中,每个人做一份工作,最终才能满足我们穿皮鞋的需要。

2. 知识技能

每一种职业都要具备专门的知识技能。比如,推销人员除基本企业知识、产品知识、营销知识、消费者知识外,还需要具备学习能力、洞察能力、分析能力、人际交往能力、执行能力等。

3. 创造财富

农民种粮食、蔬菜,服装设计师设计出漂亮的衣服,建筑工人建造高楼大厦,作家著书,舞蹈家跳舞,等等,这些都属于创造财富。有的人创造物质财富,有的人创造精神财富。有的人是直接创造,如生产产品;有的人是间接创造,如做保安是保护别人的财富。

4. 合理报酬

每个职业人一定要通过创造财富来获得合理报酬。我们创造出来的财富,一部分上缴国家,一部分留在企业,一部分由自己消费,各部分比例由法律规定或者由利益各方商定,这称为合理。

5. 满足需求

一个人通过获得报酬以满足物质生活和精神生活上的需求。物质生活需求的满足是指通过资金去购买生活上的必需品,包括吃穿住行的用品;精神上的需求,包括喜悦感、团队认同感、实现自我价值以后的满足感等。

(二)、职业的特征

1. 职业的时代性

随着社会的不断发展,新的职业不断出现,原有的职业将被赋予新的时代内涵,而有的职业将会消失。例如,随着计算机技术的快速发展,出现了计算机程序设计、文字处理、激光照排工艺等新的职业,机械打字员、手工排版等职业将逐渐消失。农民、工人、医生、教师等传统职业,其劳动的含金量也不断提高。职业的时代性还体现在社会对职业的需要上,如随着房地产市场的不断发展,出现了房地产评估师、房地产造价师等新的职业。职业技术院校学生在专业技能学习及将来的就业和创业过程中,应当根据社会需要去选择职业。

2. 职业的社会性

职业是人们所进行的为社会所需要的劳动。例如,农民种地、工人做工、科学工作者做实验、教师教书育人等都是社会劳动,分别属于不同的职业。在现代社会中,从事不同职业、"扮演"不同社会角色的人,他们的社会责任不同,经济状况、文化水平、行为方式也都存在较大的差别,并由此反映出他们各自的社会层次。

3. 职业的经济性

社会上从事不同职业的人们以各自的专长来为社会创造财富,获得报酬。因此,职业是以获得经济收入为目的、有报酬的社会劳动,是从业者生存和发展的手段,是一个人、一个家庭经济收入的主要来源。学生在职业技术学校进行的学习就是为了使自己能获得高质量的劳动手段,将来能在社会上找到自己的职业岗位,从中取得相应的报酬,来提高自己的生活水准,从而实现人生的目标。

4. 职业的多样性

随着生产力的发展和社会的进步,社会分工越来越细,新的职业不断产生,职业的种类越来越多,职业呈现出多样性的特点。据有关资料统计,全世界职业的种类有近43 000种。

5. 职业的技术性

不同的职业有不同的知识层次或技术规范要求,从业者在从事每一种职业之前,应当接受专门的职业知识教育,并有针对性地进行专门的技术、操作规程的训练。随着社会的不断发展,对从业者的要求也越来越高,从业者要想选择合适的职业,就必须具备专门的知识、能力、技术和特定的职业道德品质。

6. 职业的稳定性

职业专业性或技术性决定了人们要从事某一职业需要较长的准备过程,一旦从事某一职

业也就有了一定的稳定性。但是职业的稳定性是相对的,随着社会经济的发展和科学技术的进步,原有职业的技术性不断提高,新的职业不断出现,一个人即使从事同一种职业也需要不断提高职业技能,并且一生可能需要转换多种岗位。

7. 职业的产业性

一个国家、一个社会,就大的方面可分为三类产业。第一产业和第二产业都是物质生产部门,第三产业虽然并不生产物质财富,但却是社会物质生产和人民生活必不可少的部门。在传统农业社会,农业人口比重最大;在工业化社会,工业领域中的职业数量和就业人口显著增加;在科学技术高度发达和经济发展迅速的社会,第三产业职业数量和就业人口显著增加。

8. 职业的行业性

行业是根据生产工作单位所生产的物品或提供服务的人的不同而划分的,它是按企业、事业单位、机关团体和个体从业人员所从事的生产或其他社会经济活动性质的同一性来分类。某行业的职业内部,其劳动条件、工作对象、生产工具、操作内容相同或相近。由于环境的同一,人们就会形成同一的行为模式,有共同的语言习惯和道德规范。不同职业间存在很大差异,劳动条件、工作对象、工作性质等都不相同。随着社会的进步和发展,新的职业(如经纪人等)将会不断涌现,各种职业间的差异也会不断变化。

9. 职业的职位性

所谓职位,是一定的职权和相应责任的集合体。职权和责任是组成职位的两个基本要素。职权相同,责任一致,就是同一职位。在职业分类中每一种职业都含有职位的特征。从社会需要的角度来看,职业并没有高低贵贱之分,但是,现实生活中由于对从事职业的素质要求不同以及人们对职业的看法或舆论的评价不同,职业便有了层次之分,这种职业的不同层次往往是由于不同职业体力、脑力劳动的付出,收入水平,工作任务的轻重,社会声望,权力地位等因素决定的。

10. 职业的组群性

无论以何种依据来划分职业都带有组群性特点。如科学研究人员中包含哲学、社会学、经济学、理学、工学、医学等,再如咨询服务事业包括科技咨询工作者、心理咨询工作者、职业咨询工作者等。

自我认知——我国职业的分类

【案例】

我国现在有多个职业采取了职业准入制度,因此在校园里出现"考证热"也就不足为怪。在学校内,除传统的英语等级证、计算机等级证书外,还有多种证书,证书门类多达几十种,各专业领域内也有各种各样的职业资格认证。

考证一般属于学生的个人行为，因缺乏比较权威、科学的引导，引发了不少问题，盲目考证会给学生带来沉重的负担，如经济负担、时间负担、心理负担等。

辛苦考证增添就业砝码，文凭是知识的证明，职业证书则是对职业能力的认可。有了文凭再去考各种各样的证书，说明学生对能力这种外在表现的认识有了提高，这是与时俱进的。

学生应该理性地对待考证，考证在某种程度上对学生开阔视野、增强本领起到了一定的促进作用，但不应该把就业的砝码完全压在几张证书上面，更不应该忽视自己专业课程的学习。考证应结合自身实际，联系自己所学专业和未来的职业，有选择地进行。

重证书更重能力，注重自身能力的培养，做到考证和能力并重，才能符合用人单位的要求。

分析：

(1)从事某种职业必须有相应的资格证书吗？

(2)你意识到选择职业教育的重要性了吗？

二、职业资格

(一)职业资格的含义

职业资格是指从事某一职业所必备的学识、技术和能力的基本要求，包括从业资格和执业资格(见表2-1)

表2-1　从业资格和执业资格

项　目	从业资格	执业资格
所指内容	从事某一专业(工种)学识、技术和能力的起点标准	依法独立开业或独立从事某一特定专业(工种)学识、技术和能力的必备标准
性质	政府规定的专业技术人员从事某种专业技术性工作时必须具备的资格	政府规定专业技术人员依法独立开业或独立从事某种专业技术性工作时必须具备的资格
获得方式	通过学历认定或考试获得	必须通过考试方法取得，考试由国家定期举行
凭证	从业资格证书	执业资格证书

政府对某些责任较大、社会通用性强、关系公共利益的专业技术工作实行准入控制。

(二)职业资格证书

1. 职业资格证书制度

国家职业资格证书制度是劳动就业制度的一项重要内容，也是一种特殊形式的国家考试制度。它是指按照国家规定的职业标准，通过政府认定的考核鉴定机构，对从业者的技能水平或职业资格进行客观、公正、科学规范的评价和鉴定，并对合格者授予相应的国家职业资格证书。

2. 职业资格证书的含义及作用

(1)职业资格证书的含义。职业资格证书是表明劳动者具有从事某一职业所必备的学识和技能的证明。职业资格证书包括“从业资格证书”和“执业资格证书”。

(2)职业资格证书的作用。职业资格证书是劳动者求职、任职、开业的资格凭证，是用人

单位招聘、录用劳动者的主要依据,也是境外就业、对外劳务合作人员办理技能水平公证的有效证件。

(3)职业资格证书与学历证书。我国实行的是双证书制度,毕业证书和职业资格证书都是求职人员的就业凭证,求职人员在取得毕业证书的同时,还必须取得相应的职业资格证书才能就业。职业资格证书与职业劳动活动密切相关,既反映了特定职业的实际工作标准和规范,也反映了从业者所达到的实际能力水平;学历证书主要反映一个学生学习的经历和水平。

(4)职业资格证书的核发。国家职业资格证书由中华人民共和国人力资源和社会保障部统一印制,中华人民共和国人力资源和社会保障部职业技能鉴定中心负责职业资格证书的兼制、统计和发放。

3. 职业技能鉴定

职业技能鉴定是国家职业资格证书制度的重要组成部分,是一项基于职业技能水平的考核活动,属于标准参照型考试。

职业技能鉴定的主要内容包括职业知识、操作技能和职业道德三个方面。这些内容是依据国家职业(技能)标准、职业技能鉴定规范(即考试大纲)和相应教材来确定的,并通过编制试卷进行鉴定考核。职业技能鉴定分为知识要求考试和操作技能考核两部分。

自我认知——职业锚

【案例】

有一天,一位中年妇女走进乔·吉拉德的展销室,说她想在这看看车,打发一会儿时间。她告诉乔·吉拉德,她想买一辆白色的福特车,但对面福特车行的推销员让她过一小时后再去,所以她就先来这儿看看。她说,这是她送给自己的生日礼物,今天是她55岁生日。

"生日快乐!夫人。"乔·吉拉德一边说,一边把她让进办公室,自己出去打了一个电话。然后,乔·吉拉德继续和她交谈:"夫人,您喜欢白色,既然您现在有时间,我给您介绍一下我们的双门式轿车——也有白色的。"

他们正谈着,乔·吉拉德的女秘书走了进来,递给乔·吉拉德一束玫瑰花。乔·吉拉德慎重地把花送给那位妇女:"尊敬的夫人,有幸知道今天是您的生日,送您一份薄礼,祝您好运。"

她很受感动,眼眶都湿了。"已经很久没有人给我送礼物了。"她说。"刚才那位福特推销员一定是看我开了部旧车,以为我买不起新车,我刚要看车,他却说要去收一笔款,于是我就上这儿等他。其实,我只是想要一辆白色车而已,只不过我表姐的车是福特,所以我也想买福特。现在想想,不买福特也可以。"

最后,她在乔·吉拉德那里买走了一辆雪佛兰,并填了一张全额支票。其实,从头到尾乔·吉拉德都没有劝她放弃福特而买雪佛兰,只是因为她在这里感受到了重视,于是放弃了原来的打算,转而选择了乔·吉拉德的产品。

乔·吉拉德的几万个客户每隔一段时间就会收到他寄来的贺卡,上面只有这样的一些话:"祝您生日快乐","希望什么时候再能聆听您的教诲"……他的秘诀是:决不营销汽车,而是营销问候。正是乔·吉拉德这种高超的情感推销术,才使他在事业上取得了巨大的成功。他被誉为世界上最伟大的销售人员,他在15年中卖出了13 001辆汽车,并创下了一年卖出1 425辆(平均每天4辆)汽车的记录。这个成绩已经被记入《吉尼斯世界大全》。

分析:

(1)这位夫人为什么能买乔·吉拉德的车?

(2)乔·吉拉德成功的秘诀是什么?

三、职业的定向与选择

1. 个人因素

个人因素包括思想道德素质、职业价值观、兴趣、能力素质及个性等,是与人的自我意识和个体特质相关联的因素,是影响人们职业定向与选择的主观因素,在职业定向与选择中起着基础性作用。

1)思想道德素质

思想道德素质是指人在一定的社会环境和教育的影响下,通过个体自身的认识和社会实践,在政治方向、理想信念、思想观念、道德情操等方面养成的较稳定的品质。思想道德素质指引着人们职业活动的方向,决定着一个人职业人生的总方向,也是鼓舞人们从事各种职业活动的力量泉源和精神动力。

2)职业价值观

职业价值观是人们在认识、评价职业价值时所持的观点。它是一个人的人生目标和人生态度在职业选择方面的具体表现,也就是一个人对职业的态度倾向以及他对职业目标的追求和向往。人们对职业的认识、观点、评价向往等体现在很多方面,概括起来有三类:①职业能促进个人发展的方面,如职业岗位能符合兴趣爱好、能发挥个人才能、能提供培训的机会、能学以致用等;②职业的经济利益方面,如职业稳定且收入高、福利待遇好、工作单位地理位置好、交通便利、工作环境优雅等;③职业的声望方面,如职业有较高的社会地位、工作单位规模大、级别高、知名度高等。

3)兴趣

兴趣在职业定向与选择时起着举足轻重的作用。人们一般先从个人的兴趣出发选择自己喜欢的职业,逐步由对某一职业感到有趣发展到对从事这一职业感受到乐趣,进而将这个职业

的工作与自己的奋斗目标相结合,就形成了志趣,表现出职业倾向性和积极性,确立从事某职业的理想,并为实现理想而奋斗。

4)能力

人与人之间的能力差别很小,主要是类型上的差别。例如,有的人记忆力强,有的人想象力强;有的人擅长音乐,有的人擅长画画。在职业领域中,能力是影响人们职业活动效果的基本因素。人们只有具备与职业相关的能力素质,才有可能从事某项工作。只有对自己的能力有充分的认识和判断,才能找到适合自己的工作,合适的工作有利于促进个人能力的进一步发展。因此,在确定职业方向、选择职业目标时,首先要明确自己的能力优势以及胜任某种工作的可能性,不要好高骛远、草率行事,要选择与自己的能力相匹配的职业。

5)个性

个性要素主要包括气质和性格。气质、性格是一个人的个性中比较稳定的因素,对个人的职业定向与选择乃至职业的发展与成功发挥着持续影响的作用。不同气质、性格的人,他们的职业倾向是不同的,这会影响到他们的职业与选择。不同的职业对人也有不同的气质、性格要求,因此要尽量选择与自己的气质、性格相匹配的职业。

6)情商

情商即情绪智商。戈尔曼把情绪智力定义为:"能认识自己和他人的感受,自我激励,很好地控制自己,以及在人际交往中的情绪的能力。"经过研究,戈尔曼发现一个人的情商对他职场的成功发挥着决定性的作用。针对美国前500强大企业的员工所做调查表明:一个人的智商和情商对他在工作上成功的贡献比例为1∶2,并且职位越高,情商对工作产生的影响就越大。

此外,个人的身体素质、健康状况等也会影响对职业的定向与选择,所以在选择职业时也要充分考虑自身的这些因素,尽可能地选择与自己的身体条件相适应的职业。

2. 社会因素

社会因素包括社会需求、社会评价、经济利益、学校教育和家庭影响等,是个人外部的社会环境因素的总和,是影响个人职业定向与选择的客观因素,在职业定向与选择过程中发挥着制约和平衡的牵制作用。

(1)社会的职业需求。社会职业的种类、职业岗位的数量、人力资源的供求状况等都体现着一个国家和地区对职业的需求,直接影响着人们的职业定向与选择。我们要了解国家的职业分类、职业政策、职业制度,把握国家经济政策、经济发展形势,了解当地区域经济发展的速度和水平,从而了解社会对职业的需求状况,以便做出正确的判断,根据自身的条件,按照社会需求去进行职业定向与选择。

(2)社会的职业评价。社会对各类职业所持的倾向性态度,职业在社会中的地位、声望等都体现着社会对职业的评价,这种评价是影响职业定向与选择的重要因素,特别是当对某种职业缺乏了解和切身感受时,社会评价发挥着重要的影响作用。另外,社会评价通过媒体、舆论等各种渠道渗透到个人的职业观念中,形成个人的职业价值观,直接影响、决定着个人的职业定向与选择。

(3)经济利益。职业的经济性、市场经济下的金钱意识等决定了人们在职业定向与选择中必然要考虑职业的经济利益。在其他条件相同或已定的情况下,职业的收入水平、福利待遇等经济因素是人们选择职业时优先考虑的因素。

(4)学校教育。个体综合素质的形成与发展主要来自于学校教育。学校的教育模式、教学特色、教学优势、教师的行为模式及教育导向等,都直接影响到个体综合素质的发展和个性特征的形成。

(5)家庭影响。家庭是社会的“细胞”,父母是孩子的第一任老师,父母的职业价值观会影响孩子的职业价值观,从而影响孩子的职业定向与选择。同时,家庭的教育方式对子女的性格、兴趣等的培养和熏陶直接影响职业兴趣和职业能力的发展。

除以上这些社会因素的影响,人们的职业定向与选择还受其他社会因素的影响,如传统观念、社会时尚、性别差异等。我们应正确对待这些影响,增强自己的理性认识,克服盲目从众、攀比、自卑、依赖等心理障碍,以冷静、客观、科学的心态正确进行职业定向与选择。

自我认知——农业化学之父

【案例】

为了像人类一样聪明,森林里的兔子们开办了一所学校。学生中有小鸡、小鸭、小鸟、小兔、小山羊、小松鼠等,学校为它们开设了唱歌、跳舞、跑步、爬山和游泳五门课程。第一天上跑步课,小兔兴奋地在体育场上跑了一个来回,并自豪地说:“我能做好我天生就喜欢做的事!”而看看其他小动物,有噘嘴的,有苦着脸的。第二天一大早,小兔蹦蹦跳跳地来到学校,上课时老师宣布,今天上游泳课。只见小鸭兴奋地一下跳进了水里,而天生恐水、不会游泳的小兔傻了眼,其他小动物更没了招。第三天唱歌课,第四条爬山课……学校里的每一天课程,小动物们总有喜欢和不喜欢的。

分析:

(1)这个故事说明了什么道理?

(2)对我们的职业定向与选择有什么启示?

四、职业定向与选择的原则

确定职业方向,选择一个自己满意的职业岗位是每个人的心愿。职业定向与选择需要遵循以下原则:

(一)符合社会要求原则

在市场经济形势下,个人对社会职业进行选择,社会职业也对个人进行选择,因此,人们在职业定向与选择时无法也不可能摆脱社会需要。一个人如果无视社会需要,一味地从自我价值观念出发,在实践中是很难做出明智的选择的。

当社会需要和个人需要发生冲突时,要认识到每个职业岗位的工作都有它特殊的社会意义和存在价值。对职业岗位既要看到它的现在,又要遇见其未来的发展,寻找个人与社会的结合点,把个人兴趣、爱好、专长与社会需要统一起来,自觉地服从社会职业的总体需要,到社会需要的职业岗位上去踏踏实实地努力工作,尽力去适应社会需要。

(二)发挥个人优势原则

个人优势是指一个人自身素质的优势,主要包括知识能力特长、专业技术特长、生理特长、品质特长等。在进行职业定向与选择时,要综合分析自己的素质优势及其他有利因素,侧重能充分发挥个人优势的职业方向和职业岗位,尽可能做到个人与职业相匹配,在今后的工作中做到扬长避短,出色地做好工作,取得较大的成就。

五、个人职业的发展与成功

(一)个人职业的发展

1. 个人职业发展的过程

职业发展是人的职业心理与职业行为逐步变化、走向成熟的过程,是伴随个人一生的、连续的、长期的发展过程,是个人发展的最主要的方面。它同人的身心发展一样,可以分为几个不同的阶段。每个阶段都有其不同的特点和特定的职业发展任务。美国著名职业指导专家萨柏把人的职业发展过程分为三个阶段:

1)职业探索

个人应结合自己的实际,认真反思已经走过的历程,重新认识自己、认识社会、认识专业和职业,思考未来的发展方向;根据自己的人生追求、职业兴趣和能力特长选择适合的专业;结合社会需要、职业要求、职业目标等学习专业知识、培养专业能力。通过以上职业探索,找到适合自己的职业发展道路。

2)职业定位

这一阶段是人的职业定向与选择的关键阶段,因为个人所学的专业方向体现了人生职业的选择方向,只有定位准确,才能充分发挥自己的能力和特长,集中自己的优势资源有目标地持续发展。因此,个体应认真分析自己,多了解社会需求,以求准确地进行职业定位。

3)职业准备

充分做好思想、道德、知识、技能等方面的准备,努力提高自己的综合素质,创造职业发展的各种条件。

(二)个人职业发展的成功要素

1. 坚定职业信念

信念是指人们坚信自己所干的事、所追求的目标是正确的,因而在任何情况下都毫不动摇地为之奋斗、执著追求的意向动机。在自己的职业发展中拥有一个坚定的职业信念,是身心成熟的一个标志,也是职业成功的精神力量源泉。

2. 制订职业发展规划

“机会只会偏爱有准备的人”,成功的职业发展源于科学合理的规划和准备。我们要对自己的职业发展进行科学合理的规划，做好充分的准备，能指引自己按确定的职业方向、目标和发展道路一步步地走向成功。

3. 提高职业道德修养

职业道德素质是从业人员的基本素质，是人全面素质的重要组成部分。我们要提高职业道德修养，培养良好的职业道德素质，不断提高自身的综合素质，以适应将来职业岗位的要求，促进自己的职业发展，逐步成才，实现人生价值。

4. 培养职业能力素质

职业能力是人们从事某种职业的多种能力的综合。一定的职业能力是胜任某种职业岗位的必要条件。任何一个职业岗位都有相应的岗位职责要求，没有能力或能力低下就难以达到工作岗位的要求，难以胜任工作。个体的职业能力是个人职业成败的关键。因此，我们努力学习文化专业知识，增强科技意识，加强专业技能训练，自觉培养和不断提高自己的职业能力。

（三）走好人生新阶段，立志技能成才

从 1995 年开始，国家建立了“中华技能大奖”和“全国技术能手”评选表彰制度；自 2008 年起，将高技能人才纳入享受国务院颁发的政府特殊津贴人员的选拔范围。2010 年 8 月，人力资源和社会保障部下发了《关于大力推进技工院校改革发展的意见》，强调了技工教育的重要性；在同年出台的《国家中长期人才发展规划纲要》（2010—2020 年）、《国家中长期教育改革和发展规划纲要（2010—2020 年）》及各省市制订的具体规划纲要等系列文件中，对职业教育的发展、专业技术人才特别是高技能人才的培养与评价及待遇等都做了明确的要求。

只有坚信自己选择的正确性，坚定自己的职业方向，无论遇到什么困难和挫折，不轻言放弃，持之以恒，坚韧不拔，一定会走向个人职业发展的成功之路，赢得辉煌的人生。

自我认知——“创新楷模”王洪军

拓展延伸

通过本节的知识内容，我们认识了职业，树立了正确的职业价值观，那么你为实现自己职业的成功做好准备了吗？

第二节 职业素养的内涵

学习目标

(1)了解职业素养的含义。

(2)理解基本职业素养的特征和作用。

(3)掌握基本职业素养的培养,提升个人素质。

知识学习

【案例】

1972年,孔祥瑞初中毕业后被分配到天津港码头当工人。1985年,他放弃了在职工大学深造的机会,把工作岗位当成课堂,把生产实践作为教材,把设备故障作为课题,把身边拥有一技之长的工友当作老师,勤奋学习,刻苦钻研。他有记工作日记的习惯,小本子每天随身携带,设备出现哪些故障、什么原因、修理过程、注意事项等一一记录在案。日积月累,一本本工作日记成为他搞技术创新的资料库。

孔祥瑞说:"一个好工人就应该对国家忠、对工友义、对企业爱、对工作专。"在他身上时时体现出身先士卒,先人后己,与工友同甘共苦、和谐相处的优秀美德。

1999年7月1日下午3时,天津港码头作业现场地面温度已达40 ℃,一台正在作业的主力门机却突然短路失火。此时,烈日下晒了一天的门机表面已经烫得炙手,冒着浓烟的铁皮机房温度也超过了50 ℃。此时,孔祥瑞心急如焚。南方五省电厂电煤告急,国务院急令抢运,不能耽搁啊。"军情紧急!"孔祥瑞第一个钻进了烤箱似的机房。时间一分一秒地过去了,汗水不断流进他和工友们的眼眶、嘴角、湿透了工装。他和5名工友个个挥汗如雨,喉咙冒烟,每个人的工装上都可以拧出水来。6个人喝了整整5箱矿泉水,却没人去厕所。孔祥瑞让工友们轮换着出机房喘口气儿,而他却一直扎在机房里不停地抢修,直到晚上11时,整整干了8个小时。故障修复,装船作业恢复了,走出大罐的孔祥瑞才长长地出了一口气,身体像棉花一样,瘫坐在地上。

孔祥瑞就是这样把全部身心投入到他热爱的本职工作中,几十年如一日,无怨无悔。数十年来,他取得150多项科技成果,为企业创造效益8 400多万元。继获得全国劳动模范、全国"五一"劳动奖章、全国优秀共产党员等20多项荣誉称号后,2006年他荣膺"中华技能大奖",2009年又被评为"100位新中国成立以来感动中国人物"。

(本案例由作者根据相关资料改写)

分析:

(1)为什么有人总是激情工作,快乐生活?为什么我总是竞争不过他人?

(2)孔祥瑞从一名普通的中专生到蓝领专家,靠的是什么?

一、职业素养的内涵

“素养”一词在《汉书·李寻传》中这样记载:“马不伏枥,不可以趋道;士不素养,不可以重国。”其含义就是修炼涵养。素养就是在遗传因素的基础上,受后天环境、教育的影响,通过个体自身的体验认知和实践磨炼,形成的比较稳定的、内在的、长期发生作用的基本品质,包括人的思想、道德、知识、能力、心理、体格等;从层次结构上划分,深层为自然生理素养,包括体质、体格、本能、潜能、体能、智能等;中层为心理素养,包括认知素质与才能品质,需要层次与动机品质、气质与性格意志品质、自我意识与个性心理品质;外层为社会文化素养,包括科学精神、道德素养、审美素养等。素养通常也被称为素质。

职业素养则是劳动者对社会职业了解与适应能力的一种综合体现,是人类在社会活动中需要遵守的行为规范,是职业的内在要求。其主要表现在职业兴趣、职业习惯、职业能力、职业个性及职业情况等方面。影响和制约职业素养的因素很多,主要包括受教育程度、实践经验、社会环境、工作经历以及自身的一些基本情况(如身体状况等)。

职业素养包括职业心态、职业知识技能、职业行为习惯三大核心。职业心态是职业素养的核心,良好的职业心态应该是由爱岗、敬业、忠诚、奉献、正面、乐观、用心、开放、合作及始终如一等关键词组成的。职业知识技能是做好一个职业应该具备的专业知识和能力。俗话说,“三百六十行,行行出状元”。没有过硬的专业知识,没有精湛的职业技能,就无法把一件事情做好,就更不可能成为“状元”。所以要把一件事情做好,就必须坚持不懈地关注行业的发展动态及未来的趋势走向;就要有良好的沟通协调能力,懂得上传下达,左右协调,从而做到事半功倍;要有高效的执行力。执行能力也是每个成功职场人必须修炼的一种基本职业技能。还有很多需要修炼的基本技能,如职场礼仪、时间管理及情绪管控等。各职业有各职业的知识技能,每个行业还有每个行业的知识技能。总之,学习提升职业知识技能是为了让我们把事情做得更好。职业行为习惯是在职场上通过长时间的学习、改变、形成,最后变成习惯的一种职场综合素质。

自我认知——一则寓言的启示

【案例】

某个公司被其他公司收购兼并,所有员工离职。在撤离时却得到了一条命令:删除并销毁所有文件,片甲不留。

新公司接手后,面对狼藉一片,也是无奈。但在清理某个办公桌位时,在场的人都眼前一亮:一份清清楚楚的“工作移交单”,详尽明了。

事后核对,每一项都准确无误,让人赞叹不已。故事就此结束了?不然。新公司费尽周折,终于找到了这位已经离职的员工。而他已经成为这家新公司的总经理。

二、基本职业素养的特征

美国心理学家莱尔·M. 斯潘塞(Lyle M. Spencer)和塞尼·M. 斯潘塞(Lyle M. Spencer)于1973年提出“素质冰山模型”理论，将企业人员个体素质划分为表面的“冰山以上部分”和深藏的“冰山以下部分”。其中，“冰山以上部分”包括基本知识、基本技能，约占20%；而“冰山以下部分”包括社会角色、自我形象、特质和动机，约占80%，对人员的行为与表现起着关键性作用。

如果把一个员工的全部才能看作一座冰山，浮在水面上的是他所拥有的资质、知识、行为和技能，这些都是员工的显性素养，可以通过各种学历证书、职业证书来证明，或者通过专业考试来验证；而潜在水面下的东西，包括职业道德、职业意识和职业态度，称为隐性素养。显性素养和隐性素养的总和，就构成了一个职业人所具备的全部职业素养。

隐性素养也被称为基本职业素养。职业素养既然有大部分潜伏在水下，就如同冰山有五分之四存在于水下一样，正是这五分之四的隐性素养部分支撑了一个人的显性素养部分。所以，一个人的基本职业素养对一个人的职业发展至关重要。

基本职业素养就是职业人把工作做好应具备的最基本、最核心、最关键的素质和能力。从构成上看，基本职业素养具体体现在学习能力、沟通能力、组织协调能力、意志品质、进取心和求知欲、敬业精神、责任意识、团队意识等诸多方面。基本职业素养涉及面广，覆盖内容较多，其中最重要、最核心的内容可以概括为十个方面：敬业、诚信、务实、沟通、协作、主动、坚持、自控、学习、创新。它们是基本职业素养所涵盖的职业道德、职业意识、职业态度的具体体现。

基本职业素养具有以下特征：

(1)普适性。不同的职业对岗位要求不尽相同，但对基本职业素养的需要却是统一的。

(2)稳定性。一个人的基本职业素养是在长期执业期间日积月累形成的。它一旦形成，便产生相对的稳定性。

(3)内在性。从业人员在长期的职业活动中，经过自身学习、认识和亲身体验，知道怎样做是对的，怎样做是不对的，从而有意识地内化、积淀和升华这一心理品质。即人们常说：“把这件事交给某人去做，有把握，让人放心。”人们之所以放心把事情交给他，就是因为办事之人内在素养好。

(4)发展性。社会的发展对人们不断提出新的要求；同时，人们为了更好地适应、满足社会发展的需要，也要不断提高自身的素养。从这一角度来说，基本职业素养具有发展性。

自我认知——了解你的心理素质和应付能力

【案例】

2009年,李长青高考落榜。考虑到未来的出路,李长青经过了解后报名参加了北大青鸟北京志远讯杰中心的网络工程师培训。由于目标明确,李长青学习很用功,学习成绩一直很理想。在学习IT知识的同时,为了锻炼自己的综合素质,李长青还积极参与学校的社会活动。期间,李长青被选为学校的“魔鬼训练营”讲师。“魔鬼训练营”是为了快速提升学员的学习成绩和技术水平,所有讲师都是从学校的学员中优中选优,不仅要技术过关,并且要求具备优秀的表达能力,各方面的素质要求都非常高。

后来,李长青被选为讲师团负责人。管理一个优秀的团体需要能力,更需要智慧,而李长青把这个团队管理得非常优秀,在新的挑战面前再一次证明了自己。李长青还认为,一个优秀的网络技术工程师不仅要有过硬的技术,还要具备良好的与人沟通能力。“同学们都太害羞了,要加强锻炼。”李长青这样认为,也这样努力着。李长青还根据自己学习COT职业素质导向课程的心得,整理出一套职业礼仪与职场注意事项的材料,做成PPT给学员讲解。为了活跃课堂气氛,保证讲座效果,李长青还特意准备了很多小笑话,讲座很受学员欢迎。

在一年的培训期间,李长青接触了计算机网络技术,路由交换设备,各种服务器,基于Windows、Linux系统的各种服务等,以及网络安全、数据库、网站等各个方面的知识,学到了很多专业技能及职业素养知识。此外,学校的职业导向课程中传授的职业素养、职场礼仪、时间管理等都十分实用,为李长青未来的职业生涯增加了砝码,也帮助他在日后的求职面试中脱颖而出。培训结束后,李长青以一名准职业人的状态参与IT岗位的应聘。在老师的推荐下,拥有良好技术能力与全面实质的李长青还没有正式毕业就顺利通过了亿雅捷交通系统(北京)有限公司的面试,担任运维工程师,负责公司的网络搭建和运维。

(本案例由作者根据相关资料改写)

分析:

(1)李长青为什么能应聘成功?

(2)企业在招聘和用人方面,最看重哪些?

三、基本职业素养的作用

基本职业素养是一只无形的手,你看不见它,但它无时无刻不在发挥着关键甚至是决定性作用。一个人基本职业素养的高低,直接关系到他一生的职业成就。一流的员工一定拥有一流的基本职业素养。

世界经合组织的柯林·博尔提出,21世纪的人才必须有三本护照、三种生产能力和三种财富。三本护照分别是学术性护照,职业性护照,事业心、进取精神、创造能力和协调能力组织护照;三种生产能力分别是创造能力、塑造能力和想象能力;三种财富分别是创造性、健康和交往。这“三个三”实际上是对人才的知识结构、能力结构和综合素质的高度概括。

能力结构指高素质人才对于从事专业岗位工作所必需的基本能力组成。从人才全面发展的目标及21世纪对大学生能力的需要和大学生成才战略来考虑,21世纪大学生在能力结构方面应具备知识的自我更新能力,信息的灵活处理能力,良好的适应能力、实践动手能力、分析和解决问题的能力以及团队合作、沟通交际和组织管理能力。

近些年，我国就业市场出现一种怪现象：一方面不少企业求贤若渴，另一方面求职者一职难求。这一现象的产生，固然有诸多方面的原因，企业在招聘和用人中最不满意的就是毕业生的基本职业素养问题，这突出表现在以下四个方面：

(1)就业学生诚信不足。当前毕业生的不诚实现象日益凸显，如夸夸其谈自己的专业成绩。

(2)图安逸，怕吃苦。“大城市、好单位、高薪”是大学生的首选。据不完全统计，约有90%的毕业生选择效益好、工资高、地处大中城市的好单位，愿意到急需人才的边远地区和艰苦行业的毕业生仅占2%。

(3)善小不为，善大难为。对一些轻而易举能干好的小事情，不愿干、不屑干，即使是单位要求，也很不情愿，认为浪费了自己的青春。

(4)不愿与人团结互助、共同合作。

企业最看重的是毕业生的基本职业素养。良好的基本职业素养是个人事业成功的基础，也是企业评价人才的重要指标。

四、职业素养的培养

职业基本素养的培养，不仅应该较好地满足其多元发展的需要，而且应当遵循“四个结合”原则，即现在学习与将来工作相结合、个别需要与一般需要相结合、情商发展与智商发展相结合、一时需要与一世需要相结合。实现这四个结合，需要学生、学校、社会齐心协力、共同努力。

(一)自我培养

个体应该加强基本职业素养的自我修炼，在思想、情操、意志、体魄等方面进行自我锻炼。同时，还要培养良好的心理素质，增强应对压力和挫折的能力，善于从逆境中寻找转机。具体来说，职业素养可着重从以下六个方面进行自我培养：

1. 培养职业道德

必须把良好的职业道德品质的培养放在首位，形成“说老实话、办老实事、做老实人”的好品质，自觉遵守道德法则。在自我教育、自我管理中遵纪守法的进步青年，在学习中知法、懂法、守法、不违法，同时通过社会实践活动自我培养爱岗敬业、奉献社会，服务大家的良好职业道德。

2. 培养职业形象

树立正确的人生观、价值观，陶冶情操，内外兼修，掌握社交技术，灵活应用社交礼仪，塑造良好的职业形象。

3. 培养职业态度

在社会实践、实习实训等职业环境中了解职业前景，增强对职业的认识和热爱，完善自我，挖掘潜能，通过自我调整，养成正确的职业态度。

4. 在专业理论和实践课中培养职业技能

在专业理论和实践课中，获取专业知识，考取各类证书，培养交际能力、竞争能力、合作能力。

5. 在活动中培养良好的沟通能力

在活动中，自主创设谈话情景、锻炼口语表达能力，自主训练非有声语言表达能力，有效表达内在思想和气质。

6. 在团队活动中培养团队协作精神

通过集体活动与团队成员沟通,自主培养团体感情,在团队活动中尽情感受竞争和合作的关系个人与集体的关系,学会欣赏别人,赞美别人。

(二)学校培养

学校要把学生职业基本素养的养成作为重点工作,将之纳入学生培养的系统工程,使学生明白学校与社会的关系、学习与职业的关系、自己与职业的关系,全面培养学生的隐性职业素养。

学校要构建理论与实践一体化的课程体系,形成以真实工作场景为载体的、课内外实训并举的教学模式;突出实际应用性;并注意以表扬鼓励与挫折教育相结合,将基本职业素养的培训贯彻于日常过程考核中。学校还应成立相关职能部门,帮助学生完成基本职业素养的全过程培养。如以就业指导部门为基础成立学生职业发展中心,开设相应课程,及时向学生提供职业教育和实际职业指导。

(三)社会培养

基本职业素养的培养不能依靠学校和学生本身,社会资源的支持也很重要。很多企业都想把毕业生直接投入"使用",但是却发现很困难。企业界也逐渐认识到,要想获得较好职业素养的毕业生,企业也应该参与进来。可以通过以下方式进行:校企合作,企业与学校联合培养;企业为即将入职者提供实习基地以及科研实验基地;企业专家入校宣传企业文化,讲授实际工作案例;完善社会培训机制,企业要对从业人员进行定期的专业培训以及职业素养拓展训练等。

自我认知——世界著名企业的用人标准

拓展延伸

通过本节的学习,我们认识到了职业素养的重要意义,结合实际,想一想该如何培养自己的职业素养?

第三节 电梯专业职业素养提升的途径

学习目标

(1)了解电梯专业从业人员提升职业素养的必要性。

(2)了解提高电梯专业职业素养的途径或措施。

【案例】

有个电梯维保工,从很远的农村来到中国最大的一个城市,认真学习了多年,终于有了这样一份工作。隐约记得:他听我讲课时,那份由衷的虔诚。

天有不测风云。某日,家里传来不幸的消息。他沉思良久,默默递交了辞呈,并将在第二天一早赶回老家。了解了情况,也只好批准。除了一些安慰的话,心里默念着:兄弟,坚强些。

第二天早上刚上班,他负责服务的小区物业打来电话,本以为又是急修通知,想着人员要调整,好好解释一下。不料,物业问我:昨天晚上,你们公司安排维保加班了吗?带着迷惑,急忙赶了过去。整个小区,大约二十部电梯,刚刚被认真保养了一遍。在保养记录的备注栏上,清晰的写着这样几句话:"我要走了,虽然保养周期未到,但我自愿再做一次。公司会安排人来接替我,请放心。"

一、电梯专业从业人员职业素养提升的必要性

我国已成为全球最大的电梯生产和消费市场,电梯作为特种设备,而电梯专业从业人员更需经过严格且专业的培养,具备社会认可的相关资质后,方可从事该行业。为了更好地让学生快速地融入企业,因此,推行电梯专业人员的职业素养提升势在必行。

【自我认识】

晚饭时分,日本客人山本次郎乘车回到下榻的上海某酒店,这是他在上海旅行的最后一天。美丽的上海给他留下了深刻的印象。然而几天的旅行也使他感到有几分疲惫。在回酒店的路上,他就想着要回房后痛痛快快地洗个澡,再美美地品尝一顿中国佳肴,为他在上海的旅行画上一个圆满的句号。

山本兴冲冲地乘上酒店的3号客梯回房。同往常一样,他按了标有30层的键,电梯迅速上升。当电梯运行到一半时,意外发生了——电梯停在15层处不动了。他再次按30键,没反应,山本被卡在电梯里了。无奈,山本只得按警铃求援。

1分钟,2分钟……10分钟过去了,电梯仍然一动不动。山本有点着急了,再按警铃,仍没得到任何回答。无助的山本显得十分紧张,先前的兴致全没了,疲劳感和饥饿感一阵阵袭来,继而又转化为怒气。大概又过了10 min,电梯动了一下,15层打开了,走出电梯的山本,此时心中十分不满,在被关的20多分钟里,他没有得到酒店的任何解释和安慰,出了电梯又无人接应,于是他愤怒地找到大堂的副经理投诉。

其实,电梯发生故障后,酒店很快就采取了抢修措施,一刻也没敢怠慢。电梯值班工小王得知客人被关后,放下刚刚端起的饭碗,马上赶到楼梯电梯机房排除故障,但电梯控制闸失灵,无法操作。小王赶紧将电梯控制闸从"自动状态"转换成"手动状态",自

己就赶到了15层。拉开外门一看,发现电梯却停在了15层和16层之间,内门无法打开,为了使客人尽快出来,小王带上工具,爬到电梯轿厢顶上,用手动操作将故障电梯迫降到位,终于将门打开了,放出客人。

从发生故障到客人走出电梯共23 min。23 min对维修工来说肯定是已经竭尽全力了,以最快的速度排除故障,而对客人来说,这23 min则是漫长又难熬的。

(本案例由作者根据相关资料改写)

思考:

在这起"电梯关人"事件中所有人都很尽职尽责,可还是被投诉,你怎么看?

二、电梯专业从业人员职业素养提升的途径——电梯专业工程企业培训

参加电梯企业针对从业人员设计的系列课程,帮助从业人员提升职业素养,内容包括职业心态、专业技术、沟通、时间管理、礼仪等各个方面,循序渐进,持续提升。

电梯是国家法定的机电类特种设备。特种设备是指涉及生命安全、危险性较大的设施设备。因为涉及生命安全,在专业学习一开始接触到的东西就必须是正确的,不能有谬误。

因为危险性大,在专业学习一开始接触的东西就必须充分暴露设备的潜在危险,使从业人员刻骨铭心地记住特种设备的特殊性所在。

电梯国家标准和安全技能的训练是进入电梯行业必须掌握的基本知识,而标准的掌握和安全技能的训练必须基于真实的工作环境和工作过程才能真实体验到。

综上所述,电梯专业人员职业素养的提升必须采用真实的设备。接近实际工作过程的实际体系,在实战的环境下,才可能培养出合格的电梯从业人员。

企业具备破解难题的能力。真实的设备、实际的工作过程来自于企业和生产过程,学校的难题,对于企业而言,却是他们驾轻就熟的本职。每天打交道的就是真实的设备,生产、安装、维保电梯的过程,就是实际的工作过程,所以,企业具备破解难题的能力,电梯从业人员参加电梯企业的培训课程是破解难题的关键。

(一)参加电梯专业院校基地的培训

为了满足自身的需求,企业本身对员工进行培训,其培训过程就是在工作中进行,有些企业会进行部分理论课的讲解,总体来说,培训出来的从业人员理论知识欠缺。另外,培训时间也不固定,需视企业的实际情况及安装项目的工期而定。在员工掌握一定的知识和经验后,由企业组织到相应的特种设备检验所取得资格证书。

电梯从业人员针对企业的培训所欠缺的理论知识等不完善的地方,还可以联系参加电梯工程专业学校的培训。电梯专业学校基本上都有设备完善、规模管理完善的电梯基地,能够从事电梯设计、制造、安装施工;管理的专业技术人才方面,除了强调学习基础理论知识外,更加突出动手实践和专业技能及研发新品能力。由于电梯专业的教学之前都由相关的电子机电专业教师承担教学任务,其电子机电专业知识强,培训时间场地固定,设备全面,可以弥补一些企业培训带来的不足。

电梯从业人员在学完专业知识后经过培训取得电梯从业资格上岗证后,进企业顶岗实习,提前为以后从业做好准备。专业电梯学校负责培训理论和部分实训教学及考核;在实习单位实习期间,学校派专业老师参与管理。企业只负责实践、大部分实训和顶岗实习及考核。电梯

专业从业人员的课程设计由学校和企业各出一名老师，共同指导。学校与企业双方共同制订师资培训计划，互派人员参与教学管理，企业为教师提供研修基地，学校为企业在职人员的继续教育提供教学条件。

多方共同规划参与电梯从业人员的培训，学校出场地和资金，不同企业提供电梯设备并依托相应企业的技术支撑，在设备安装和验收工作过程中让电梯专业从业人员参与并了解各大知名电梯品牌的产品特点、各自的优缺点。

(二)改进教学模式，学校和企业全程参与教学过程，进行全方位合作

企业提供详尽的行业发展趋势、所有岗位的技能分析报告和人才需求报告，学校收集行业就业信息，在参加培训的电梯从业人员的就业群中，实时了解他们的工作状态，结合教学规律进行科学分析，明确用人单位当前对人才的真正需求，加强和用人单位的合作。电梯行业是一个特种行业，单位大多需要拥有特种作业许可证且动手能力强，沟通交流能力强的现场施工及管理与开发人才。所以需要不间断地与相关单位与机构进行交流沟通与斟酌，不断地修改与完善，形成以通识教育、专业基础、主干课程、专业方向课、课内实习和实训，企业实习的教学体系。

(三)专门的培训机构

随着人们的认知度越来越高，市场上也相应出现了很多的电梯从业培训机构。这种机构有自己的固定培训场地，电梯理论课课时相对较多，培训人员被分派到相应的企业进行实习，然后再由培训机构组织到相应的特种设备检验所取得资格证书。

(四)“师傅带徒弟”的原始模式

原始模式不甚正规。市场上 20% 的电梯安装人员是经过该模式培养出来的。这种模式的培养费用较低，但却存在很大的弊端，培训过程不科学，系统性差，培训出来的从业人员基本上没有理论可言。这些人一般很难获得相应的资格证书，而且在今后的发展过程中，技术上很难有更高层次的提升。

1.“学徒制”中职业素养的研究意义

企业层面：起着承担从业人员职业素养的培养工作。为有效推进电梯专业现代学徒制，特种设备学院以此为突破口，对人才培养模式进行改革，形成了“小班化”“可视化”“模块化”“项目化”为一体的现代教育新模式。在现代学徒制中，企业已成为学徒培训体系的一个重要组成部分，一方面，企业为训练提供技术熟练的师傅，指导和监督学徒的技术训练；另一方面，企业要投入大量资金以提供足够先进的生产设备和实际训练所需的原材料，以供学徒学习所用。

从业人员层面：更快地将自己的角色进行转变。电梯行业的发展是机遇也是挑战，电梯学徒的职业素养有其专业的要求，比如安全的规范；部分员工只关注对专业知识的学习，对未来的职业缺少合理的规划，对自身发展缺乏正确的认识，对人生观、价值观缺乏深刻的理解。

2.“学徒制”的实践模式

(1)着力向善的品格，培养文明素养。把“五个文明”作为对从业人员素养教育的起点，强化行为习惯养成和思想道德教育，提升文明素养。其中五个文明包含：“车间文明”、“宿舍文明”、“餐厅文明”、“网络文明”和“日常举止文明”的内容。车间文明包含：提前 5 min 进工作场地，手机入袋并每门考核与培训进行统计与分析。宿舍文明包含：不使用违禁电器，保持卫生、不无故

晚归或不归。餐厅文明包含:“光盘行动”、有序排队。网络文明包含:注重诚信、不恶意转发负能量的信息。日常举止文明包含:注意着装,电梯学徒必须统一着装戴安全帽,见到同事主动问好等。

(2)着力向严的管理,提升自我“安全”管理能力。根据电梯学徒的行业特殊性,电梯安全管理任务巨大,坚持以人为本,让从业人员自主增强管理意识,对学徒进入实训环境的安全提出管理要求。首先,要加强电梯的使用管理与维护,学徒班级人员进行实操前,要签订安全承诺协议并由企业方选拔学徒后,在学徒班级选拔安全管理组长,负责实训操作时的安全监督和台账记录;其次,加强电梯安全宣传工作,开展进行安全教育专题学习周活动;同时加强日常安全的管理及对外宣传,明确电梯学徒的安全职责,要求学徒轮岗进入中小学大力宣传电梯安全使用的重要性。

(3)着力向上的学力,培训优秀的学徒。发挥学徒人员主动参与、互动探究、勤于动手的能力,企业制定针对学徒的奖学金和助学金制度,比如,在常规的奖学金中增设最佳学风奖、最佳电梯小工匠等,实现学徒全面发展、个性发展。依托企业的资源,开展和鼓励学徒参加各类大赛,培养电梯专业从业人员创新精神和实践能力,全面提升综合素养。

(4)着力向健的体质,培训强健体魄。由于行业的特殊性,从事电梯行业的学徒特别需要有强健的体魄,依托“阳光晨跑”活动、运动会和趣味运动会,体测训练,增强学徒的体质,将学徒的体质测试作为学徒的考核必考项目。

3. 电梯学徒职业素养的机制建设

(1)建立学徒素养的管理建设,促进学徒职业素养行为习惯的养成。首先,成立学徒领导管理小组,由企业师傅、学徒班主任、辅导员、专业老师共同进行素养的方案制定,方案制定要切实可行,不断地分批让相关管理人员深入企业现场参观培训地点和了解学徒的实际教学管理制度。其次,实施学徒加员工的双重管理模式。对于学校,学徒在校期间,要符合学校的管理要求,完成规定课程;对于企业,从业人员是它的准员工,从业人员要完成企业入职所需的专业技能、职业素养、企业文化方面的学习。最后,实施“三导师”(辅导员+校内专业导师+企业导师)制。辅导员负责学徒的日常管理;校内专业导师主要帮助学徒更好地树立专业学习意识,提升专业兴趣和学习能力;企业导师负责学徒职业素养及职业能力的养成。

(2)建立从业人员素养的评价体系,做到切实可行。几乎所有的企业非常看重合作意识、竞争意识、吃苦耐劳意识和团队协作意识等,素养考核应该结合企业对人才的要求,从职业道德、职业形象、职业态度、职业技能要求、沟通能力与团队协作方面给予考核。

自我认知——电梯里一道亮丽的风景线

拓展延伸

通过本节的学习,我们对电梯专业职业素养的提升有了新的判断,你找到自己的理想方向了吗?

第四节 电梯专业技术人员的礼仪素养

学习目标

(1)了解职业礼仪含义。

(2)了解职业礼仪的基本内容。

(3)注意职场礼仪的禁忌。

知识学习

【案例】

某航空公司要面向社会招一批空姐,前来报名的人络绎不绝。其中有几个女孩,心想:空姐是多么时髦的职业,招的一定都是漂亮的女孩。于是,几个姑娘就到美容院将自己浓墨重彩地打扮了一番,好像电视剧里的明星。她们高高兴兴地来到报名地点,谁知工作人员连报名的机会都不给她们。看着别的姑娘一个个报上了名,她们几个很纳闷:"这是为什么呢?"

分析:

(1)工作人员为什么不给这几个姑娘报名的机会?

(2)空姐的漂亮究竟有什么样的含义?

(3)如果你去应聘空姐,会如何打扮自己?

一、职业礼仪

职场礼仪,是指人们在职业场所中应当遵循的一系列礼仪规范。学会这些礼仪规范,将使一个人的职业形象大为提高。职业形象包括内在的和外在的两种主要因素,而每一个职场人都需要树立塑造并维护自我职业形象的意识。

礼仪是一种约定俗成的行为规范,它是在长期社会发展的过程中适应人际交往而逐渐形成的。凡是有人际交往的地方就有礼仪存在,它也是人们在社会生活中最基本、最起码的行为规范。

从行为规范的角度看,礼仪既有内在的基本道德要求,又有外在的具体表现形式。

1. 礼仪具有普遍性

礼仪存在于人们相互交往的各个领域中，普遍起着调节人际关系的作用，制约着人们的行为，促进社会的稳定。

2. 礼仪具有时代性

礼仪同其他很多事物一样，是社会历史发展的产物，是人类在长期的社会实践活动中逐步形成、发展、完善起来的，是由一定时代的生产关系的性质决定的，这就使礼仪具有了鲜明的时代性特点。

3. 礼仪具有差异性

俗话说"十里不同风，百里不同俗"。不同国家、不同地区由于民族特点、文化传统、宗教信仰、生活习惯不同，往往有着不同的礼仪规范。了解礼仪的差异性，能更准确地了解礼仪、应用礼仪，体现更深层次的文化修养与对他人的尊重。

自我认知——客人接待

【案例】

一个阴云密布的午后，由于瞬间的倾盆大雨，行人们纷纷进入就近的店铺躲雨，一位老妇也蹒跚地走进费城百货商店避雨。面对她略显狼狈的样子和简朴的装束，所有的售货员都对她心不在焉，视而不见。

这时，一个年轻人诚恳地走过来对她说："夫人，我能为您做点什么吗？"老妇人莞尔一笑："不用了，我在这儿躲会儿雨，马上就走。"老妇人随即又心神不定了，不买人家的东西，却借用人家的店堂躲雨，似乎不近情理。于是，她开始在百货商店里逛起来，哪怕买个头发上的小饰物，也算给自己避雨找个心安理得的理由。

正当她犹豫徘徊时，那个小伙子又走过来说："夫人，您不用为难，我给您搬了把椅子，就放在门口，您坐着休息就是了。"两个小时后，雨过天晴，老妇人向那个年轻人道谢，并向他要了张名片，就颤巍巍地走出了商店。

几个月后，费城百货商店的总经理收到一封信，信中要求将这位年轻人派往苏格兰收取一份装潢整个城堡的订单，并让他承包写信人家族所属的几个大公司下一季度办公用品的采购订单。总经理惊喜不已，匆匆一算，这一封信所带来的利益，相当于费城百货商店两年的利润总和。

他在迅速与写信人取得联系后，方才知道，这封信出自一位老妇人之手，而这位老妇人正是美国亿万富翁“钢铁大王”卡内基的母亲。总经理马上把这位叫菲利的年轻人推荐到公司董事会上。毫无疑问，当菲利打起行装飞往苏格兰时，他已经成为这家百货公司的合伙人了。那年，菲利22岁。

随后的几年里，菲利以他一贯的忠实和诚恳，成为“钢铁大王”卡内基的左膀右臂，事业扶摇直上、飞黄腾达，成为美国钢铁行业仅次于卡内基的富可敌国的重量级人物。

菲利只用了一把椅子，就轻易地与“钢铁大王”卡内基攀亲附源，并肩并举，从此走上了让人梦寐以求的成功之路。

讨论：

菲利为什么走上了让人梦寐以求的成功之路？

二、职业礼仪的基本内容

职场礼仪包括交际礼仪、办公礼仪和电梯礼仪等。电梯专业技术人员了解、掌握并恰当地应用职场礼仪有助于完善和维护电梯专业技术人员的职业形象。

（一）交际礼仪

1. 称呼礼仪

称呼是指人们在交往应酬中，彼此之间所采用的称谓语。在人际交往中，称呼应当亲切、准确、合乎常规。正确恰当的称呼，体现了对对方的尊敬或亲密程度，同时也反映了自身的文化素质。

在电梯工作岗位上，为了表示庄重、尊敬，可按职业相称，如“老师”“师傅”等；也可按职务、职称、学位相称，如“周处长”“陈经理”“王主任”“刘博士”等。

2. 介绍礼仪

介绍是社交活动中普遍的礼节，是人们在社会活动中相互结识的常见形式。介绍是人与人之间进行相互沟通的出发点，最突出的作用就是缩短人与人之间的距离。在社交场合，电梯专业技术人员若能正确地利用介绍礼仪，不仅可以扩大自己的交际圈，而且有助于进行自我展示和自我宣传，替自己在人际交往中消除误会，减少麻烦。介绍得体，能使被介绍者感到高兴，使新相识者感到欣喜。

3. 握手礼仪

握手是目前最为常用的一种见面礼。无论双方是第一次见面，还是已经熟识，一个得体的握手，致意、祝贺、慰问、鼓励、感谢等尽在不言中。握手传达的是一种亲切、友好的情谊，与外在的气度一样，决定着一个人给别人的第一印象。

4. 问候礼仪

经常见面，但没有要事相告时，面带笑容点头问候就可以了。也可以根据见面的时刻进行问候，如“早上好”或“晚安”等。彼此关系密切又相隔一段时间未见面的，可用“你好”来问候，并简单询问近来的工作、身体、生活及家庭等情况，使对方感到温暖和亲切。

作为电梯技术人员在公共场所遇到相识的人但距离较远时，一般举右手打招呼并点头致意，表示认出了对方，打完招呼即可继续办自己的事。即使很忙的情况下，与认识的人擦身而过时,也要问候,如说一声“你好”。

5. 递送名片礼仪

递送名片时要注意礼节,有名字的一面朝上,双手拿好,双目注视对方,微笑致意再递交对方;一般情况下在接受别人名片后,应回赠本人的名片。如手头没有名片,可以向对方说明情况表示歉意,并主动介绍自己。一般不要伸手向别人讨取名片,必须讨取时,应以请求的口气说,“若您方便的话,请给我一张名片,以便日后联系。”

6. 拜访礼仪

联系拜访要确定访问目的,约定时间、地点,告知对方到访人员的姓名和身份。要提前一天确认访问,若有变化,应尽早通知对方。

拜访时如果没有预约,到了要先敲门,经允许方可进入。进门后不要擅自坐下,见面要主动打招呼或微笑点头致意。要注意自己的仪表和言谈举止,衣冠要整齐,彬彬有礼。

7. 接待礼仪

接待礼仪的基本要求是文明待客、礼貌待客、热情待客。文明待客要求来有迎声、问有答声、去有送声,礼貌待客要求用问候语、请求语、感谢语、道歉语、道别语,热情待客要求眼到、口到、意到。还应注意确保语言上无障碍,避免出现沟通脱节问题,表情、神态要自然,注意与交往对象进行互动,举止要大方。

8. 交谈礼仪

言为心声,语为人镜。语言可以全面传达一个人的观念、意图,乃至品格、能力等信息,别人可以凭借语言对言者形成印象,做出判断。“良言一句三冬暖,恶语伤人六月寒。”与人交谈时,应使用中音区说话,尽量讲普通话,注意语速应适中,关注语调的轻重抑扬,说话时保持微笑。

(二)办公礼仪

办公室礼仪,通常指的是电梯专业技术人员在行使自身职责和处理日常事务时应遵守的基本礼仪规范,一般简称办公礼仪。规范办公礼仪的目的,就是要树立良好的企业形象,促使各级职员提高办公水平,更为妥善地处理日常公务,提高工作效率,更好地履行自己的职责。办公礼仪的主要内容包括办公室员工的礼仪规范,办公室环境和公共区域的礼仪规范,使用公共办公设备、接打电话、收发传真和电子邮件的礼仪规范,以及汇报和会议的礼仪规范。

1. 办公礼仪禁忌

办公礼仪是提高个人素质和单位形象的必要条件。“内强个人素质,外塑单位形象”是对办公礼仪作用恰到好处的评价,也是对办公室一族所提出的合理办公礼仪要求。现代办公礼仪有九大禁忌:

(1)过分注重自我形象。

(2)使用公共设施缺乏公共观念。

(3)零食、香烟不离口。

(4)形象不得体。

(5)把办公室当自家居室。

(6)高声喧哗,旁若无人。

(7)随便挪用他人东西。

(8)偷听别人讲话。

(9)对同事的客人表现冷漠。

2. 电话网络礼仪

1)电话礼仪

(1)迅速接听。应做到迅速、准确地接听电话,力争在铃响三次之前就拿起话筒,避免使打电话的人产生不良印象。

(2)个人在接听电话时,所代表的是企业形象,它能够真实地体现出个人的素质、待人接物的态度,以及通话者所在企业的整体水平。所以接听电话对,不仅要言语文明、音调适中,声音清晰明朗,更要微笑接听电话。

(3)积极反馈。作为受话人,通话过程中,要仔细聆听对方的讲话,并及时作答,给对方以积极的反馈。通话中有听不清楚或意思不明白时,要马上告诉对方。

(4)热情代转。如果需要代转电话,应问清楚对方是谁,要找什么人,以便与接电话的人联系。如果不放下话筒喊距离较远的人,可用手轻握话筒,然后再呼喊接话人。如果因别的原因需要将电话转到别的部门,应客气地告知对方。

(5)做好记录。如果要接电话的人不在,应认真做好电话记录,记录完毕,最好向对方复述一遍,以免遗漏或记错。电话记录应牢记"5W1H"原则,即 When(何时来电)、Who(何人来电)、Where(事件地点)、What(何事)、Why(为什么)、How(如何做)。做好电话记录是对同事的尊重,也是对工作认真负责的表现。

(6)中止通话。接电话时,如果自己正在开会、会客,不宜长谈,应向对方说明原因并结束通话。接电话时另有电话打进来,需要中止通话时,应说明原因,告知对方"一有空,我马上打电话给您。"中止通话时,一般下级要等上级先挂电话,晚辈要等长辈先挂电话,被叫要等主叫先挂电话。

2)网络礼仪

网络礼仪是互联网使用者在网络上与其他人交流时应有的礼仪。真实世界中,人与人之间的社交活动有不少约定俗成的礼仪,在互联网虚拟世界中,也同样有一套不成文的规定及礼仪,即网络礼仪,供互联网使用者遵守。具体要注意的问题有:

(1)在网络上发表一些言论之前想想这么做会不会伤害别人。

(2)不要恶意侮辱、批评他人。

(3)在论坛发帖时应该尽量做到主题明确,有礼貌的提问有助于得到更好的解答。

(4)尊重他人的生活习惯和隐私权。

(5)尊重他人的劳动,不要剽窃他人的作品,不试图对他人的作品做一些作者明确禁止的事情。

(三)电梯礼仪

1. 搭乘电梯的一般礼仪

(1)电梯门口如果有很多人在等候,不应挤在一起或挡住电梯门口,以免妨碍电梯内的人出来。应该让电梯内的人出来之后再进入电梯,不可争先恐后。

(2)靠电梯最近的人先上电梯,然后应该为后面进来的人按住"开门"按钮。

(3)在电梯里应该尽量站成"凹"字形,挪出空间,以便让后进入者有地方可站。

(4)进入电梯后,应面朝电梯口,以免造成面对面的尴尬。

(5)电梯后面的人要出电梯时,在前面的人应站到边上,如果必要应暂时先出电梯,以便让别人出去。

2. 与客人或长辈共乘电梯的礼仪

(1)伴随着客人或长辈来到电梯门前时,先按电梯按钮,门打开时,如果客人或长辈不止一人,可先进入电梯,一手按"开门"按钮,另一手按住电梯侧门,礼貌地说"请进",请客人或者长辈进入电梯内。

(2)若电梯行进间有其他人员进入,可以主动询问别人要去几层,然后帮忙按下相应楼层按钮。

(3)电梯内可视状况决定是否寒暄,若没有其他人员时可以略做寒暄,有外人或其他同事在时,可斟酌是否需要寒暄。

(4)电梯内尽量侧身面对客人。

(5)到达目的楼层后,一手按住"开门"按钮,另一手做出请出的动作,可说"到了,您先请!"。

(6)客人走出电梯后,自己立刻步出电梯,并热诚地引导行进的方向。

3. 进出电梯的礼仪

进出电梯要注意出入顺序。与不认识的人同乘电梯,进入时要讲先来后到,出来时则应离门最近的人先出电梯,不可争先恐后。与熟人同乘电梯时,则应视电梯类别而定:进入有人管理的电梯,应主动后进后出;进入无人管理的电梯时,则应当先进后出,目的是为了控制电梯。

自我认知——成功就职

【案例】

某单位领导与刚来的客商正在会客厅里寒暄,秘书前来泡茶。他用手指从茶叶筒中拈了一撮茶叶,放入茶杯内,然后冲上水……这一切,领导和客商都看到了。领导狠狠地瞪了秘书一眼,但碍于客商在场而不便发作。客商则面带不悦之色,把放在自己面前的茶杯推得远远的。领导知道自己属下做事欠妥,所以只得忍气吞声。

谈判时,双方讨价还价。领导一时动怒,与客商发生争执。秘书觉得自己作为单位的一员,自然应该站在领导一方,于是与领导一起共同指责客商。客商拂袖而去。

领导望着远去的客商的背影,冲着秘书嚷:“托你的福,好端端的一笔生意,让你给毁了,唉!”秘书丈二和尚摸不着头脑,心想“我做错什么了吗?”

讨论:

你认为这位秘书在接待礼仪上有哪些失误?

三、职场的礼仪禁忌

1. 直呼老板名字

直呼老板中文或英文名字的人,有时是跟老板情谊特殊的资深主管,有时是认识很久的老友。除非老板自己说:“别拘束,你可以叫我某某。”否则下属应该以“尊称”称呼老板,如“郭副总”“李董事长”等。

2. 以“高分贝”讲私人电话

在公司讲私人电话已经很不应该,要是还肆无忌惮高谈阔论,更会让老板抓狂,也影响同事工作。

3. 开会时手机关机或转为震动

“开会时关机或转为震动”是任何职场最基本的礼仪。当台上有人做简报或传达事情,底下手机铃声响起,会议必定会受到干扰,不但对台上的人不尊重,对其他参与会议的人也不尊重。

4. 不要让老板提重物

跟老板出门时,尽量不让老板提重物,即使让老板拿一半的东西也是很不礼貌的。另外,男同事跟女同事一起出门,男士们若能表现绅士风范,帮助女性提提东西、开关车门,这些贴心的举手之劳也为你赢得更多人缘。

5. 称呼自己为“某先生/某小姐”

打电话找某人时,留言时千万别说:“请告诉他,我是某先生/某小姐。”正确说法应该先讲自己的姓名,再留下职称,比如:“你好,敝姓王,是××电梯公司的技术主任,请某某有空回我电话好吗?我的电话号码是×××××××,谢谢你的转达。”

6. 对“自己人”才注意礼貌

有人往往“对自己人才有礼貌”,比如一群人走进大楼,有的人只帮助自己的朋友开门,却不管后面的人还要进去,就把门关上,这是相当不礼貌的。

7. 迟到早退或太早到

不管上班或开会,请不要迟到、早退。若有事需要迟到或早退,一定要前一天或更早就提出,不能临时才说。此外,太早到也是不礼貌的,因为主人可能还没准备好,或还有别的宾客,此举会造成对方的困扰。万不得已太早到,不妨先打个电话给主人,问是否能将约会时间提早,否则等时间到了再进去。

8. 谈完事情不去送客

职场中送客到公司门口是最基本的礼貌。即使是很熟的朋友,也要起身送到办公室门口,或者请秘书或同事帮忙送客。一般客人则要送到电梯口,帮他按电梯,目送客人进了电梯,门完全关上,再转身离开。若是重要客人,更应该帮忙叫出租车,帮客人开车门,关好车门,目送对方离开再走。

9. 看高不看低

不仅跟老板打招呼或跟老板等“居高位者”打招呼，还要跟老板、主管身边的秘书或其他人打招呼。

10. 选择中等价位餐点

老板请客，专挑昂贵的餐点；别人请客，专挑贵的餐点是非常失礼的。价位最好在主人选择的餐饮价位上下。若主人请你先选，选择中等价位即可。

11. 不喝别人倒的水

主人倒水给你喝，一滴不沾是不礼貌的举动。若是主人亲自泡的茶或煮的咖啡，千万别忘了赞美两句。

12. 想穿什么就穿什么

“随性而为”的穿着或许让你看起来青春有特色，不过，上班就要有上班样，穿着专业的上班服饰，有助提升工作形象，也是对工作的基本尊重。职场礼仪这些条条框框是要靠我们自己平常日积月累的修炼和自律来养成的。

13. 一杯咖啡时间

当一个任务下来时，可以召集大家开一个小会，把自己对任务的理解面对面、最大限度地传递给合作者。在整个项目的进行中，需要做的也许就是找出一点空余时间，和每一个项目执行者一起喝杯咖啡！这样做，好处是不仅可以让大家有时间处理每个人手上要完成的工作，又能及时地沟通，随时调整彼此支持力度的侧重点。

14. 开门见山地陈述观点

在这个竞争激烈的职场上，和你一样具备了相当专业实力的人实际上很多，在素质相仿的一群人中，抓住机会脱颖而出，才能获得更好的发展空间。一个人的自信是非常有渗透力的，所以在你需要把自己的设想与观点摆在桌面上时，开门见山，少兜圈子会为你赢得主动权，奠定自己在高层心目中的地位。

个人礼仪是一个人的生活行为规范与待人处事的准则，是个人仪表、仪容、言谈、举止、待人、接物等方面的具体规定，是个人道德品质、教育良知等精神内涵的外在表现。

自我认知——接待工作很重要

拓展延伸

通过本节的学习，我们对电梯专业技术人员礼仪素养有了新的理解，你掌握了多少？

第五节 电梯专业技术人员解决问题的职业素养与能力

学习目标

(1)掌握解决问题的方法,提升解决问题的能力。

(2)掌握解决问题的步骤、态度及原则。

(3)掌握电梯专业技术人员解决问题的职业素养与能力,培养工匠精神。

知识学习

【案例】

张子铭,21岁,着装新潮,发型奇异,是当前年轻人中流行的爆炸式,举手投足间还流露出几分懒散。在学校读了三年电梯维修与保养专业后选择就业。从“校园人”一下子转为“社会人”,张子铭很不适应。刚毕业时,张子铭进入一家小型电梯维修保养单位,跟着师傅做日常电梯维保,每天的工作就是接电话、打扫卫生、做记录,还要与各种各样的人群打交道等。时间一长,他感到了日复一日的枯燥和巨大的压力,觉得自己是个打杂伺候人的。因此干了不到六个月,就辞职了,也让他对维保工作失去了兴趣。此后,在家里待了几个月也不愿找工作,整天沉迷于电脑游戏,父母看在眼里,急在心里。迫于父母的压力,他开始求职、面试,求职也只是停留在走过场的形式。后来在几家电梯公司工作一段时间后便离职。他认为每份工作都不如意,不是嫌脏就是嫌弃工资待遇低,抱怨不断,从没有认认真真地对待过一份工作,遇事喜欢逃避,而且非常害怕自己在职场受到挫折。他的理想是干一份能体现个人价值,值得努力奋斗的工作。只有这样才能证明自己存在的价值,充满激情地不断创造和发展。所以,眼看着他毕业几年了,一点发展也没有,他很困惑,不知道自己到底想要什么,什么工作才适合他。

分析:

(1)你如何看待案例所反映出的问题?你有过像张子铭那样的感受吗?

(2)案例带给你什么样的启示?如果你是主人公,你会如何去处理当前的境况?

知识学习

一、解决问题

(一)解决问题的内涵

+1 解决问题是由一定的情境引发的,是指在个体主观意识的指导下,按照一定的既定目标,综合分析相关背景资料,运用各种解决问题的方法,经过一系列的思维操作,使问题得以解决的过程。

(二)解决问题的特点

1. 问题情境性

在日常生活中会出现不同的问题情境,导致我们感到迷茫、困惑。有时不能用经验直接解决的问题是由相应的情境引起的,这种外在的情境会引起我们对问题进行思考的兴趣,同时运用各种思维策略,采取各种各样的方式方法去脱离此种情境。解决问题的过程就是问题情境消失的过程。当解决一个问题后,再遇到类似的情境,我们就不会感到困惑。

2. 目标指引法

问题的解决是在一定目标的指引下进行的,通过问题的解决达到预定的目标。简单的问题可能会通过直觉与猜测解决,而复杂的问题则需要经过细致的分析与推理,或是通过丰富的联想与想象等思维过程来完成,但所有问题的解决都是在一定目标的指引下完成的。

3. 操作的顺序性

解决问题是出于一系列心理操作的相互配合完成的,此种心理操作具有一定的顺序系统性。如顺序出现错误,问题就无法顺利解决。当然,采取不同的方式方法、途径去解决同一问题也会出现不同的顺序。

4. 认知的参与性

解决问题的过程中离不开认知活动的参与。要做到知、情、意合一,共同参与过程。其中认知在问题解决过程扮演着重要的角色,是解决问题的前提条件,离开正确认知的参与,问题将会无法解决。

(三)解决问题的条件

1. 主观解决问题的意向

在日常生活中,人会遇到很多问题,在问题出现时要有主观上希望解决问题的意向,有积极的心态,带着足够的热情去解决。同时也要有努力钻研的精神,查阅关于问题的相关资料,收集相关素材,把收集到的信息进行加工整理,并认真严肃地分析,找出解决问题的突破口,这样有助于问题的顺利解决。

2. 质量兼具并能反映出问题全貌的信息

收集的信息既要有质也要有量。质是指对于获取的信息要保证它的真实性、可靠性,量是指收集到关于问题的大量信息,通过信息的资源整合,能更加全面、更直接地反映问题的本质,这样有利于更好地解决问题。

3. 扎实的基本理论知识

问题的顺利解决,拥有扎实的基本理论知识是必不可少的条件之一。因为在解决问题的过程中需要相关的知识来帮助人们进行问题的分析,需要科学有效的方法来助于问题的解决。自身拥有的理论知识越丰富,对问题的分析会越透彻,而正确分析问题又是顺利解决问题的前提。但随着社会发展越发多元化,科技水平不断提高,新问题、复杂问题层出不穷,如果不加思考地用以往的知识去解决问题,难免会犯教条主义错误,这就需要人们不断地与时俱进,掌握多方面的知识来应对,这样才能更好地解决问题。

4. 具有实践经验

在解决问题时,一定的实践经验是帮助人们解决问题不可或缺的重要因素,因为解决

问题是一个实践操作的过程，离不开实践经验的指导。社会实践有助于开阔眼界，增加解决问题的思路。世界上的事物是在不断发展变化的，所以要多参加社会实践，增强实践能力，在遇到问题时要能更灵活地应对，做到具体问题具体分析，也能让人们更好、更有效地解决问题。

（四）解决问题的态度、原则及能力

解决问题的态度：①具有强烈解决问题的愿望；②勇于承担责任；③积极参与；④要耐心倾听；⑤坚持，不轻言放弃；⑥实事求是；⑦力争完美；⑧努力推进。

解决问题的基本原则：①要分清事情的轻重缓急；②寻求团队合作；③做到有据可循，以事实为依据；④注重细节；⑤追求时效性；⑥效果导向；⑦善于沟通。

解决问题需具备的能力：①精湛的专业知识；②沟通协调能力；③团队合作能力；④良好的情绪控制能力；⑤良好的判断力；⑥管理能力；⑦高度的执行能力；⑧抗挫折能力；⑨创新能力。

（五）解决问题的步骤

1. 发现问题、分析问题

这是解决问题的第一步，发现问题才能去想办法解决问题，接下来才是自身的进步和不断的改善。问题常常并不是很明显地摆在表面，而是需要去寻找和界定。当我们觉得事情还能做得更好时，就需要思考问题出现在哪里，找到主要的症结所在，然后用清晰、简练的语言把它描述出来，做深入思考。

2. 针对问题提出可行性方案

可以尝试创造条件来解决问题，用活跃思维贯穿于自己的头脑，进一步提出解决方案，确保方案的适用性、合理性、有利性、可实施性和可行性。

3. 确定解决方案

列出可行性方案，从中选择相对最具适用性的应用方案。选择时要以问题所处的时间和环境作为参考依据，同时对方案的优势和劣势进行评估，尽可能保证在选择时思考全面，最终做出较正确的选择。在这种情况下，要果断做出决定，以一个方案为主、其他方案做参考备选的形式，让问题尽快得到解决，避免因犹豫不定而造成拖延，导致损失，使心血付诸东流，得不偿失。

4. 制订实施行动计划

制订行动计划时，要将计划的可行性作为考量的标准。

5. 方案实施和评估

这是解决问题的关键一步，只有很好地执行行动计划，才有可能真正解决问题，即实践是检验真理的唯一标准。在实施过程中，不管方案和计划做得如何完善，仍然会存在这样或那样的漏洞，所以，在执行计划过程中学会检查和评估，如果达到预期效果，可以继续执行；如果未获得预期效果，要重新提出假设，根据评估结果及时修正计划并进行检验，使解决方案趋于完善，直至达到预期的理想效果。

6. 善于利用网络资源

在当今信息化时代，全世界的人们都在利用互联网进行信息交流和资源共享。互联网反映了人类无私的精神，大家互相传递经验与知识，发表意见和见解，因此，遇到问题时，可以通过互联网找到所需的资源。与此同时，互联网通过积累用户常用信息形成大数据库，提供了无限的信息资源和服务资源，让人们可以利用这一资源来解决问题和改善自身处境。

自我认知——职业素养与能力的提升

【案例】

王庆峰，现任某电梯公司技术员。他来自一个偏远的农村，家庭困难。曾在中职学校读书。入学时，他独自一个人来学校报到，也是他第一次坐火车出远门。入学之初，由于母亲常年卧病在床，曾有几次要退学回家的念头。在老师和同学们的劝说与帮助下，他咬牙坚持着。平时，他省吃俭用，为省钱常常吃咸菜、馒头充饥。学费是靠自己业余时间勤工俭学挣来的钱。三年里，他所学的每门功课都在90分以上，还写一手好字、好文章。他相信读书能改变命运，虽然很苦、很累，但王庆峰没有抱怨，没有叹气，总是坚持着，并心存感激地读书、学习。毕业后，学校推荐他到专业对口的某电梯公司工作。这家公司因外出施工多，经常需要出差，但他不怕苦，不怕累，工作很出色，还把每天在工作过程中发生的事情记录下来，总结后写成文章，从中不断总结经验和教训以提高自己的业务能力，制订了职业生涯规划。他坚持自己设定的目标，坚定的信念和精湛的技术赢得了单位领导、同事的好评。现在王庆峰凭借自己的努力改变着命运，也改变着家庭的命运，每月挣得的工资都给家里寄回一部分，孝敬父母，供弟弟读书。他坚信"只要心中有信念，干枯的沙子有时也可以变成清冽的泉水。"

分析：

(1)结合个人生活实际谈谈你对"只要心中有信念，干枯的沙子有时也可以变成清冽的泉水。"这句话的理解。

(2)在以后的工作中，你还需提高哪些能力或充实哪些知识应对工作需求？遇到挫折时，你会如何面对？

二、解决问题的能力

（一）解决问题的能力的内涵

解决问题的能力，是指能够准确地把握事物发生问题的关键，利用有效资源，提出解决问题的意见或方案，并付诸实施，进行调整和改进，使问题得到解决的能力。它既指专业技能和专业知识内必备的职业能力，又指专业技能和专业知识外的一种职业能力。解决问题的能力主要是指后一种职业能力。当职业发生变化或当劳动组织出现变更时，劳动者具有这一职业能力依然能够发挥作用、显现效果。只要劳动者拥有这种基本的职业素质和职业能力，就能从容面对市场或职业的挑战，在快速变化的环境或职场中，游刃有余地解决出现的新矛盾和新问题。这是劳动者从事任何一种职业都必须具备的职业社会能力之一,是一种重要的职业核心能力。

(二)提高解决问题的能力与素养的方法

解决问题需要有正确的方法,如何有效解决问题,态度、心态是关键。面对问题时,不同的人会做出不同的选择;有的人勇于面对,将自己打造成解决问题的高手;有的人心生怯懦,成为前进路上的失败者;还有的人抱着看客的心态,停滞不前。

1. 敢于面对问题

无论面对何种问题,都要有积极的心态,敢于面对尝试。只有正视问题,努力寻求突破的方法,才能解决问题。不能为自己找退路,找退缩的借口。

在职场中,任何事情都要去尝试,不要试图逃避,或用主观、错误的推论去判断。许多自己认为不可能的事情,别人经过尝试或许使其变成可能。面对生活中的一些问题,不要轻易说不行、不能、不知道,更不要轻易放弃,要敢于去尝试。

2. 努力寻求解决之道

一切皆有可能。成功者遇到问题会寻找各种解决的方法,而失败者总为自己找借口。在生活中要坚定信心,凡事都有解决问题的办法,将"不可能"转变为"可能"。在职场中遇到未曾做过的事情和问题,不要退缩,要给自己鼓励,要意识到每个问题的解决都是锻炼和提升自己能力的机会。只要用广阔的视角和综合全局的胸怀看待问题,按照合理的步骤,运用创新性和多变的思维方式去理性分析问题,就会发现没有解决不了的问题。

(三)解决问题的能力与素养对人生发展的意义

解决问题的能力是职业核心能力之一,人力资源和社会保障部职业技能鉴定中心编制的《职业核心能力培训测评标准(试行)》中,把解决问题的能力与素养分为初级、中级、高级三个部分,由此可见它对人生发展有着重要的意义。

1. 实现自我价值

实现自我价值是每个人的人生追求。要实现自我价值,就需要学会面对各种各样的问题,并运用自己的聪明才智去解决它,融入社会,实现自我价值。同时,我们要树立正确的人生价值观,保持积极向上的精神状态和奋斗精神,把握方向,积极创新,坚持不懈地在努力奋斗的过程中实现自我价值。

2. 为社会贡献力量

衡量人的社会价值标准是个体对他人和社会所做的贡献,而个人在实现社会价值的过程中并不是一帆风顺的,会遇到很多问题,这就需要每个人不断提高解决问题的能力。面对困难,要有坚定的信念和意志力,不退缩,以坚韧不拔的毅力,不断超越自我,奉献自我,如遇到挫折时要调整好心态,把问题解决好,为社会发展贡献一份力量。

(四)提升解决问题能力的注意事项

1. 实践出真知,理论联系实际

解决问题要从客观实际出发,考虑问题、办事情要遵循物质运动的客观规律,以事实为出发点,这就要求人们在解决问题的过程中,做到主观符合客观,根据客观事实来决定我们的行动,并在实践中将我们的理论与实践相结合,不断分析问题、解决问题。同时在解决问题前还需要开展全面深入的调查研究,具体问题具体分析,从而全面认识客观实际。并且把握事情发展的方向及变动,进一步掌握实时的真实情况。然后,根据客观存在的真相去思考解决的办法,充分发挥人员的主观能动性,提出意见,坚持以联系的、全面的、发展的观点看待问题,最终将问题顺利解决。

2. 立足整体,认真分析

整体在事物中居于主导地位,统率着部分,具有部分不具备的功能,所以看问题时要树立全局观念,立足整体,统筹全局。分析问题的方法多种多样,立足整体加以分析,站在全局的高度分析问题的不同空间分布,了解它的各个组成部分,并且认真分析问题发展的各个阶段,把复杂问题简单化,变整体为部分,化难为简,实现整体的最优目标。

3. 端正态度,平和心态

人生的道路漫长而曲折,会一路遇到形形色色的各种困难,无论怎样,都要相信前途是光明的。树立正确的挫折观,不断学习充实自我,直视人生中的各种挑战。对待逆境,要端正态度,积极面对,寻求正确的解决办法,不断地挑战自我、战胜自我。虽说挫折是不良的境遇,但也可以激发人潜在的力量,可以增强人的斗志,催人进取,激发创造力,锻炼人的意志和性格,让人学会反思。面对困难,良好的心理品质会让人迸发出不一样的力量,增强对挫折的耐受性,化压力为动力,保持积极、乐观的生活态度,情绪稳定向上,发奋图强,满怀信心去争取成功。

(五)电梯专业技术人员解决问题的能力与素养

一名称职的电梯技术人员的工作对象不单单服务于设备,更要服务于人。所以,电梯维修、保养人员最基本的职业素养是沟通,与形形色色的人沟通,以解决问题。电梯的维修、安装需要专业的合格技能。但有时维修与安装没有按图施工,随意自主更改比比皆是,如电焊机、打孔器、切割机肆意乱用,甚至不符合基本接线规范等。这样的行业生态,对电梯调试无形中提出了更高的要求,去电梯现场调试需要处理的“额外”事项远超电梯调试本身的工作难度。沟通、系统合理的工作安排、对工作现场的掌控能力,妥善应对和处理偶发事件的能力与素质,成为除专业知识以外的职业素养。

总之,现实生活中的问题无处不在。对电梯专业技术人员强化电梯安全意识和相关装调及维护能力培养,掌握现代电梯主流技术,并不断通过观察、分析、训练,有意识地提高其解决问题的职业素养和能力,厚植工匠文化理念。进而使电梯专业技术人员都能在工作中崇尚精益求精,用工匠精神守护电梯安全,体现“于微处见工匠精神”的职业操守。

自我认知——如何处理投诉

拓展延伸

通过本节的学习，电梯技术人员应具备哪些职业素养和能力？如何解决在工作中遇到的各种问题？

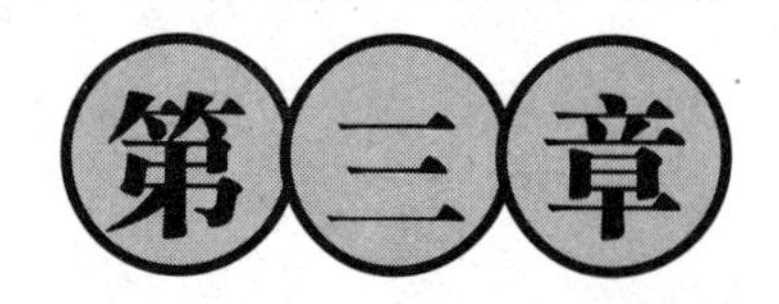

第三章 职业意识

职业意识是人们关于职业的观念形态，是人们对职业劳动的认识、评价、情感和态度等心理成分的综合反映，由就业意识和择业意识构成。职业意识既影响个人的就业和择业方向，又影响整个社会的就业状况，是支配和调控全部职业行为和职业活动的调节器。

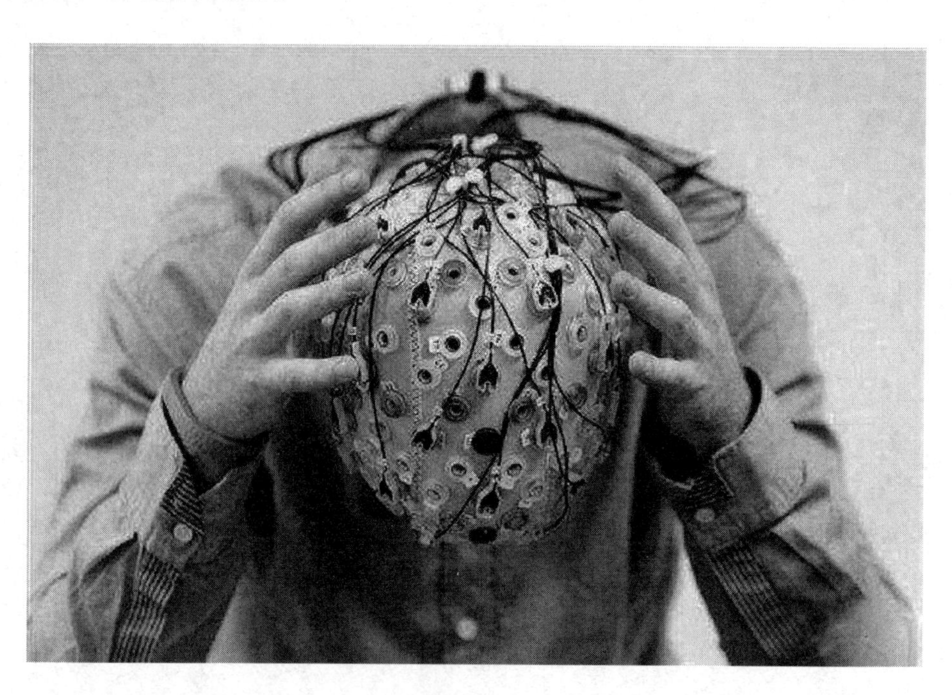

第一节 意识与职业意识

学习目标

(1)了解意识的能动性,以及职业意识的基本概念和构成。

(2)明确培养职业意识的基本途径。

(3)掌握选择理想职业的基本方法。

知识学习

【案例】

小王、小李和小刘三人毕业于一所名牌医科大学,被同时分配到一家制药厂。小王的工作是在实验室喂养做试验用的白鼠,小李的工作是在销售部做药品销售,小刘的工作是在研发部做药品研究和新药开发。他们工作了一段时间,厂领导检查工作,要看看这些大学生的工作究竟干得怎么样,领导问小李具体干些什么工作,小李说他被分到了销售部,主要工作是卖药,把药厂生产的药尽可能多地卖出去。领导然后问小刘,小刘说他在研发部里做药品研究和新药开发。领导最后问小王,小王说他的工作太重要了,是在协助药厂所有的同事生产最好的药品,如果药品生产得好,将会挽救很多人的生命,虽然喂养白鼠不是一项特别复杂的工作,但对药厂来讲非常重要。

分析:

(1)你认为小王、小李和小刘三人对自己职业的看法存在什么差异?

(2)小王、小李、小刘三个人对自己的职业是否存在认识上的差异?

一、意识的能动作用

物质世界先于人的意识而存在,物质第一性,意识第二性。物质决定意识,意识是客观存在的反映,对物质具有能动的作用。意识是物质世界长期发展的产物,是人脑的机能,是客观存在于人脑中的主观映象。意识的能动作用表现为:

1. 人能够能动地认识世界

人的意识具有目的性、计划性、主动创造性和自觉选择性,从而能够能动地认识世界。意识活动的主动性和创造性是人能够认识世界的重要条件。人的意识不仅能反映事物的外部现象,而且能反映事物的本质和规律。

1)目标意识

没有合适的人生目标和完善的人生计划,就不可能获得成功的人生。亚里士多德曾经说过:"人是一种寻找目标的动物,他生活的意义仅仅在于是否正在寻找和追求自己的目标。"一个人没有目标的指引,可能会原地绕圈,陷入困境与迷茫。从个人角度来说,对目前生活满意的人、不敢挑战自己的人、对人生没有定位的人、对生活无所求的人、甘于平凡的人、没有主见的人，都不会主动地确立目标。从外在角度来说，如果生活在没有追求、不求上进的群体中，也会被群体所影响，很难树立自己的目标。

意识活动具有目的性和计划性。在实施行动之前要预先制定蓝图、目标、行动方式和行动步骤等。没有目标的行为，是盲目的、无价值的行为；有了目标，才有了前进的方向和动力。一旦选定了自己的目标，就不要随意改变，坚持数十年乃至一生，不懈努力，必有大成。

2）创新意识

发展是普遍存在的，任何事物无时无刻不处在运动变化发展的过程之中。这要求人们必须坚持发展的眼光，学会用发展的观点看待和处理问题，反对认为事物是一成不变的错误观念，破除思想僵化、因循守旧、墨守成规和安于现状的旧观念。创新是对传统事物的否定，是扬弃和继承的有机结合。如果把传统视为绝对完善和神圣不可侵犯的东西，奉若神明，不敢越雷池半步，那就永远不会有创新。创新意识是一个民族进步的灵魂，也是国家兴旺发达的不竭动力。

意识活动具有主动创造性和自觉选择性。创新始终是一个动态的滚动发展过程，永无休止，不能一劳永逸，浅尝辄止。伏尔泰说："创新是时代精神，谁不具备这种精神，谁就要承担时代的全部不幸。"

2. 人能够能动地改造世界

意识对改造客观世界具有指导作用。意识不能直接引起客观事物的变化，只有通过指导人们实践才能引起物质形态的变化。正确的意识促进事物的发展，使人们的实践活动获得成功；错误的意识阻碍事物的发展，使人们的实践活动遭到失败。这就要求人们树立正确的意识。

（1）学习意识。时代进步，社会发展突飞猛进，新的知识不断出现。每个人只有具备良好的学习心态和意识，不断充电、与时俱进，才能使自己跟上时代的步伐，才有可能实现人生价值，获得职业生涯的成功。只有具备学习的能力，才能不断进行技术创新，适应时代的要求。

（2）细节意识。做事要从一点一滴的小事做起，积极做好量的积累，为实现事物的质变创造条件。做好细节服务，就是从小事做起，就是对"简单"的重复，并持之以恒。一个不经意的细节，往往能反映出一个人深层次的修养；认真做事只能把事情做对，用心做事才能把事情做好。

（3）自律意识。自律就是在生活和工作中控制自己的行为言谈以及自我的约束，是在社会和集体生活中对法律法规和制度的自我服从。自律意识源自于内心，是一种自愿、自发的行为，不需要外在监督，是人格、人品及自身形象的真实反映，同时也是对他人、对社会、对公益的一种尊重。

自我认知——张女士的成功之路

【案例】

鲁迅曾先后两次面临人生道路的选择,第一次是立志学医,准备学成后“救治像我父亲那样被误的病人的疾苦,战争时候就去当军医,一面又促进了国人对于维新的信仰”。于是他便到日本仙台医学专门学校学习医学。但他的这种梦想并没有维持多久就被严酷的现实粉碎了。在日本,作为弱国子民的鲁迅,经常受到具有军国主义倾向的日本人的高度歧视。这使鲁迅深感悲哀。有一次,一场电影中,鲁迅看到众多的“体格强壮,神情麻木”的中国人,在淡然地围观被当作俄国侦探处死的同胞。鲁迅受到极大的打击,这时他已认识到,精神上的麻木比身体上的虚弱更加可怕。于是他改变了学医的志向,调整人生目标,做出了人生道路的第二次选择——弃医从文。鲁迅“弃医从文”是要“改造国民的精神。”想用文学艺术来改造中国人的精神状态,使他们不再“充当一群精神麻木的看客”。经过人生目标的大调整,鲁迅献身文学,成为中国新文学的倡导者之一,成为中国现代伟大的文学家、思想家、革命家。

分析:

(1)鲁迅为什么弃医从文?

(2)鲁迅弃医从文、献身文学体现了他的什么意识?

二、职业意识的构成

职业意识是人们关于职业的观念形态,是人们对职业劳动的认识、评价、情感和态度等心理成分的综合反映,由就业意识和择业意识构成。就业意识指人们对自己从事的工作和任职角色的看法。择业意识指人们对自己希望从事的职业的看法。职业意识的形成经历了一个由幻想到现实、由模糊到清晰、由摇摆到稳定、由远至近的产生和发展过程,主要受家庭和社会两方面的因素影响。个人的心理和生理特征、受教育程度、生活状况、社会经历等,也不同程度地影响职业意识的形成。家庭因素主要有家庭的文化经济状况、生活条件、社会关系、家庭主要成员的职业和社会地位等;社会因素主要是社会风气、文化传统、政治宣传、学校教育等方面对人们的世界观、人生观的影响。

职业意识既影响个人的就业和择业方向,又影响整个社会的就业状况,是支配和调控全部职业行为和职业活动的调节器。具体表现在以下几方面:

1. 社会意识

社会意识是对职业的社会意义和地位的认识。人们希望通过从事职业活动,对社会有所贡献,承担社会义务,尽到自己在社会分工中应尽的职责,为祖国、人民多做贡献,也希望自己的工作能得到相应的尊重、声誉和地位。

2. 发展意识

发展意识是对职业本身的科学技术水平和专业化程度的期望和要求。人们认为职业的知识性、技术性越强,所需要的文化技术水平就越高,也就越能发挥自己的才能。通过学习符合个人兴趣的专业知识和技能并从事适合自己特长的职业,来满足个性发展的需要。这种愿望和要求的实现,能使人们得到心理上的满足,从而在职业活动中发挥自己的特长。

3. 价值意识

价值意识是对职业的劳动或工作条件的看法和要求,包括职业的劳动强度、工作环境、地理位置等客观条件,以及工作岗位上的人事关系、社会环境和职业的稳定性等,还有对职业的经济收入和物质待遇的期望。

自我认知——职业价值观

【案例】

美国当代最有影响的企业明星李·艾柯卡原来是学工程的,获工程硕士后,在福特汽车公司当了一名见习工程师。不久,他发现自己对工程技术工作并没有什么兴趣,真正感兴趣的是与人打交道的工作。于是,他毅然放弃了原来的职位,在该公司接受了一个职位较低的推销工作。这份工作激发了李·艾柯卡的潜能,他的智力和技能得到了充分发挥。由于他经营有方,功绩卓越,接连受到提拔晋升,终于在1970年登上了福特汽车公司总裁的宝座,成为世界第二大汽车公司的主宰者,后来他又出任克莱斯勒汽车公司总裁。在20世纪80年代及90年代初,李·艾柯卡成为美国商业偶像第一人。

分析:

(1)李·艾柯卡为什么宁愿放弃工程技术岗位而选择职位较低的推销工作?

(2)李·艾柯卡的成功之道说明了什么?你在职场中遇到类似的情形会如何选择?

三、理想职业的选择

理想是动力,是人奋斗的目标。人如果有了正确的理想,就会感到生活充实,精神有所寄托,从而得到精神上的满足和安慰。在一定的条件下,理想能够成为推动人去从事某项活动的行为动机,激励人把自己的活动引向满足自身需要或社会需要的具体目标。职业理想是对自己未来职业的构想和希望,是将来获取成功的努力方向和追求目标,是人生理想的重要组成部分。

每个人都会有自己的职业理想,因此,要正确认识社会,全面看待自己,为正确择业做好充分的准备,懂得职业理想不等于理想职业。一般认为,当个人的能力、职业理想与职业岗位最佳结合,并达到三者的有机统一时,这个职业才是理想职业。理想职业是每个人心中希望从事的职业,包括自己希望从事的工作和希望得到的收入。

选择理想职业,是实现职业理想的第一步,应该择己所长、择己所爱、择世所需。要做到个人职业理想和社会理想相结合,在进行个人择业时,要脚踏实地,正确认识和分析自己,要准确把握社会发展趋势,找准自己在社会建设中的正确定位。

（一）择己所长

选择自己熟悉的有工作，才能最大限度发挥自我优势。“尺有所短，寸有所长”，要正确估量自己，给自己一个合理的定位，认真分析自己的职业理想是否脱离实际，自己的职业素质是否符合所选择的职业要求。职业理想虽然因人而异，但理想职业必须以个人能力为依据，超越客观条件去追求自己的所谓理想职业是不现实的。

（二）择己所爱

选择职业目标，要充分考虑自己是否喜欢这项工作，是否体现个人爱好和兴趣。只有选择喜欢的工作，才能全身心地投入，调动主观能动性，做出一番成就。如果所喜欢的职业岗位已无空缺，而又需要立即就业，那就先降低一点要求，对自己的兴趣、爱好进行一定的调整。因为如果没有工作，即意味着没有实现职业理想的可能，而就业以后，可以在主观作用下向自己的职业理想靠近。

（三）择世所需

人在确定职业理想时，首先应从社会的需求出发，同时认真分析自身的条件，然后做出客观的选择。避免不切实际的空想，必然会找到一条宽广的就业之路。社会需求与自主择业并不矛盾，不是让人放弃自主选择，等待社会挑选，而是根据专业爱好选择工作。只要职业理想符合社会需要，而自己又确实具备从事那种职业的职业素质，并且愿意不断地付出努力，就会实现自己的职业理想。

自我认知——明青的故事

【案例】

有一位非常能干的主管，他会操作和维修机器，甚至连叉车都会开，对员工也不错，但是作为主管，上述这些是他的主要工作职责吗？不是。主管的职责是管理和帮助他的下属，让下属工作得更好。如果工作大多是主管自己干，下属虽然感到清闲，但确未学到自己岗位上实际的工作技能。

分析：

主管的真正岗位技能是什么？

四、职业意识的培养

职业意识是从业人员的根本素质，是一个社会职业者必备的条件。应该从以下几个方面来培养自己的职业意识：

（一）角色意识

现代分工使每个人都是处在具体工作岗位上的人，每一个岗位都有特定的职责权限和工作内容，做岗位要求做的事，并把事情做到岗位要求的程度，是角色意识的根本体现。

（二）责任意识

责任应该是一种自觉意识，是个人对自己和他人，对家庭和集体，对国家和社会所负责的认识、情感和信念，以及与之相适应的遵守规范、承担责任和履行义务的自觉态度。缺乏责任意识会造成始料不及的严重后果。社会犹如一条船，每个人都要有掌舵的准备，良好的责任心是每个人必须具备的品质。

（三）奉献意识

职业意识是作为职业人所具有的意识，以前称为主人翁精神。具体表现为工作积极认真，有责任感，具有基本的职业道德。要真正领悟职业这一真谛，必须激发自己的爱岗敬业精神，增强无私奉献意识。

（四）团队意识

团队是由员工和管理层组成的共同体，该共同体合理利用每一个成员的知识和技能协同工作，解决问题，达到共同的目标。现代组织绩效的取得，不是靠单个人、单个岗位，而是靠各岗位的有效集成，在各个岗位都良好地完成岗位职责的情况下实现各岗位的有效对接。职业活动需要竞争，还需要主动合作精神。一个人的职业活动，总是与一定的职业群体相联系，离不开同行业的支持与协作，特别是在生产力高速发展的今天，职业分工越来越细，劳动过程更趋专业化、社会化，需要加强联合。产业间相互依托、相互制约、相互促进的发展趋势，也要求一个企业内部部门之间、员工之间必须团结协作。

一个企业就是一个独立的社会经营团队，是由所有员工组成的利益共同体，由大家来维护、创造，又给每个人带来经济利益。企业团队对个人的要求是：维护团队的声誉和利益，不说诋毁团队的话，不做损害团队的事；保守团队的商业秘密；积极主动地做好团队中自己的工作，及时提出有利于企业发展的合理化建议；尊重和服从领导，关心与爱护同事；建立团队内部的协作，开展有效、健康的部门、同事之间的合作竞争，互为平台、互通商机、共同进步。

（五）竞争意识

竞争会使人才脱颖而出，求职就是素质和智力的竞争。有无竞争意识，会决定一个人能否找到合适的职业。人类自古至今，总是生活在各种各样的竞争之中，如果缺乏竞争意识，就不会有奋斗和进取的动力，逃不过平庸和被淘汰的命运。

（六）质量意识

质量意识是企业从领导决策层到每个员工对质量和质量工作的认识和理解。在需求约束日益增强的形势下，买方市场普遍关心的一个焦点就是产品质量问题。从根本上讲，只有质量好，才能销路好。质量是产品走向市场的通行证，是产品生存的基础，质量上乘的产品是占领市场的法宝。

自我认知——父子的对话

拓展延伸

通过本节的学习，如何理解职业意识？职业理想应该如何选择？

第二节 责任意识

学习目标

(1)了解责任意识的含义及表现。

(2)了解责任意识的作用。

(3)培养责任意识和担当精神。

知识学习

【案例】

2012年5月29日中午，杭州长运客运二公司员工吴斌驾驶客车从无锡返回途中，在沪昆高速被一个来历不明的金属片砸碎前窗玻璃后刺入腹部导致肝脏破裂，面对肝脏破裂及多处骨折，肺、肠挫伤的危急关头，吴斌强忍剧痛换挡刹车将车缓缓停好，拉上手刹，开启双闪灯，以一名职业驾驶员的高度敬业精神，完成了系列完整的安全停车动作，确保了24名乘客安然无恙，并提醒车内乘客安全疏散和报警。吴斌随后被送到中国人民解放军无锡101医院抢救。2012年6月1日凌晨3点45分，吴斌因伤势过重抢救无效去世，年仅48岁。

事发之后，全国各大媒体、广大群众纷纷对吴斌的感人事迹进行报道和评论，“异物袭来的时候，吴师傅首先的反应是把车平稳地停下来，或许这只是他一个下意识的职业动作，但是支配他做出这个动作的，一定是长期养成的职业责任感，也正是这样一种职业责任感、这样一个下意识的动作，换来了一车乘客的安全。”

“在关键时刻，吴斌首先选择的是确保车上24名乘客的安全，在那一刻，客运司机的职责就是保证乘客安全这一职业理念，已经渗入他的骨血，坚强司机吴斌用自己的生命完成了这一职责，体现了一名专业驾驶员的素养。”……

分析：

(1)吴斌是如何处理紧急事件的？

(2)吴斌在紧急事件上表现了怎样的职责意识？

一、认识责任意识

(一)责任的含义

责任一词在不同的语境中具有不同的含义。在现代汉语中，“责任”有三个相互联系的基本词义：一是根据不同社会角色的权利和义务，一个人分内应做的事，如岗位责任；二是特定人对特定事项的发生、发展、变化及其成果负有积极的助长义务，如担保责任、举证责任；三是由于没有做好分内的事情（没能履行角色义务）或没有履行助长义务，而应承担的不利后果或强制性义务，如违约责任、侵权责任、赔付责任等。

从本质上说，责任是一种与生俱来的使命，它伴随着每一个生命的始终。一般来说，任何人在人生的不同时期都肩负着特定的责任。责任随着人的社会角色不同而不同。例如，教师的责任是教书育人，医生的责任是治病救人，法官的责任是秉公执法，公交车司机的责任是保证乘客安全抵达目的地等。

（二）责任意识的含义

责任意识是指社会成员清楚明了地知道什么是责任，并自觉、认真地履行社会职责和参加社会活动过程中的责任，把责任转化到行动中去的心理特征。有责任意识，再危险的工作也能减少风险；没有责任意识，再安全的岗位也会出现险情。责任意识强，再大的困难也可以克服；责任意识弱，很小的问题也可能酿成大祸。

责任感不是与生俱来的，也不是喊喊口号就能实现的，只有在实践中不断培育和提升，在企业文化正确的引导下，员工才能建立起对工作负责任的态度，养成一种习惯，并逐渐成为一个人的生活态度。

对于一般公民来说，责任意识就是个体对所承担的角色的自我意识及自觉程度，即认清本身的社会角色和社会对他的需求，尽心履行责任和义务。它包含两方面的内容：一个人既要对自己的行为后果承担责任，又要对他人和社会负责。

自我认知——张米亚事迹

【案例】

小俊和张鸣大学毕业后同时进入一家企业做广告设计工作。刚开始两人的表现没有太大差别，但三个月后，小俊给人留下了工作主动积极的好印象，张鸣却给人留下了推诿、逃避工作的坏印象。在这种情况下，老板总是把重要的、难度大的工作交给小俊去做，小俊也从不推辞；而把一些无关紧要的工作交给张鸣。小俊因此常常忙得不可开交，张鸣却总是无事可做。“小俊真是大傻瓜！”张鸣常在背地里嘲笑小俊，“你瞧我，活干得少，任务承担的少，日子过得逍遥，工资也不比他少！”可是半年后，小俊晋升为主管，而张鸣却被辞退。

分析：

（1）小俊和张鸣在工作中的表现如何？结局如何？

（2）对于小俊工作努力被晋升主管这件事你有何感悟？

二、责任意识的作用

在职场中,一个人有无责任意识、责任意识的强弱,不仅会影响个人工作绩效的高低和职位能否升迁,而且还直接影响他所在单位的目标任务能否完成。在上海交通大学公布的2005年用人单位最看重的毕业生的20项素质中,排在第一位的就是责任意识。在世界500强企业中,责任意识是最为关键的理念和价值观,同时也是员工们的第一准则。在IBM,每个人坚信和践行的价值观念之一就是:“永远保持诚信的品德,永远具有强烈的责任意识”;在微软,责任贯穿于员工的全部行动中;在惠普,没有责任理念的员工将被开除。责任,作为一种内在的精神和重要的准则,任何时候都会被企业奉为生命之源,因为伴随着责任的是企业的荣誉、存亡。在我国创办了阿里巴巴商业网站的马云,可谓网络时代的商界精英,他说:“所有到我这里来的员工必须认同我的核心价值观,这个核心价值观就是一种责任。责任意味着成功,成功来源于责任。”

(一)责任意识能够激发出个人潜能

每个人都具有巨大的潜能,但并非都能发挥出来。这固然有多方面的原因,但其中不可忽视的因素就是人的责任意识。责任意识能够让人具有最佳的精神状态,精力旺盛地投入工作中。在责任内在力量的驱使下,人们崇高的使命感和归属感常常油然而生。一个有强烈责任感的人,对待工作必然是尽心尽力、一丝不苟,遇到困难也决不轻言放弃。例如,本节案例中提到的杭州公交司机吴斌,在肝脏突然被刺破、肋骨骨折的危急时刻,表现出超越常人的本能的反应。正是日积月累的责任意识化为瞬间的职业反应,从而确保了车上24名乘客的生命安全。就这样,一位普通的公交车司机,用1分16秒的时间,完美地诠释了什么是责任与担当。

(二)责任意识能够促进个人进步和成功

一个人有了责任意识,就会对自己负责,对工作负责,愿意主动承担责任。任何工作都意味着责任。职位越高,权力越大,他所担负的工作责任就越重。比尔·盖茨对他的员工说:“人可以不伟大,但不可以没有责任心。”德国大众汽车公司有句格言:“没有人能够想当然地保有一份好工作,必须靠自己的责任感获取一份好工作。”

(三)责任心关系到安全事故是否发生

在现实社会中,那些责任意识强的员工,对工作认真负责、一丝不苟,一旦发现安全隐患或突发险情,就会立即采取有效措施,避免许多重特大安全事故的发生。相反,一个责任意识淡漠、缺乏起码的工作责任感的人,由于不愿意、也不可能全身心地投入工作,非但不能完成基本的工作任务,甚至还有可能给工作带来巨大的损失。

自我认知——“世越号”事件

【案例】

杰克和约翰新到一家船运公司工作，被分为工作搭档，然而一件事却改变了两个人的命运。一次，杰克和约翰负责装卸一件昂贵的古董。当杰克把古董递给约翰时，约翰却没接住，古董掉在地上摔碎了。两人大惊失色不知道怎么办才好，因此互相埋怨。休息时，约翰趁杰克不注意，偷偷来到老板办公室对老板说："这不是我的错，是杰克不小心摔坏的。"随后，老板把杰克叫到了办公室，问他到底是怎么回事？杰克就把事情的原委告诉了老板，最后杰克说："这件事情是我们的失职，我愿意承担责任。"

后来，老板把他们叫到办公室说："其实，古董的主人看见了你俩在递接古董时的动作，并跟我说了他看见的事实。我也看到了问题出现后你们两个人的表现。我决定，杰克留下继续工作，用你赚的钱来偿还客户。约翰，明天你不用来上班了。"

分析：

(1)在企业中，责任感是否重要？

(2)优秀员工与一般员工的区别表现在什么方面？

三、职场员工责任意识的养成

在激烈的就业竞争中，我们走出象牙塔，融入社会，步入职场，有的在职场中表现出了良好的职业素养，但也不乏一些职业意识淡漠、工作责任心差、受实用主义和功利主义倾向的影响而频频毁约和跳槽的人；还有一些受极端个人主义思潮的影响，在工作中过分注重个人奋斗、个人发展，对他人、对集体、对单位漠不关心的员工。事实证明这些在职场中缺乏起码的责任心、道德感的员工在职业发展的道路上也往往会处处碰壁、步履维艰。因此，对即将步入职场的人加强责任意识教育刻不容缓。

人的职业意识不是与生俱来的，它需要在远大理想和目标追求的指引下，通过教育、学习和实践，按照客观要求逐步建立和稳固起来，它需要个体用自觉的习惯意识去维护。只有在责任意识的驱动下，履行社会赋予自身的责任，才能形成真正的责任行为。一个具有良好的责任意识的员工，至少应做到以下四个方面：

(一)认真做好本职工作就是对工作负责的最好体现

一个职业人责任感的主要表现就是要做好本职工作。为了所在单位的发展，也为了自己的职业前程，我们必须踏踏实实地做好本职工作。对于一个尽职尽责的人来说，卓越是唯一的工作标准，不论工作报酬怎样，他都会时刻高标准、严要求，在工作中精益求精，并努力将每一份工作做到尽善尽美。例如，一个雇主十年来雇用同一个保姆。有一天她第一次跟雇主请假一周，回家之后雇主发现她给厨房的垃圾桶认真地套上了七层垃圾袋，这让雇主十分感动。

事实上，那些在事业上卓有成效的人，无论从事的是平凡普通的工作还是所谓高大上的工作，无不用高度的责任心和近乎完美的标准来对待自己的工作，与其说是努力和天分造就了他们的成功，倒不如说是强烈的责任心促成了他们的成功。

另外，做好本职工作，还应体现在不断提升自己的业务能力和水平上。对于任何一个组织来说，员工的业务能力和水平都是衡量这个公司是否优秀的重要指标之一。因此，员工有责任去不断提升自己的业务能力和水平,这既是员工获得晋升和加薪机会的必要保证,也能使企业获得更好的发展。

(二)时刻维护组织的利益和形象

用人单位主要是各种社会组织,如企事业单位、国家机关、民办企业、个体经营社会团体等。它们为社会提供了多种多样的就业岗位,绝大多数劳动者都需要成为某一社会组织的一员,时刻维护组织的利益和形象是一个员工最基本的责任。良好形象和声誉是组织宝贵的无形资产,这笔无形资产使它比同类其他组织具有更高的声誉、更强的竞争力和更辉煌的发展前景。组织的发展可以产生经济利益和社会效益,为社会做出贡献,也为员工的经济待遇和职业发展奠定基础。只有组织得到持续发展,员工的利益才能有坚实的保证。因此,每个员工都应该确立组织利益高于一切的观念。同时,员工的形象在某种程度上来说就是企业形象的缩影,员工的一言一行无不影响着他所在组织的形象。所以,每个员工都必须从自身做起,塑造良好的自我形象,在任何时候都不能做有损组织形象的事情,抵制一切有损组织形象和利益的言论和行为。例如,某些知名的公众人物的错误言论和低俗行为,不仅会使自己的职业生涯跌入谷底,还有损自己所在单位的形象。

(三)严格遵守组织的规章制度

俗话说:没有规矩,无以成方圆。任何组织的科学管理都离不开规章制度。规章制度使员工明白自己应该担负的责任和义务,对员工的言行起导向作用,也是组织能够有效运行的最基本法则。因此,作为一个有责任感的员工,恪守组织的规章制度是基本责任。

(四)正视工作中的失误,勇于承担责任

“人非圣贤,孰能无过”,尤其是初入职场的年轻人,更是难免会有工作失误。缺乏责任感的人,总爱把工作成绩归于自己,而把工作失误推给别人或客观条件。习近平总书记指出,是否具有担当精神,是否能够忠诚履责、尽心尽责、勇于担责,是检验每一个党员干部是否具有先进性和纯洁性的重要方面。责任就是担当,每一个职场人都要立足本职工作,主动作为、知难而进、勇于担当。做到“平时工作干出来,关键时刻站出来,危难时刻豁出来”,这才是让同事和组织信任放心的人。

自我认知——英国寄来的函件

如何理解责任意识?如何培养责任意识?

第三节 敬业意识

学习目标

(1)了解敬业意识的内涵及实质。

(2)加强敬业意识的培养。

知识学习

【案例】

在英特尔中国软件实验室里有一位工程师,他是该实验室中唯一一位没有大学学历的人。当初,他进入该实验室的"敲门砖"是他自己设计的一套软件程序。由于学历不高,这位毛头小伙只能从一名普通程序员做起。但是,令整个实验室惊讶的是,实验室中工作效率最高的人竟然是这个学历最低的人。难得的是,他还主动学习高级软件的开发知识,经常利用休息时间参加英特尔公司主办的各种内部软件开发课程。他的不懈努力和刻苦钻研精神引起了英特尔公司软件与解决方案部全球副总裁兼英特尔亚太研发中心总经理、中国产品开发总经理王汉文的注意。一年之后,他被英特尔中国软件实验室以高薪聘为高水平的软件工程师。用王汉文的话来说就是:"他以扎实的业绩、过硬的专业技术水平和高度务实的敬业精神赢得了企业的认可,也为自己迎来了更好的发展机会。"

分析:

如何看待敬业意识在职业生涯中发挥的重要作用?

一、敬业的内涵及实质

(一)何谓敬业

南宋哲学家、教育家朱熹说:"敬业者,专心致志,以事其业也。"我们现在所说的敬业,仍然沿用朱熹的基本释义,就是敬重并专心于自己的学业或职业,做到认真、专注和负责。其具体表现为忠于职守、尽职尽责、认真负责、一丝不苟、善始善终等。

一个人是否有所作为,不在于他做什么,而在于他是否尽心尽力地把所做的事做好。干一行,爱一行,钻一行,是敬业的表现。工作中不以位卑而消沉,不以责小而松懈,不以薪少而放任,是敬业的展示。阿尔伯特·哈伯德说:"一个人即使没有一流的能力,但只要你拥有敬业的精神,同样会获得人们的尊重;即使你的能力无人能比,假设没有基本的职业道德,就一定会遭到社会的遗弃。"积极敬业地工作,是个人立足职场的根本,更是事业成功的保障。

(二)敬业的三种境界——乐业、勤业、精业

敬业就是专心致力于自己从事的事业。敬业有三种境界,即乐业、勤业和精业。

乐业就是喜欢并乐于从事自己的职业。乐业的人具有浓厚而稳定的职业兴趣,兴趣促使

自己对工作乐此不疲地积极探索、刻苦钻研、认真负责和力求完美。乐业是敬业的思想基础，是敬业的初级形态。

勤业是敬业者的行为表现。出于对本职工作的热爱，敬业者就会自觉自愿地把主要的精力和尽可能多的时间投入工作，勤勤恳恳，孜孜不倦。勤业者大都以勤勉、刻苦、顽强的态度对待工作，因此，古往今来凡在学业或事业上出类拔萃、卓有成就者，大多为勤业之人。

精业就是以一丝不苟的工作态度对待职业活动，不断提高业务水平和工作绩效，达到熟练、精通，精益求精。勤业是精业的前提，古语"业精于勤而荒于嬉"就含有此意。

在职场中，只要我们能够拥有比别人更多的敬业精神，将工作做到足够出色、足够高效，就会赢得人们的赞誉和尊敬。当你因敬业精神而被周围人称赞时，也就等于拥有了职业生涯中最大的财富。敬业的好口碑将成为你在职场上不断晋升的助推器，将让你拥有一个更加美好的职业人生。

(三)敬业的实质

敬业的实质就是热爱本职，忠于职守。

热爱本职是社会各行各业对从业人员工作态度的普遍要求。它要求从业者努力培养对所从业的职业活动的责任感和荣誉感；珍视自己在社会分工中所扮演的角色；应当为自己掌握了一种谋生手段，获得了经济来源，而且有了被社会承认、能够履行社会职责的正式身份而自豪。

忠于职守是在热爱本职的基础上对职业精神的升华。它要求员工乐于从事本职工作，以一种恭敬严肃的态度对待工作、履行岗位职责，做到一丝不苟、恪尽职守、尽职尽责，甚至在紧要场合以身殉职。忠于职守包含奉献精神，在客观情况需要时，它能够使从业者不顾个人安危地牺牲自我，为维护国家和集体利益"鞠躬尽瘁，死而后已"。

世界上最严格的工作标准并不是单位的规定、老板的要求，而是自己制定的标准。如果你能够发自内心地热爱自己所从事的职业，对自己的期望就会比老板对你的期望更高，这样就完全不需要担心自己会失去这份工作。同样，如果你能够勤奋敬业、忠于职守，不论有没有老板的监督都能做到认真、谨慎、努力地工作，尽力达到自己内心所设立的高标准，那么你也肯定能够得到老板的赏识、青睐而得到晋升加薪的机会。

自我认知——聘请信

【案例】

沈阳铁路局吉林工务段铁路巡道工刘学臣，20多年兢兢业业做好本职工作，每天只身徒步巡走15 km铁道线，弯腰巡捡1 000多次。他发现的轻拐、重伤钢轨100多根，伤损鱼尾板近千块，防治各类事故近50起，并将一次可能车毁人亡的危险及时化解，保证了铁路大动脉的安全畅通。

也许有人会问是什么力量在支撑着他如此敬业。答案很简单,就是他对自己工作发自内心的热爱,因为"爱岗"所以敬业。工作对于他而言,已经超越了谋生的层次,而是升华为实现自我价值的途径。

分析:

(1)强化敬业意识工作中的表现,体现了怎样的职业精神?

(2)试讨论如何才能将个人价值和职业价值联系到一起?

二、强化敬业意识

(一)以主人翁的精神对待职业活动

国家兴亡,匹夫有责。同样,企业兴亡,员工有责。企业的命运和每个员工的工作质量、工作态度息息相关,因此,每个人都须认清自己的位置,以主人翁的精神来对待职业活动,树立"企兴我荣,企衰我耻"的责任感。主人翁精神是敬业意识的重要因素,这种精神从两个方面体现出来:一是要把自己当成组织的主人;二是要把组织的事当成自己的事。

(二)在职业活动中强化敬业意识

1. 要把敬业变成一种良好的职业习惯

在当今社会,一个人是否具备敬业精神,是衡量其能否胜任一份工作的首要标准,因为它不仅关系到企业的生存与发展,也关系到一个人的切身利益。一个勤奋敬业的人也许不能马上受到上司的赏识,但至少可以获得他人的尊敬,并会从中受益一生。如果我们每个人每时每刻在职场上、在每件事情上都能保持这种精神,那么我们就能慢慢地将此养成一种习惯,拥有敬业意识。

2. 谨防和克服工作中出现的不敬业的陋习

职场中,有人养成了良好的敬业习惯,也有人缺乏对职业岗位的认同和敬畏之心,进而做出了一系列缺乏敬业意识的行为。根据相关的调查研究,员工缺乏敬业意识的表现主要有:三心二意、敷衍了事;不求有功、但求无过;明哲保身、逃避责任;怨天尤人、不思进取等。这些行为经过长时间的强化,久而久之,习以为常,也会变成一种习惯——顽固不化的职业陋习。

实践证明,养成上述不敬业的职业陋习的人,长此以往,很可能会陷入一个恶性怪圈,思想狭隘守旧、工作绩效不佳、不敬业程度进一步加深等。另外,由于不敬业者浪费资源、贻误工作、影响绩效,也必然给组织带来损害,这些人自然也会成为组织裁员的对象。

3. 在工作中努力实践敬业三境界

敬业的第一境界就是乐业。就是首先要培养对自己职业的兴趣,要乐于从事自己的职业,即热爱这个职业,这是敬业最重要的一个前提,只有这样,工作再苦再累、再难再险,都会乐在其中,即所谓"痛并快乐着"。

敬业的第二境界是勤业,勤业并不是机械地重复自己每天的工作,而是要有意识地锻炼自己,用眼睛观察问题,用耳朵倾听建议,用头脑思考判断,用心学习知识和技能,不断总结经验教训,以提高工作效率,创造更大的价值。

敬业的第三境界是精业,它要求对本职工作精益求精,胜不骄、败不馁,戒骄戒躁,练就一流的业务能力,力争成为行业领域的行家里手、业务骨干;同时,随着社会的发展和科技的进步,精业还要求动态地维持其一流的业务水平,即不断学习新知识和新技术,与时俱进,使自己的业务能力更上一层楼，真正做到精于此业。

自我认知——麦当劳快餐连锁店新总裁查理

【案例】

深圳人的敬业精神是有目共睹的。他们的敬业理念是：①先求生存，后求发展。深圳人无论创业还是求职都可以从基层的、最不起眼的事情做起，先站稳脚跟，积累一定的资本后再谋求发展。②获得锻炼机会，不考虑待遇。刚毕业的大学生认为获得锻炼机会，积累工作经验比待遇更重要。所以，他们往往会降低条件，从基层做起；或者去小公司寻求锻炼机会；或者干脆到大公司白干以达到学习锻炼的目的。③想得好，不如干得好。务实的深圳人明白再好的想法也要落实到行动上，才能实现它的价值。所有深圳人一般都会脚踏实地、雷厉风行。④没有免费的午餐。只有为公司创造价值，才能实现自己的价值。所以，深圳人用工作业绩为自己争取机会。

在工作中，深圳人以积极的心态应对。他们不消极、不悲观、不满足、不抱怨。深圳不相信眼泪。在深圳很少看到自怨自艾或者对老板牢骚满腹的人。在深圳，员工对公司给以充分理解，他们对公司的认知理念是：企业是盈利机构；企业不是完美的社会组织；不能把企业当慈善机构。深圳人很注重学习。深圳有个“读书月”，每年11月1日至30日，举办以读书为主题的活动。在金丰城大厦的写字楼里有各种培训班；而在深圳书城，晚上或节假日都是来参加读书和学习的，深圳人明白知识改变命运。深圳人有着强烈的时效观念。在蛇口工业区微波山脚下屹立一块“时间就是金钱，效率就是生命”的标语牌。从生活到工作，处处都能体现深圳人的高效。

分析：

(1)如何理解深圳人用工作业绩为自己争取机会这种做法？

(2)深圳人为什么从生活到工作都是高效的？

三、培养敬业意识

敬业意识作为一种职业意识，在社会的发展、企业的发展和个人中都起着非常重要的作用。培养敬业意识尤为重要。

1. 树立远大的职业理想和高尚的立业动机

职业理想是敬业精神的思想基础，引导学生树立正确的人生观、价值观、事业观，作为职业人，首先要树立远大的职业理想、设定职业目标、规划职业人生，明确高尚的立业动机。职业理想，是指人们依据社会要求和个人条件，设想的职业奋斗目标。远大的职业理想是实现个人生活理想、道德理想和社会理想的手段。

作为职业人还要有高尚的立业动机。年轻人作为21世纪高端技能型人才，对家庭、对集体、对社会肩负着不可推卸的责任，应时刻以推动国家发展和社会进步为己任。所以，大学生就职立业应以实现自我社会价值、推动社会发展为目的。

2. 更新就业理念

就业观念直接影响一个人的爱岗敬业精神。刚刚步入职业生涯的职业人要确立行业无贵贱的职业观；要清醒认识自己，自觉适应社会；要及时调整就业心态，主动适应工作岗位，要有先求生存，后谋发展的从业理念；摒除年轻人好高骛远的坏习惯，脚踏实地，将想法落实到行动上。

3. 强化责任意识

爱岗敬业要有强烈的责任意识，所以，在日常生活中注意强化自己的责任意识。首先，要明确自己的责任，使自己成为社会需要的德才兼备的人才，为将来的职业发展做好准备。其次，要从小事做起。要培养良好的责任感，就要做好每一件小事；认真对待他人的托付；脚踏实地，埋头苦干，虚心学习。再次，对自己负责，学会自我管理。新职员首先要学会自我管理，管理好自己的时间、管理好自己的奋斗目标、管理好自己的情绪、管理好自己的身体健康、管理好自己的人脉。

4. 提高职业技能

职业技能是从业人员履行职业责任、敬业的手段。它包括业务处理能力、技术操作能力和专业理论知识等。唯有不断提高职业技能，才能实现爱岗敬业，否则，敬业就成为一句空话。作为提高职业技能需要做到以下几点：

①牢固掌握所学专业知识，反复练习专业技能，不断提高专业技能水平。充分利用在校学习机会，认真学习，虚心请教，深刻理解专业理论知识，并用理论知识指导实践；利用实习、实训机会反复练习技能实操，熟练掌握操作技能；积极参加各种技能比赛，以赛促学，提高专业技能；积极参与专业技能证书考试，以考促学，增加知识积累。

②继续深造，拓宽知识视野。听取各种学术讲座、养成每天读书的好习惯，以丰富知识储备，拓宽知识视野；入职后积极参加各种培训，虚心向有经验的同事请教，不断掌握新技术、新工艺，增加技术业务能力的储备，提高管理水平。

③充分利用各种信息资源，及时掌握行业前沿动态。利用一切资源了解行业信息，掌握行业动态，更新知识结构，努力使自己成为业务骨干和技术尖兵，以过硬的职业技能实践敬业精神，为国家作贡献，为企业创效益。

自我认知——孔子学琴

【案例】

小华毕业于北京大学，回想起四年大学生活，他印象最深的就是毕业前的最后一课。那天，老师给他们讲了一个出租车司机的故事。一天，一位男士站在路边伸手拦车，出租车停了下来，他忽然想起一件事，又与同伴说了几句才上车，本以为司机会生气、有怨言，没想到司机仍用一张笑脸面对他。上车后，他告诉司机去松山机场。这位乘客在A协会的生产中心工作，与朋友吃完饭后想回自己的公司，公司就坐落在松山机场附近的外贸协会二馆，因为楼太小不显眼，知道的人很少。所以他每次都说去机场，免得费力解释半天。

但这次，他刚说完，司机就紧接着说道："你是不是去A协会二馆？"这位乘客非常吃惊，因为从来没人这么具体而准确地说出他真正要去的地方。他连忙问司机是怎么知道的。

司机说："第一，你最后上车时跟朋友只是一般性的道别，一点都没有送行的感觉；第二，你没有任何行李，连仅供一天使用的小行李都没有，你这个时间才去机场，就算搭乘最早的飞机都没有可能在当天赶回来，所以你真正去的地方不可能是机场；第三，你手里拿的是一本普通的英文杂志，并且被你随意卷折过，一看就不是重要的公文之类的东西，而是供你自己消磨时间用的。一个把英文杂志作为普通阅读物的人既然不是去机场，就一定是去A协会啦，机场附近就只有A协会一家单位的人才会这样读英语杂志嘛。"司机边说边从后车镜里望着这位乘客并向其微笑。

乘客非常吃惊司机竟能在短短的瞬间捕捉到这么多东西，又如此自信。一路聊下去，发现这位司机果真有自信的资本。

分析：

(1)试分析司机自信的资本是什么？

(2)司机的服务体现了他怎样的职业意识？

四、敬业才能立业

(一)珍惜你的工作岗位

在很多公司里，我们经常可以看到墙壁上贴着这样的口号："今天工作不努力，明天努力找工作！"然而，很多人在工作中却不珍惜岗位，总是心浮气躁，好高骛远，这山望着那山高，没有立足于本职工作埋头苦干，当然，他们也不会有成就感。这种人一见到别人在工作上做出了成绩，就会因羡慕而嫉妒，进而大发"英雄无用武之地"的牢骚，似乎自己没成绩，是因为岗位不合适。但是，一旦领导将他们放到某个重要的工作岗位上，他们又会沾沾自喜而乐以忘忧，以致每天消磨时光。

珍惜岗位就是珍惜自己的就业机会，拓展自己的生存和发展空间。如果你对工作总是漫不经心，做一天和尚撞一天钟，不珍惜自己的岗位，到头来损失的不光是企业的利益，自己也会因此而丢掉手中的饭碗。

(二)找准自己的位置

年轻人容易将事情看得简单而理想化，在跨出校门之前，都对未来充满憧憬。初出校门的毕业生不能适应新环境，大多都与对新岗位估计不足、不切实际有关。因此，在踏上实际工作岗位之后，要能够根据现实的环境调整自己的期望值和目标，找准自己的位置。

学生在走出校门时并没有太多的工作经验，掌握的知识和技能尚未达到岗位的真正需要。有一些人自命不凡，对有些事情不屑去做，总认为应该有更好的位置、更重要的工作需要他去做，这是不现实的。作为职场新人，无论你干什么工作，是做保安、专业技术人员，还是做管理工作，不论职位高低、轻重、贵贱，成功的关键就是找准自己的位置，让自己的行为与自己的位置相符合，并且让你的上司知道你、认可你。

当然，作为一名下属，仅有才华和能力是不够的，还要努力创造展示自己的机会。只有这样，你的价值才能得到上司的肯定，才有出人头地的可能。你应该设法让别人看到自己的出色表现，得到一个公正的评价。高层领导往往把这样的人看作是崭露头角的优秀人才和单位里的优秀员工，是能够重用的能人。无论你是一个秘书还是一般员工，都要找准自己的位置，并根据职位的不同采取不同的处事方式。

(三)做好每件事

一个人无论从事何种职业，都应该尽心尽责，尽自己最大的努力，不断地取得进步。这不仅是工作的原则，也是人生的原则。如果没有了职责和理想，生命就会变得毫无意义。无论你在什么工作岗位上，如果能全身心地投入工作，就一定会取得成就。

在现实工作中，有许多人贪多求全，什么都懂一点，但什么都不全懂，对工作只求一知半解，结果是害人不浅。那些技术半生不熟的泥瓦工和木匠建造的房屋，就会经受不住暴风雨的袭击；医术不精的外科大夫做起手术来，是在拿患者的生命当儿戏；办案能力不强的律师，只能让当事人浪费金钱……这些都是缺乏敬业精神的具体表现。无论你从事什么职业，都应该精通它。下工夫把知识学好，把问题弄懂，把技术学精，成为本行业中的行家里手，这样才能赢得良好的声誉，也就拥有了打开成功之门的秘密武器。

懂得如何做好一件事，比对什么事都懂一点皮毛，但什么事都做不好要强得多。一位总统在学校做演讲时说："比其他事情更重要的是，你们需要知道怎样将一件事情做好；与其他有能力做这件事的人相比，如果你能做得更好，那么，你就永远不会失业。"一位哲学家说："不论你手边有何工作，都要尽心尽力地去做！"做事情不能善始善终的人，意志不坚定，不尽心尽责，这种人永远不可能达到自己所要追求的理想目标。做事一丝不苟能够迅速培养职业人严谨的品格和做事的能力；它既能带领普通人往好的方向前进，更能鼓舞优秀的人追求更高的境界。

(四)把事情做在前面

每个员工都想获得升迁，都想获得更多的薪水和奖金，与其说决定权在上司那里，还不如说掌握在自己手里，敬业的最高标准是：你要把事情做在前面。有人认为员工只要完成领导交代的任务就是敬业，有人认为员工只要热爱公司和工作就是敬业。这两种认识都没有错，敬业的真正标准就是你所做的事情是在别人之前，还是之后。有一位人力资源管理专家对敬业的标准做了一个量化：

10 分 = 创造者或者把事情做在前面的人

5 分 = 努力认真地做好本职工作的人

1 分 = 我已经超负荷工作了

由此可见，把事情做在前面是评价一个员工是否敬业的关键标准。

（五）竭尽全力

无论做什么事，都要竭尽全力。有人说：我已经尽力在工作了，为什么总是得不到升迁？其实，在职场中，只是尽心尽力还远远不够，这样你最多比别人干得好一点，却无法从平庸的层次跳出来。一个人一旦领悟了全力以赴地工作这一秘诀，他就掌握了打开成功之门的钥匙。只有竭尽全力，让自己的潜能充分燃烧，发挥双倍甚至数倍于别人的能力，你才会有卓越的表现。无论从事什么职业，只有全心全意、尽职尽责地工作，才能在自己的领域里出类拔萃，这也是敬业精神的直接表现。在这个世界上，没有谁会轻易成功，每一个成功者的背后都有着敬业的感人故事。只有竭尽全力工作，创造出最大价值的人，才能从平凡到卓越，登上事业和人生的最高峰。

自我认知——小陈的故事

拓展延伸

敬业意识在职业生涯中重要吗？如何培养敬业意识？

第四节 诚信意识

学习目标

（1）了解诚信意识的理念和内涵。

（2）了解诚信的价值。

（3）加强诚信，弘扬中华民族传统美德。

知识学习

【案例】

2000 年，中国一家刚创办的网络公司迎来了一个非常难得的大客户，来者拿着策划书，问这位刚刚创业的年轻经理：“请问这个项目要多久可以完成？”经理回答：“六个月。”客户脸上露出了为难的表情，接着问道：“四个月行吗？我们给你加 50% 的报酬。”经理不假思索地摇头拒绝道：“对不起，我们做不到。”的确，按照当时的技术水平，四个月是很难完成任务的，所以这这位经理忍痛舍弃了唾手可得的巨大利益，诚实地拒绝了这桩大业务。

结果，客户听后开怀大笑，立刻在合同书上签下了名字。他对经理说："对您诚实的拒绝我感到非常满意，因为这反映出您是一个很诚实和稳重的人，而在您领导下开发的产品质量一定是有保证的。在今天这个商业社会中，我们看中的不是单纯的速度，而是让人有足够安全感的诚实。"

两年后，这位诚实的经理一跃成为"中国十大创业新锐"，他的公司在短短的三年内，从一个小网络公司成为全球最大的中文搜索引擎公司——百度公司，而当年那位诚实的经理就是毕业于北京大学信息管理系的百度公司CEO李彦宏。

分析：

诚信不是智慧，而是一种品德，然而这种品德却可以带来效益，因为它能产生一种在当今社会越来越稀缺的心理感受，那就是安全感。一家刚刚创业的新公司能够为重量级客户提供安全感，单是这份诚恳和务实就显示出了它的不俗之处。

一、诚信理念的内涵

（一）"诚"和"信"

"诚"，即真诚、诚实；"信"，即讲信用、守承诺。"诚"为信之基础，它侧重于"内诚于心"，体现了内在的个人道德修养。"信"则侧重于"外信于人"，体现为外在的人际关系。"诚"更多的是指在各种社会活动中（如人际交往、商业活动等）真实无欺地提供相关信息；"信"更多的是指对自己承诺的事情承担责任。

（二）诚信

"诚"和"信"组成"诚信"一词，成为道德范畴的一个重要理念。诚信是指个人的内在品质，也是人的行为规范。它要求人们具有诚实的品德和境界，尊重事实，不自欺，不欺人；要求人们在社会交往中言行一致，信守诺言，履行自己应该承担的责任。它是处理人际关系的基本伦理原则和道德规范，也是行为主体所应具有的基本德行和品行。我国的公民基本道德规范、职业道德规范以及"八荣八耻"中都提到了"诚实守信"。可见，诚信是一种社会道德规范，是政府机关、企事业单位和个人都要遵守的基本行为准则。

自我认知——狼来了

【案例】

在美国纽约哈德逊河畔，离美国第18届总统格兰特的陵墓不到100 m处，有一座孩子的坟墓。在墓旁的一块木牌上，记载着这样一个故事：1797年7月15日，一个年仅5岁的孩子不幸坠崖身亡,孩子的父母悲痛欲绝,便在落崖处给孩子修建了一座坟墓。后因家道衰落,这位父亲不得不转让这片土地,他对新主人提出了把孩子坟墓作为土地的一部分永远保留的要求。新主人同意了这个条件,并把它写进了契约。100 年过去后,这片土地辗转被卖了许多次,但孩子的坟墓仍然留在那里。

1897 年,这块土地被选为总统格兰特的陵园,而孩子的坟墓依然被完整地保留了下来,成了格兰特陵墓的邻居。又一个 100 年过去了,1997 年 7 月,格兰特陵墓建成 100 周年时,当时的纽约市长来到这里,在缅怀格兰特总统的同时,重新修整了孩子的坟墓,并亲自撰写了孩子墓地的故事,让它世世代代流传下去。

分析:

那份延续了 200 年的契约揭示了一个什么道理?

二、诚信的价值

诚实守信是中华民族的传统美德。在我国的传统道德中,诚实守信被看作"立身之本""进德修业之本""举政之本"。特别是在我国全面进入加快社会主义市场经济建设的背景下,强化个人、企业和社会的诚信意识,践行诚信品格,具有重要的现实意义。

1. 对个人的价值

对个人而言,诚信是一种人格力量,可以提升人的职业素养。诚信是一个人的立身之本,是职业道德的重要内容,是一个从业者不可缺少的职业素养。"人而无信,不知其可也"(《论语·为政》)。从古至今,我国人民一直以诚信为德之重,而德乃立身之本。

在职业活动中,每个人都应以诚待人、信誉至上。只有这样才能得到他人、组织和社会的认可和信任,才能融入社会、发挥才智、建功立业。诚信促使从业者在工作中恪守职业道德、爱岗敬业、忠于职守、诚于职责、奉献社会。

在企业里,诚信的员工是一个企业得以良好发展的最宝贵的财富。如果你对客户诚信,就将赢得更多的客户,获得更多的利润;如果你对同事诚信,就会得到信任和帮助,建立起和谐可靠的共事关系;如果你对老板诚信,就会得到老板的青睐和重用,赢得更多的发展机会。对一个老板来说,一个不诚实的员工即使再才华横溢,也无法对其加以重用;而如果你能力不够,却一心忠诚于公司,重信誉,为公司谋发展,那么老板一定会非常信任你,愿意给你很多锻炼的机会,从而提高你的能力。相反,一个人如果缺乏诚信意识、弄虚作假、欺上瞒下,可能会赢得一时的利益,但这只是短期行为,一旦他失去了利用价值,就算他再能力过人,也很可能会被逐出门外。因为缺乏诚信的员工对任何公司来说,是很大的潜在隐患,这样的人根本无法得到他人和组织的信赖,也很难在日常生活和职业活动中立足和发展。

2. 对企业的价值

对企业而言,诚信有助于降低经营成本、提升企业品牌形象、增强企业的凝聚力。"人无信而不立,企业无信而不存"。诚信不仅是一个人或一个企业的"金字招牌",在当今市场经济的大潮下,它还蕴藏着巨大的经济价值和社会价值,也正因为如此,很多企业都将诚信视为宝贵财富,不但将其列在价值观的第一位,同时也付出百分之百的努力去捍卫它。据权威部门测算,我国企业每年因诚信问题而增加的成本占其总成本的 15%。如果企业具有健全的诚信制度和信用体系，就能减少企业之间交易的中间环节和交易成本，节省时间，提高经济效益。

品牌标志着一个企业的信誉，是企业的无形资产。品牌是由企业依靠诚信、优质产品和服务塑造起来的。反过来，品牌又为企业的发展开拓了广阔的市场，前面所述的李彦宏创办百度公司的故事就说明了这一点。当年海尔公司张瑞敏砸毁76台有质量问题的冰箱，之后狠抓冰箱质量，最终以产品质量取胜，成为我国第一个出口免检的企业，成功地占领了海外市场。不讲诚信、失信于消费者的企业，为了盲目追求利润最大化，往往以假充真、以次充好、不择手段，最后只能是砸了自己的品牌。

企业文化是在长期的经营活动中形成的体现企业员工的价值观念、思维方式和行为规范的意识氛围。诚信作为企业文化的主流意识，被内化为员工的思想品质和行为习惯，具有强大的凝聚力，对于推动企业文化建设、加强企业内部团结、形成强大的凝聚力具有不可低估的作用。

3. 对社会的价值

诚信是一个人的立身之本，是社会和谐的基本道德准则之一，也是世界上一切民族、一切国家的人民都推崇和必须遵守的道德规范。在古代社会是这样，在当今这个市场经济时代尤为重要。任何一个时代、任何一个社会、任何一个国家没有了诚信都是不行的，如果没有诚信社会就必然会陷入混乱而无序，所以树立公民的诚信意识，遵守诚信的道德标准，建立社会诚信体系，以诚信行事办事是十分必要的。

自我认知——立木为信与烽火戏诸侯的对比

【案例】

曾经有一位叫弗兰克的意大利移民，经过多年努力开办了一家小银行。但有一天，他的银行遭到抢劫，因此破产。当他为偿还那笔巨额存款而一切从头开始的时候，人们劝他："这事你没有责任。"可是他并不这样认为。经过39年艰辛的努力，在寄出最后一笔"债款"时，他说："现在我终于无债一身轻了。"

美国心理学家、作家艾琳·卡瑟曾说："诚实是力量的一种象征，它显示着一个人的高度自重和内心的安全感与尊严感。"

分析：

(1)弗兰克的"债务"是什么？

(2)试分析弗兰克用什么捍卫了自己的尊严？

三、加强诚信修养

“人无信而不立”，诚信是立身之本、处世之道、齐家之要、治国之宝。加强诚信修养，弘扬诚实守信的传统美德，构建社会主义和谐社会。

(一)社会诚信情况现状

家庭、学校和社会的多种途径的中华民族传统美德教育，特别是近年来“八荣八耻”以及社会主义核心价值观的宣传教育，使人们普遍树立起了诚信意识，在学习生活、人际交往、集体活动和社会实践中，他们中的大多数能做到诚实守信，但是也不排除有少数人存在诚信缺失的问题。例如，有的人表里不一、人前人后判若两人，表现在口口声声标榜自己是个遵纪守法、爱护公物、懂文明、讲礼貌的大学生的同时，生活中路见师长却视若无睹，乱丢垃圾，在课桌、寝室、厕所乱写乱画，食堂里吃饭时剩饭剩菜等；在学习中少数人平时不努力，紧要关头弄虚作假，考试作弊、抄袭作业、论文剽窃他人成果等；一些接受助学贷款的学生，在有了偿还能力后恶意拖欠贷款，迟迟不还；还有的人在诚信道德修养上实行双重标准，一方面对别人的不诚信行为口诛笔伐、深恶痛绝；另一方面自己却又不身体力行，甚至还屡有失信行为。

(二)加强诚信修养的途径

1. 认真学习马克思主义理论，提高修养的自觉性

马克思主义的人性观认为人性的善恶并非先天的，也不是一成不变的，而是由一定的社会关系决定的。换言之，人的本性具有可塑性。认真学习马克思主义理论，就能使我们提高诚信修养的自觉性，增强获得诚信品质的信心。

2. 践行诚信品质

一个人培养良好的日常行为习惯，注重提升自己的诚信意识并坚定诚信信念，践行诚信品质，那么，他的道德情感也会得到升华。

3. 做到慎独

做到慎独，即在一个人独处、无外在监督的情况下，仍坚守自己的道德信念，自觉按照道德要求行事，不因为无人监督而产生有违道德规范的思想和行为。其要义在于反对社会生活中的双重人格和两面行为。慎独强调了个体内心信念的作用，体现了严于律己的道德自律精神，无论是人前人后，都能做到“勿以善小而不为，勿以恶小而为之”。

自我认知——人格有缺陷

【案例】

小王是某高职学校文秘专业的应届毕业生,毕业前夕,好不容易得到了一个去某公司面试的机会。小王应聘的是总经理助理的职位,由总经理亲自面试。一进办公室,总经理看到她就说:“咱们好像见过,你是不是以前在公司做过兼职啊,我对你有印象,你能力不错,是我们公司需要的人才。”小王一愣,知道总经理认错人了,她在脑子里进行着激烈的思想斗争:我该怎么回答?既然总经理对那个人印象很好,如果将错就错,肯定对我有好处。但是,如果我冒充他人,被发现了,岂不是更糟?最后,小王还是鼓起勇气对总经理说:“对不起,总经理,您认错人了。不过,请您给我一个机会,我会证明我的能力和才干。”总经理笑了。一周后,她接到了录用通知。

分析:

小王被录用的原因是什么?

四、树立诚信品牌

(一)对自己的言行负责

“一言既出,驷马难追”是每个中国人都知道的古训。这既是对诚实守信品质的浓缩,同时也是一个诚实守信的人必须具备的行为准则。它包括两层含义:第一,每个人的言行都要经过慎重思考,不可信口开河;第二,每个人都要对自己言行的后果负责,不可反悔。“言必信,行必果”,要做到诚信待人,诚信工作,就必须勇于对自己的行为负责。

现代企业在用人时非常强调个人的知识和技能,事实上,只有诚信与能力并有的人才是企业真正需要的人才。没有做不好的工作,只有不负责任的人,每一个员工都对企业负有责任,无论你的职位高低。一个有责任感的人才会给别人信任感,才会吸引更多的人与自己合作。

几乎每一个优秀企业都非常强调责任的力量。在华为公司,核心价值观念之一就是:“认真负责和管理有效的员工是我们公司最大的财富。”在 IBM,每个人坚守和履行的价值观念之一就是:“在人际交往中永远保持诚信的品德,永远具有强烈的责任意识。”在微软,“责任”贯穿于员工们的全部行动。责任不仅是一种品德,而且是其他所有能力的核心。缺乏责任意识,其他的能力就失去了用武之地。因此,在提升和完善个人素质时,每个人都应当记住:责任胜于能力!当然,对履行职责的最大回报就是,这位员工将被赋予更大的责任和使命。因为,只有这样的员工才真正值得信任,才能担当起企业赋予他的责任。

(二)勿以“诚”小而不为

“勿以善小而不为,勿以恶小而为之。”这是刘备临终前告诫儿子刘禅的话,也是千古名言。古人以“不积跬步,无以至千里;不积小流,无以成江海。”来说明人的品德的形成不是一蹴而就的,强调品格的养成必须从小事做起。诚信也是如此。

对于每个人来说,在生活中做一件讲诚信的事或在一段时间内做到诚实守信,也许不难。但是,如果要持之以恒,一直坚守诚信的原则是非常不容易的。从某种意义上讲,这是对人们信念和意志的一个考验。但是,在生活中,我们也会看到这样一些现象:借他人的东西不还;抄袭他人的作业;考试经常作弊;无视班级公约,不履行自己的义务,逃避劳动;弄虚作假,伪造签名或通知,欺骗老师和家长;每当事情败露,却又毫无愧色,不以为然,自以为“小节无碍”。对日常小事、“小节”要求的松懈,对自身信誉、信用的淡漠,由量变到质变的最终结果,难免名誉扫地、代价惨重。一个不讲“小诚”的人,最终必然丧失“大诚”,成为人们眼中没有诚信的人。只有把诚信落实在生活的细节中,勿以“诚”小而不为,才能成就事业和人生的成功。

(三)诚信有“度”

这个世界是不完美的,我们身边确实存在很多不诚信的现象。如果一味讲诚信,将之教条化,也是不可取的。诚信是我们为人处世的原则,但面对不诚信的人和事,我们也要注意诚信有“度”。

1. 慎重承诺

在现实生活中,在职场中,有一些人不是不想守信,但是由于承诺的事情过于艰难或超出本身的能力范围,所以导致了无法履行承诺或失信于人。所以,“一诺千金”、“一言既出,驷马难追”都是建立在慎重承诺之上的。在生活中,在职场上,在承诺之前,都要仔细思考,一旦做出承诺,是否可以兑现,千万不要头脑发热,不经思考说大话。当你对自己还缺乏足够的信心时,当你不能确定自己是否可以兑现时,就不能轻易承诺。

2. 理智面对“不诚信”

职场上和生活中确实存在许多不讲诚信的行为,有很多不讲诚信的人,甚至让我们上当受骗,那么,当遇到不讲诚信的人时该怎么办?

首先,坚守自己的道德底线。在面对不诚信的人和事的时候,我们必须学会正确地选择和判断,明确自己该做什么,不该做什么,违反道德准则和损害别人的事情坚决不做。久而久之,你会得到大家的尊重,同时也会获得大家的信任。同时,在操作方法上,可以给自己建立一套防御措施,比如,慎重交友,“近君子,远小人”,自觉和诚实守信的人为伴。在职场中,认清交往对象的品质,对于不讲诚信或信誉不好的人,尽量避免与之往来。

其次,学会保护自己的合法利益。在职场中,我们经常会因为相信他人而受到损失。所以,在双方达成承诺之前,一定要遵守制度规范,对自身的合法权益进行有效保护,不可轻信他人或受利益诱惑而违反规则。

第三,“以恶制恶”不可取。一个人接连丢了几辆自行车,很是气愤,一天,路经一家超市,看到一辆自行车没有上锁,于是就“拿”来为自己所用,心想这就当赔偿我的损失了,没想到很快就被人发现并抓到派出所,因偷窃行为受到处罚。因为“天下有贼”,因为有不诚信的人,所以我们自己也不诚信,那么结果就是恶性循环,自己也终将尝到恶果。

3. 诚信也需要灵活

讲诚信是为人处世的基本原则,但在职场中,有时也要有智慧,要灵活应对,这样才能获得更多的机会。被誉为“打工女皇”的 IBM 中国经销渠道总经理吴士宏,当年去 IBM 北京办事处求职时,主考官要求应聘者会打字,吴士宏从未摸过打字机,可她灵活反应,承诺能达到主考官要求的标准。面试结束她向亲友借了 170 元买了一台打字机,没日没夜地练习,最终她成了这家世界著名企业的一个最普通的员工。她的求职经历告诉我们,诚信有时也需要灵活,这不会让你错过来之不易的机会。

在职场中,如果一些事情有一个时间上的缓冲期,如果你认为在这个缓冲期内,你可以迅速提高,那么,为了能够获得更多的工作和进步的机会,也可以灵活一些,做出承诺,并且努力达到要求,这样既能达到目标,也不失诚信。诚信并不是僵化、刻板的教条,有些时候,我们可以用智慧和胆识灵活实践。

自我认知——为人立业

拓展延伸

谈谈诚信意识的作用，如何培养诚信意识？是否应该树立诚信品牌？

第五节 竞争意识

学习目标

(1)了解竞争和竞争意识的含义。

(2)树立正确的竞争意识。

(3)培养并努力提高竞争意识。

【案例】

美国Ⅵacom公司的董事长萨默·莱德斯特在63岁的时候做出建立一个大型娱乐项目的决定，并最终建立了一个庞大的商业娱乐帝国。一个63岁的老人，在大多数人看来是安享晚年的时候，却选择了让自己回到工作中来。

肯德基创始人桑德斯上校65岁开始创业，在被拒绝了1 000多次后，桑德斯上校终于凭借自己的坚韧使自己的形象遍布全世界。

华德·迪士尼为了实现建立“地球最欢乐之地”的梦想，四处向银行融资，都遭到了拒绝，每家银行都认为他“疯”了。今天，全球每年有上百万游客在“迪士尼乐园”享受欢乐。

类似的例子不胜枚举。他们的工作热情从何而来？这些手握巨额“薪水”的最富有之人，不但每天工作，而且工作起来精力充沛，不惜时不惜力，他们这样做的动力是“薪水”吗？萨默·莱德斯特说得好：“实际上，钱从来不是我的动力。我的动力是对于我所做的事的热爱，我喜欢娱乐业，也喜欢我的公司。我有一种愿望，要实现生活中最高的价值，尽可能地实现。”他激励自己的名言是：“不断地突破自我、实现自我，让自己的一生都过得精彩，让自己每一天的工作都充满热情。”

一、竞争

（一）竞争的含义

竞争是存在于大自然和人类社会的普遍现象，人类就是在竞争中求生存、求发展的，竞争推动了人类社会的进步。没有竞争的压力，就没有拼搏求胜的动力。在职业生涯中，一个人职业素养的优劣是竞争胜败的决定因素。

竞争的结果就是优胜劣汰。在竞争中，希望与风险并存。面对一个又一个的竞争，任何人都不可能是永远的获胜者，因此要理性对待竞争，做到胜不骄、败不馁。

1. 竞争的特征

1）强制性

从宏观来讲，社会生活的竞争是普遍存在的。不管你承认不承认，喜欢不喜欢，竞争总以其特有的强制性在人们的身上发生作用。

2）排他性

排他性是竞争过程的必然表现，它是竞争中一方排斥另一方的行为，“利己”与“排他”是竞争的主要方面。

3）风险性

既然有竞争，就要承担一定的风险，有时还要承担因失败所致的责任。风险是由多重因素决定的，如实力大小、机遇好坏、对手强弱、目标高低等。

4）严酷性

竞争的严酷性表现为优胜劣汰，失败者要承受巨大的精神压力，还要付出一定的物质代价。

5）平衡性

竞争双方不仅仅是一决高下，竞争与合作是相辅相成的。平衡的结果是使事物在竞争与合作中求得发展。

2. 竞争的积极作用

竞争，对人的发展和社会进步有促进作用。它给我们以直接现实的追求目标，赋予我们压力和动力，能最大限度地激发我们的潜能，提高学习和工作的效率；使我们在竞争、比较中，客观地评价自己，发现自己的局限性，提高自己的水平；能让我们的集体更富有生气，丰富我们的生活，增添学习和生活的乐趣。

3. 竞争的消极作用

竞争也有不利的一面。它可能使某些获胜者滋长骄傲自大的情绪，使某些失败者丧失信心，产生自卑感；竞争的压力可能引起我们心情的过分紧张和焦虑；更严重的是，当虚荣心作怪时，会把别人的成绩看作一种威胁，出现怨恨别人超过自己的忌妒心理。

（二）竞争的重要性

竞争作为一种社会性刺激，会对个体产生一系列心理需要和行为活动。

处于竞争条件下，人们的自尊需要和自我实现的需要更为强烈，对于竞赛活动将会产生更加浓厚的兴趣，克服困难的意志更加坚定，争取成功的信念也更加坚强。个体将动员一切力量，全力以赴，充分发挥内在的潜力与创造力，力争使自己在竞争中立于不败之地。

竞争时，由于人们处于一种应激状态，产生了强烈的情绪体验，刺激肾上腺体分泌激素，血糖升高从而使全身肌肉产生了一种紧张感，全身各器官和组织也都动员起来，应对突然面对的紧急情况。这种紧张感对参加体育竞赛及其他项目的竞赛都是有益的。

通过与他人的竞争，个体对自己的特点和能力有了进一步的认识，因此能客观地评价自己，扬长补短，精益求精。即使是遇到失败，遭到挫折，也能寻找原因争取“东山再起”。

合作和竞争都有各自的特点。合作能有力地协调人际关系，提高工作效率。然而，合作过程中，群体成员之间也有竞争，竞争对于提高个人工作效率有显著的作用。

市场竞争是市场经济的基本特征。在市场经济条件下，企业从各自的利益出发，为取得较好的产销条件、获得更多的市场资源而竞争。通过竞争，实现企业的优胜劣汰，进而实现生产要素的优化配置。

市场竞争是市场经济中同类经济行为主体为自身利益的考虑，以增强自己的经济实力，排斥同类经济行为主体的相同行为的表现。市场竞争的内在动因在于各个经济行为主体自身的物质利益驱动，以及为自己的物质利益被市场中同类经济行为主体所排挤的担心。

自我认知——换跑鞋的故事

【案例】

《生命的林子》这篇文章讲的是一代名僧——玄奘的故事，他刚剃度时，在香火鼎盛的名寺——法门寺修行。他觉得自己虽青灯黄卷苦苦习经多年，却不如寺中的一些僧人，这时有人劝他到山野小寺阅读经书，归来后便能出人头地，他认为有道理，便决定离开。当他向方丈辞行时，方丈带他到山上观看了树林，说：“这些树木就像芸芸众生啊，它们长在一起，就是一个群体，为了每一缕阳光，为了每一滴雨露，它们都在奋力地向上生长，于是它们都成了栋梁；而那些远离群体的零零星星的三两棵松树，在灌木丛中鹤立鸡群，不愁没有阳光、雨露，没有树和它们竞争，所以，它们就成了薪柴。”

于是玄奘立即醒悟过来，安心在法门寺修行，终于成为一代名僧。

分析：

方丈的话说明了一个什么道理？

二、竞争意识

1. 竞争意识的含义

它能使人精神振奋，努力进取，促进事业的发展，它是现代社会中个人、团体乃至国家发展过程中不可缺少的心态。有竞争的社会，才会有活力，世界才会发展得更快；有竞争意识的人，才会奋发图强，实现自己的理想。在有竞争的群体里，会出更多的成绩，有更高的水平。竞争是不甘平庸，追求卓越；竞争，使个人完善，使群体上进，使社会发展。

2. 职场需要竞争意识

现在的职场竞争愈来愈激烈，随时都有被淘汰的可能。所以，我们在工作中需要不断地学习，不断地吸取工作中的教训，不断增加自己的新技能，这样才能在竞争激烈的职场中扎根站稳。不要因为找到一个轻松的工作就想着过安逸的生活，必须时刻保持一种竞争的理念和竞争的态势，以适应职场的变化。

如今竞争激烈的职场生存环境中，找一份比较合适的工作都很困难，找一份自己喜爱的工作更是难上加难。我们所能做的就是“干一行，爱一行”，要珍惜拥有的工作。无论学历有多高，经验多丰富，都不能眼高手低。如果想在一个行业中深入发展下去，就必须不断学习，不断积累。否则，在别人大踏步前进时，停滞不前的人迟早会被淘汰。

在职场生活中，很多人的职场生涯都会出现所谓的“停滞”期：总是在做着以前做过的事情，重复多于创新，或者很难再在公司有更大的作为。处于“停滞期”的人，很容易产生厌烦情绪，消极怠工，失去工作热情，导致工作效率急剧下降。如果长期处于这种状态，不用老板开除，自己都会辞掉工作。之所以会出现这种情况，就是缺乏竞争意识，没有竞争的心态。

在职场中要摆正自己的心态，要把职业过程变成一个永无止境的学习和提高的过程。

自我认知——竞争意识

【案例】

阿丽是一家电脑公司的行政助理，她争强好胜，容不得别人比自己强，总想在各个方面都占上风。可偏偏她的女同事、总经理秘书小婷，无论在年龄、相貌、工作能力上都和她不分伯仲，公司员工们也时不时拿她俩相提并论，比较一番。这令阿丽很不高兴，也产生了不小的压力。就连平时在穿着打扮上，阿丽也要和小婷较劲。如果小婷今天穿了一套新服装来上班，阿丽明天必然换另一种名牌来压她。有一天，公司总经理决定在她们两人当中挑选一人，担任某分公司的负责人。她们的竞争马上升级了，用明争暗斗来形容一点儿也不过分。

这天，总经理让小婷整理一份材料，并再三说明次日上午就要用。小婷找到阿丽，说：“阿丽，我需要一份行政方面的材料，你在公司负责这一方面，你务必在明天上午将这份材料做好并交给我，我等着急用。”阿丽一听就气不打一处来，一边收集资料，一边暗中发狠：“就因为是总经理秘书就对我指手画脚，然后拿着我的劳动果实去向总经理邀功请赏！哼，我才没那么傻呢，谁不想升职，我非让你明天丢脸不可。”

于是阿丽开始想明天拖延的理由。第二天上班，十点多时，估计小婷快要需要材料了，阿丽便打电话告知小婷：“由于下边几个部门的统计资料迟迟交不上来，耽搁了时间，所以，材料现在还没做好。”接下来，小婷因交不上报告，总经理大发雷霆，说考虑一下是不是要请她另谋高就，小婷吓得脸都白了。一周以后，总经理经过调查后得知是阿丽背后作祟，便马上要她辞职。

阿丽后悔莫及。

分析：

(1)阿丽与小婷之间发生了什么？结果是什么？

(2)不当竞争的危害是什么？

三、树立正确竞争意识

作为一名员工，在职场上要想树立正确的竞争意识，做出合理的竞争行为，应该注意以下几点：

1. 勇于竞争

毋庸置疑，竞争需要勇气。对于有些刚走出校门或家门，未经历社会风雨的年轻人来说，躲避竞争已成为一种本能的反应。但作为职场一员，我们应该勇于竞争，不怕失败，不怕被人耻笑，坦坦荡荡将自己的聪明才智发挥出来。当然，正如《真心英雄》中所唱，"没有人能随随便便成功"，竞争难免会带来失败和挫折，但我们不能因此而放弃竞争。

2. 切记群体利益

从本质来说，竞争是残酷的，优胜劣汰，没有怜悯，没有同情。但是我们也应该意识到，任何事都不能过头，职场竞争并不意味着"你死我活""有你没我"，更不应该是"两败俱伤""同归于尽"的结局。正确的职场竞争心态是既要努力争取自己的利益，同时也不忘群体的利益；既要使自己"生活"得好一点，又不能让别人"活"不下去，总之就是在两者之间达到一个平衡点。

3. 尽量避免正面"交锋"

在每个公司里，都或多或少存在一些"个性"员工，作为一名理智的人，就要尽量避免与其发生正面对抗。当我们面对对手咄咄逼人的架势却能保持冷静时，我们就修炼出了遇事不乱的风度和以柔克刚的处世艺术。我们不仅要做到面对对手带有挑衅色彩的言行保持冷静，而且要检讨自己说的话、做的事是否恰当。

4. 力戒妒忌

妒忌和竞争是孪生姊妹，有竞争的地方就有妒忌的存在。尤其是职场，同事之间的竞争不可避免且日趋激化，这就更有可能导致妒忌的产生。比如你升职，我原地踏步；你受人尊重，我被人小瞧，等等，这些都是引发妒忌的导火索。职场上，有些员工想方设法压倒实力比自己强的人，不让对手超过自己。这些妒忌者中的许多人并不是缺乏聪明才智，但是，他们的聪明才智被妒忌控制，因而聪明才智也就失去了应有的价值。当一个人的心灵被妒忌占据，便会丧失理智，最终会导致悲惨的结局。

5. 将心比心，想想对手

作为一名职场员工，我们要想争先创优，步入好员工的行列，在竞争中站在对手的立场将心比心想一想是很重要的一点，这样我们就能够理解、包容自己的对手。而理解包容了自己的竞争对手后，在面对竞争对手时，我们就可以微笑着迎接挑战。

总之，在职场中处理好竞争与合作的关系至关重要，认识不到竞争与合作的本质利害，做出不当的竞争行为，就会伤害别人毁灭自己的前程，争先创优更是无源之水，无本之木。只有认识到在职场中竞争与合作并行不悖，我们才能在职场上"潇洒走一回"。

自我认知——万能组合

【案例】

各种事物都是在竞争中生存的，植物也不例外。热带雨林中，特有的"绞杀现象"，就反映了热带雨林中竞争的激烈程度。热带雨林中的绞杀者为一些称为榕树的植物，如歪叶榕等。这些榕树的果子被鸟取食后，种子不消化，随粪便排泄在其他乔木上，在适宜的条件下便发芽，长出许多气根来。长出的气根沿着寄生的树干爬到地面，插入土壤中，拼命抢夺植物的养分和水分。同时这些气根不断增粗和分歧，形成一个网状系统紧紧地把树的主干缠绕住。随着时间的推移，绞杀植物的气根越长越多，越长越茂盛，而被绞杀的寄主植物终因外部绞杀的压迫和内部养分的贫乏而逐渐枯死，最后绞杀者取而代之，成为一株独立的大树。

分析：

(1)由热带雨林中的"绞杀现象"你想到了什么？

(2)列举你所知道的关于竞争的案例。

四、培养竞争意识

竞争意识就是承认现实社会客观上处在竞争之中，要求人们任何时候都要有紧迫感，不能安于现状。美国富兰克林人寿保险公司前总经理贝克曾经这样告诫他的员工："我劝你们要永不满足，这个不满足的含义是指上进心的不满足。这个不满足在世界的历史中已经导致了很多真正的进步和改革。我希望你们绝不要满足。我希望你们永远迫切地感到不仅需要改进和提高自己，而且需要改进和提高你们周围的世界。"这样的告诫对于我们每个职场人士来说，都是必需的、中肯的。

1. 竞争无时不在、无处不有

竞争是时代发展的永恒主题，当我们选择了发展，也就选择了竞争。所以，培养和提升竞争意识，是大学生自身发展和社会发展的需要。

在未来的工作中，每天都会有思维活跃、能力超强的新人或者经验丰富的业内资深人士不断涌现你所在的职场，你其实每天都在与很多人竞争。因此，时刻拥有进取心，追求更高的目标，不断提升自己的价值和竞争优势，才能不被日益进步的社会和不断更新的工作所淘汰。诺贝尔文学奖获得者拉迪亚德·吉卜林说："弱肉强食如同天空一样古老而真实，信奉这个原理的狼就能生存，违背这个原理的狼就会死亡。这一原理就像缠绕在树上的蔓草那样环环相扣。"

2. 竞争可以提高人的进取心和责任感，激发人的创造性和潜能

人生如逆水行舟，不进则退。不求上进，你必然要被别人所替代。在这个竞争异常激烈的时代，如果没有危机意识，又缺乏竞争意识，是很难逃脱被淘汰的命运的。现实社会没有"世外桃源"，人人都会在不同时期置身于不同的竞争中，不在竞争中胜出，就会在竞争中落后。

竞争是一种无形的动力，推动着参与竞争的人们不断进步。即使你现在已经取得了不错的成绩，也不能自我满足。只有不断超越，才能精益求精、不断进步。一个人如果从来不为更高的目标做准备，那么他永远都不能超越自己，也必将被淹没在竞争的大潮中。福特说："一个人若自以为有很多的成就而止步不前的话，那么他的失败就在眼前。"

竞争是市场经济发展的重要特征之一。市场经济是法治经济、契约经济,也是竞争经济。竞争是市场经济赖以生存和发展的永恒动力。美国管理大师唐纳·肯杜尔说:“自从做生意以来,我一直感谢生意上的竞争对手。这些人有的比我强,有的比我差;不论他们行与不行,都使我跑得更累,但也跑得更快。事实上,脚踏实地的竞争,足以保障一个企业的生存。由于竞争,我们的工厂更具现代化,员工受到更多的训练,生产规模随之扩大。”

自我认知——刘国梁和孔令辉

【案例】

美国施乐公司曾经是世界知名的大企业之一,该公司的辉煌源于20世纪最伟大的发明——静电复印技术。凭借这项伟大的发明,施乐公司从1962年起就跻身全球500强企业的行列,成为世界复印机行业的龙头老大。但是,就是这样一家实力雄厚的龙头企业,最后却被竞争对手无情地击败了。施乐公司在复印机市场上凭借静电复印技术久居龙头老大的地位,慢慢地迷失了自己,失去了方向,新产品的研发日趋缓慢,最终被其他企业超越。当计算机开始普及时,传统的复印机已经不能适应互联网时代的新型办公要求,然而此时的施乐公司还沉浸在自己已经逐渐逝去的辉煌中,一门心思地生产传统复印机。就在这个时候,日本佳能公司则不断努力开发出迎合市场需求、颇受现代新型企业欢迎的中小型数码复印机。数字化时代的提前到来,使还没做出反应的美国施乐公司遭遇了生存危机。2000年,施乐牌复印机在美国市场已经失去了1/3的份额,而佳能公司则坐上了美国复印机市场的头把交椅。2000年年底,施乐公司以5.5亿美元的价格将施乐中国公司卖给了日本富士公司。在施乐公司走向衰落之时,公司CEO说的一段话耐人寻味,他说:“施乐公司不是输给了日本企业。而是输给了自己。我们在辉煌中沉浸了太久,迷失了自己,不研发新产品,不看市场的变化发展,最后我们完败给日本企业。”

从美国施乐公司的故事中可以看出,职场竞争从来都是激烈无比的。危机意识的丢失对于企业来说无疑是一种致命的危险。同样,对于职场上的每一个人来说,没有危机意识和竞争意识,也会让自己迷失努力的方向,从而被别人轻松超越,直至被淘汰。

分析:

(1)企业缺少危机意识会导致什么后果?

(2)职场竞争从来都是激烈无比的,缺少竞争意识会如何?

五、努力提高竞争力

职场竞争乃至人生竞争,都要与NBA遵循同样的法则——要么卓越,要么出局。追求卓越,做到最好——最好的思想、最好的员工、最好的产品、最好的服务,才能打败竞争对手。管理大师易斯·B·蓝博格的哲学是:“不要退而求其次。安于平庸是最大的敌人,唯一的办法是追求卓越。”大学生只有不断超越自我,提高自己的实力,才能在职场中立于不败之地。

(一)培养危机意识

当今社会的就业形势是“能者上,平者让,庸者下”,竞聘上岗,优胜劣汰,在职人员稍有懈怠,随时都有失业的可能。职场人员如果缺乏这种忧患意识和危机感,不好好珍惜所拥有的一切,对工作敷衍了事、安于现状、不思进取,那么不但不可能加薪升职或有更好的发展和机会,而且连工作都可能无法保住。正所谓“今天工作不努力,明天努力找工作”,这个道理对于企业同样适用。

在日益激烈的竞争时代,社会的竞争就是人才的竞争,人才的竞争最终取决于人才的职业素养的竞争,而健康的职业意识则是职业素养的核心部分,因为它可以统领职业生涯,对职业生涯起到调节和整合的作用。事实证明,职场中职业意识强的人在职场活动中会表现出较强的主观能动性,有助于职业兴趣的产生和职业抉择,有助于成功择业和提高职业满意度,有助于职业生涯的顺利发展;相反,缺少健康、积极的职业意识的人常常会表现出好高骛远、拈轻怕重、见利忘义、自私自利、推卸责任、不思进取等不利于职场发展甚至将影响整个人生发展的弱点。

(二)提高职业素养

个人的竞争能力不是单纯的争强好胜,它既要求个人有旺盛的竞争意识,更要有良好的职业素养。激烈的就业竞争主要是职业素养的竞争。因此,大学生在校期间就要确定职业目标,学好专业理论知识和技能,强化职业能力等显性职业素养。此外还要重视职业道德、职业意识、心理素质、沟通能力和团队精神等隐性职业素养的提升。因为在职场中,与显性职业素养相比,隐性职业素养能够在更广阔的行业领域,更加有效和持久地发挥作用。

(三)做到知己知彼

为了增强自己的竞争力,提高竞争取胜的把握,就必须做到知己知彼,既要了解自己的优势和劣势,又要了解对手和环境条件(时间、地点、政策、人际关系等)。

所以,在就业竞争中,每个人都应该根据个人的优势、劣势和用人单位的招聘要求去实现人职匹配,以求成功择业;在职场人员发展的竞争中,能否做到知己知彼,关系到工作绩效的高低和个人发展前景的好坏。在知己知彼基础上制定的职业生涯规划和职业发展目标,由于符合主客观情况而切实可行,具有较高的成功率。在与同行的竞争中,如果真正了解彼此的长处和短处,就会扬长避短、取长补短,从而保证自己在竞争中处于优势地位,提高成功的机会。

(四)正确处理竞争与合作的关系

随着社会分工越来越细,科学知识也在纵向深入发展,一个人已经不太可能成为百科全书式的人物,每个人都要借助他人的智慧来完成自己人生的超越。因此,团队合作就成了一种无法替代的现代工作方式与职业需求。于是,这个世界既充满了竞争与挑战,也充满了团结与合作。据统计,诺贝尔奖项中,因合作获奖的占三分之二以上。在诺贝尔奖设立的前25年,合作获奖的占41%,而现在则高达80%。

可见,竞争与合作是相伴而行的。竞争离不开合作,竞争获得的胜利,通常是某一群体内部或多个群体之间通力合作的结果;合作也离不开竞争,竞争促进合作的广度和深度,合作又反过来增强竞争的实力。正是这种竞争中的合作和合作中的竞争,推动着人类社会不断发展和进步。因此,即将步入职场的人一定要协调好竞争与合作的关系,既要有竞争意识,还要有团队合作精神。

自我认知——管仲

拓展延伸

通过学习,你如何理解竞争意识?如何培养竞争意识?如何提高竞争力?

第四章 职业道德

道德是人类社会特有的，由社会经济关系决定的，依靠内心信念和社会舆论、风俗习惯等方式来调整人与人、个人与社会之间的特殊行为规范。

道德作为一种社会范畴，属于上层建筑领域，包含意识形态等方面的内容，是一种特殊的社会现象。它包含三层基本含义：首先，一个社会的道德性质、内容，是由社会生产方式、经济关系（即物质关系）决定的。有什么样的生产方式、经济关系，就有什么样的道德体系。其次，道德是以善恶、好坏、偏私公正等范畴作为标准来调整人们之间的行为。再次，道德是依靠社会舆论和人们的信念、传统、习惯和教育的力量进行调节的。根据道德的表现形式，道德通常被划分为三个大的领域，即家庭道德、社会公德和职业道德。

第一节 认知职业道德

学习目标

(1)了解职业道德的产生与发展,树立爱岗敬业精神。

(2)掌握职业道德的含义与基本要素。

知识学习

【案例】

约翰逊是纽约某大报的记者。大学毕业后,他曾经当了两年兵,退伍后顺利地到一家大报社当了财经记者,他的采访工作总是进行得非常顺利。顺便提一下,由于约翰逊长得很帅,又是大报的记者,所以受到许多美女的青睐。

就在一切都很顺利的时候,约翰逊与公司主管发生了冲突,心里觉得很委屈。这时候,有一家小型报社想高薪聘请他,而且愿意让他主跑外地新闻线。

约翰逊心想:我在新闻媒体圈才工作了1年,就已经小有名气了,现在有人出高出原来50%的薪水挖我,又让我跑自己喜欢的新闻线,我为什么要留在这里生闷气呢?于是,约翰逊跳槽了。

约翰逊到这家小报社上班后采访的第一天,怪事便发生了。原本可以立即顺利邀约采访的明星和大老板都推说有事,要另外安排时间;而原本安排给自己出书的出版社,也突然推托说由于经济不景气,出版计划要暂停。

刹那间,全世界都好像在跟约翰逊作对,变得不认识约翰逊这个人了。当然,约翰逊由于业绩不如预期,也时常遭受新老板的冷眼相对。其实,约翰逊不知道自己原来就像一只"狐假虎威"的狐狸,不知道以前别人对他表现出的尊重与喜爱,是因为他背后有大报社的招牌力量,而不是因为他本身的专业与人际关系的积累。

要想成为一个优秀的最可爱的员工,首先要成为一个具有良好职业道德的人,现在的任何一家大型企业在强调员工素质的时候,都是把员工的职业道德放在首位,因为没有了基本的职业道德,其他的任何成就也就无从谈起了。

人是群居动物,人的兴衰成败只能来自于他所处的人群及所在的社会。如果没有一定的交际能力,免不了处处碰壁。

在美国,曾有人做过这样一个问卷调查:"请查阅贵公司最近解雇的三名员工的资料,然后回答解雇的理由是什么。"结果是无论什么地区、什么行业,三分之二的雇主的答复都是:"他们是因为不会与别人相处而被解雇的。"

可见,有时决定一个人身份和地位的并不是他的才能和价值,而是他身上所担负的职业道德。一个人要想取得成就,就必须加强自己的道德修养,因为企业员工道德品质的好坏

直接影响到企业的整体素质,一个员工有能力,但道德品质不好,迟早会给企业带来极大的损害。

只要你能时刻将职业道德视作一种天赐的使命,时刻在工作中尽心尽责,你就能在工作中忘记辛劳、得到欢愉,就能找到一条通向成功之路的秘诀。

分析:

(1)你如何看待案例中所反映出的问题?

(2)当你遇到上述情况发生时你会怎么做?

一、职业道德

(一)职业道德的产生与发展

职业道德是随着社会分工的发展,并出现相对固定的职业集团时产生的。人们的职业生活实践是职业道德产生的基础。在原始社会末期,由于生产和交换的发展,出现了农业、手工业、畜牧业等职业分工,职业道德开始萌芽。进入阶级社会以后,又出现了商业、政治、军事、教育、医疗等职业。在一定社会的经济关系基础上,这些特定的职业不但要求人们具备特定的知识和技能,而且要求人们具备特定的道德观念、情感和品质。各种职业集团,为了维护职业利益和信誉,适应社会的需要,从而在职业实践中,根据一般社会道德的基本要求,逐渐形成了职业道德规范。公元前5世纪古希腊的《希波克拉底誓言》,是西方最早的医界职业道德文献。一定社会的职业道德是受该社会的分工状况和经济制度所决定和制约的。商品经济的发展,促进了社会分工的扩大,职业和行业也日益增多、复杂。各种职业集团,为了增强竞争能力,增值利润,纷纷提倡职业道德,以提高职业信誉。在许多国家和地区,还成立了职业协会,制定协会章程,规定职业宗旨和职业道德规范,从而促进了职业道德的普及和发展。随着社会的不断发展,不但先前已有的将德、官德、医德、师德等进一步丰富和完善,而且出现了许多以往社会中所没有的道德,如企业道德、商业道德、律师道德、科学道德、编辑道德、作家道德、画家道德、体育道德,等等。

社会主义职业道德是适应社会主义物质文明和精神文明建设的需要,是各行各业的劳动者在职业活动中必须共同遵守的基本行为准则。它继承了历史上优秀的职业道德传统,是判断人们职业行为优劣的具体标准,也是社会主义道德在职业生活中的反映。现在国家的各行各业所制定的职业公约,如:一些商业和服务行业所制定的“服务公约”、人民解放军的“军人誓词”、科技工作者的“科学道德规范”以及工厂企业的“职工条例”等等,这些都是社会主义职业道德规范的内容。其中,为人民服务是社会主义职业道德的核心,而爱岗敬业是社会主义职业道德最基本的要求。因此,每一个职场人都要树立为人民服务、热爱本职工作、奉献社会的高度责任感和使命感。

(二)职业道德的含义

职业道德的基本含义包括以下八个方面:①职业道德是一种职业规范,受社会普遍的认可。②职业道德是长期以来自然形成的。③职业道德没有确定形式,通常体现为观念、习惯、信念等。④职业道德依靠文化、内心信念和习惯,通过员工的自律实现。⑤职业道德大多没有实质的约束力和强制力。⑥职业道德的主要内容是对员工义务的要求。⑦职业道德标准多元化,代表了不同企业可能具有不同的价值观。⑧职业道德承载着企业文化和凝聚力,影响深远。

(三)职业道德的特性

(1)职业性。职业道德的内容与职业实践活动紧密相连,反映着特定职业活动对从业人员行为的道德要求。每一种职业道德都只能规范本行业从业人员的职业行为,在特定的职业范围内发挥作用。

(2)实践性。职业行为过程,就是职业实践过程,只有在实践过程中,才能体现出职业道德的水准。职业道德的作用是调整职业关系,对从业人员职业活动的具体行为进行规范,解决现实生活中的具体道德冲突。

(3)继承性。在长期实践过程中形成的,会被作为经验和传统继承下来。即使在不同的社会经济发展阶段,同样一种职业因服务对象、服务手段、职业利益、职业责任和义务相对稳定,职业行为的道德要求的核心内容将被继承和发扬,从而形成了被不同社会发展阶段普遍认同的职业道德规范。

(4)多样性。不同的行业和不同的职业,有不同的职业道德标准。

(四)职业道德的社会作用

职业道德是社会道德体系的重要组成部分,它一方面具有社会道德的一般作用,另一方面又具有自身的特殊作用。具体表现在:

1. 调节职业交往中从业人员内部以及从业人员与服务对象间的关系

职业道德的基本职能是调节职能。它一方面可以调节从业人员内部的关系,即运用职业道德规范约束职业内部人员的行为,促进职业内部人员的团结与合作。如职业道德规范要求各行各业的从业人员,都要团结、互助、爱岗、敬业、齐心协力地为发展本行业、本职业服务。另一方面,职业道德又可以调节从业人员和服务对象之间的关系。如职业道德规定了制造产品的工人要如何对用户负责;营销人员如何对顾客负责;医生如何对病人负责;教师如何对学生负责等。

2. 有助于维护和提高本行业的信誉

一个行业、一个企业的信誉,也就是它们的形象、信用和声誉,是指企业及其产品与服务在社会公众中的信任程度,提高企业的信誉主要靠产品的质量和服务质量,而从业人员职业道德水平高是产品质量和服务质量的有效保证。

3. 促进本行业的发展

行业、企业的发展有赖于高的经济效益,而高的经济效益源于高的员工素质。员工素质主要包含知识、能力、责任心三个方面,其中责任心是最重要的。而职业道德水平高的从业人员有责任心是必要的,因此,职业道德能促进本行业的发展。

4. 有助于提高全社会的道德水平

职业道德是整个社会道德的主要内容。职业道德一方面涉及每个从业者如何对待职业,如何对待工作,同时也是一个从业人员的生活态度、价值观念的表现;是一个人的道德意识,道德行为发展的成熟阶段,具有较强的稳定性和连续性。另一方面,职业道德也是一个职业集体,甚至一个行业全体人员的行为表现,如果每个行业,每个职业集体都具备优良的道德,对整个社会道德水平的提高会发挥重要作用。

职业道德是职业者的底线,决不可逾越。然而,在我们的工作中,总是有着各式各样的诱惑,抵制这些诱惑,就需要利用职业道德来支撑自身的行为。一个优秀的员工永远不会被利益所诱惑而做出违背自己品德的行为,他懂得用职业道德来约束自己,用高尚人格来要求自己,努力使自己的道德与行为保持一致。即使利益之手叩击他的灵魂之门,他也毫不动摇,因为,在他的心里有一把锁,这把锁是他的道德屏障,将自己与那些违背德行的东西有效地隔离开来。

二、电梯专业人员的职业道德

电梯是否经常处于良好的运行状态,是否能更好地为乘客服务,除了产品质量外,还与电梯的安装质量、正常的维修保养和操作有关,与操作人员、安装人员、维护人员的技术素质、文化素质以及他们的职业道德有关。

(一)电梯操作人员的职业道德

(1)热爱祖国,为国争光。每个电梯操作人员,除了为普通老百姓服务外,还要为来自世界各地的外宾服务,因此,电梯操作人员的工作态度和个人素质也关系到祖国的尊严和荣誉,所以必须树立热爱本职工作,为祖国争光的思想。

(2)要文明礼貌。文明是社会进步的标志。礼貌是对他人的关怀和尊敬,是保持人们正常关系的重要准则。不讲文明礼貌就会伤害人与人之间的正常关系。

文明礼貌是一个人思想品质好坏的表现。因此,我们在工作中首先要做到文明用语,热情服务,礼貌待人。

(3)要行为美。所谓行为美,是指一个人的作风、做派、举止要美。做到行为美,首先要尊重自己的人格,同时也要尊重别人的人格。工作中应该做到既热情又稳重,不虚伪,使人感到自然大方,可亲可近,这是搞好服务工作的前提。搞好本职工作,不做与本职工作无关的、有损本人和企业形象的事。

(4)遵守劳动纪律和规章制度,认真执行服务标准。

(5)努力学习科学文化知识,提高自身素质。

(6)熟练掌握电梯专业技能,提高专业知识水平。

(二)电梯安装维修人员的职业道德

(1)认真、热情,按期按质完成任务。不无故拖延工期,按电梯的相关标准安装、维修电梯。

(2)认真遵守施工现场或用户单位的规章制度,说话和气,礼貌待人。施工不扰民,衣着整齐,做到仪表仪容美。

(3)不无故损坏施工现场或单位的设备器材。借用器具要征得产权单位同意,损坏给予赔偿。

(4)作业现场要整洁。零部件、材料、工具码放整齐,并保持现场清洁卫生。

(5)爱护公物。施工用器材、工具,不无故损坏、丢失。

(6)急用户所急,想用户所想,不刁难用户,不向用户提出不正当的要求,更不能索取钱物。

(7)保证施工安全。作业人员之间要相互关心爱护、相互关照。施工中要精神集中,不说笑打闹,严禁饮酒。现场不准吸烟,更不准乱扔烟头。

(8)服从领导,听从指挥,遵守劳动纪律。要听从现场领导的统一指挥,不得自作主张自行作业，更不得擅离工作岗位或做与电梯作业无关的事。

三、电梯从业人员对待不同对象时应具备的基本服务标准

（一）对待工作

（1）不利用工作之便贪污受贿或谋取私利。

（2）不索要小费，不暗示、不接受客人赠送物品。

（3）自觉抵制各种精神污染。

（4）不议论客人和同事的私事。

（5）不带个人情绪上班。

（二）对待集体

（1）组织纪律观念，时刻记在心间。

（2）团结协作，友爱互助，爱护公共财产，做一名主人翁。

（三）对待客人

（1）全心全意为客人服务。

（2）没有错的客人，只有不对的服务。

（3）来的都是上帝。

（4）客人的投诉是对我们最好的鞭策。

自我认知——维修电工应该有的素质

拓展延伸

通过本节的学习，你认为电梯作业人员需要遵守哪些职业道德？

第二节 忠于职守，乐于奉献

学习目标

（1）忠于职守的含义与要求。

（2）乐于奉献的突出特征。

（3）根植爱国情怀。

【案例】

李道波："持之以恒，不断进步"是我的工作态度

李道波是一位机械设计制造专业的大学生，2006 年毕业于贵州大学，2010 年进入贵州某电梯公司工作，先后在公司从事电梯维护保养，电梯调试和技术支持工作。现从事电调调试检验工作和承接外梯维护保养技术支持工作。

2020 年 8 月，李道波作为公司代表前往参加了在上海举办的"2020 一带一路暨金砖国家技能发展与技术创新大赛之电梯工程技术国际大赛"，经过三天激烈角逐，李道波以总分第一的成绩成功获得此次比赛第一名，为某电梯公司再次增光添彩。拿到好成绩的李道波并未沉浸其中，而是回顾了这次的比赛，找出了自己存在的短板，同时对自己已掌握的理论知识进行了系统补充。也正是这种善于反思、善于总结的品格，一路引领着李道波的成长。

他说：此次荣誉的获得，是对他工作能力的肯定，也证明了他之前钻研的方向是正确的。今后，自己会更加立足于工作，不断提升自己，争取为公司发展做出更多的贡献。

2010 年，刚来到公司的李道波，还只是一个对电梯安装维保不甚了解的初学者，在他的眼里，电梯是个危险、复杂，极具挑战又及其神秘的东西，他既畏惧，又向往。但随着工作时间的累积、他对电梯越来越了解，对电梯安装维保这个职业对社会发展起到的重要作用也越来越了解，他内心的畏惧逐渐消失了，而电梯的复杂工艺却让他越来越痴迷，常常在电梯井道里一待就是一天。

一台电梯的质量，关乎的是成千上万人的安全，所以李道波对工作的任何一个环节都不敢掉以轻心，每完成一道工序，他都反复检查检验，他说："电梯的安装、维保、调试检验工作不应该只追求合格，而是要追求极致。让大家能够用上安全舒适的电梯，就是我的工作意义"。

追求极致，是李道波的工作指南，同时也是他十年来始终对电梯技术工作保持热情的秘诀。而"追求极致"的终极目标就是要"服务好用户"，所以李道波在坚持钻研技术的同时，也积极学习电梯的相关法律法规和标准规定，他对自己所负责的每一台电梯都"高标准、严要求"，他认为，使电梯的各项数据符合国家的相关标准是我们的工作底线，而让广大用户有一个安全、舒适的乘梯感受则是检验我们技术又一标准。

如今的李道波已经从一名普通岗位工人成长为一名优秀的知识型电梯技能人才，而他对"极致"的追求却始终如一，一方面，他已经不再满足于对电梯结构的了如指掌，开始致力于电梯技术的小改小革，以提高电梯的综合性能；另一方面，他开始总结自己的工作经验，向公司的新职工传播自己的工作成果和理念，希望把"极致"精神继续传递下去。

万事开头难，只要肯攀登。李道波凭借自己过人的吃苦精神和钻研精神，从一个电梯初学者成长成为了一个电梯工匠，不管是就实操技术，还是理论知识都成为了别人的遥不可及，而这些都是他在日复一日的工作中累积出的劳动成果。事实证明，态度决定成败，你用认真的态度对待工作，生活就会以同样丰厚的成果回报你。

尊职敬业，是从业人员应该具备的一种崇高精神，是做到求真务实、优质服务、勤奋奉献的前提和基础。从业人员，首先要安心工作、热爱工作、献身所从事的行业，把自己远大的理想和追求落到工作实处，在平凡的工作岗位上做出非凡的贡献。从业人员有了尊职敬业的精神，就能在实际工作中积极进取，忘我工作，把好工作质量关。对工作认真负责和核实，把工作中所得出的成果，作为自己的天职和莫大的荣幸，同时认真分析工作的不足。

敬业奉献是从业人员的职业道德的内在要求。随着市场经济的发展，对从业人员的职业观念、态度、技能、纪律和作风都提出了新的更高的要求。为此，我们要求广大从业人员要有高度的责任感和使命感，热爱工作，献身事业，树立崇高的职业荣誉感。加强个人道德修养，处理好国家、集体、个人三者的关系，树立正确的世界观、人生观和价值观；把继承中华民族传统道德与弘扬时代精神结合起来，坚持解放思想、实事求是，与时俱进、勇于创新，淡泊名利、无私奉献。

在建设中国特色社会主义伟大事业过程中，每一个专业技术人员都有特定的岗位和职责，这些岗位和职责都是建设我们伟大事业不可或缺的组成部分。每一个专业技术人员都只能在一定的岗位职责上体现自己的价值，并以此得到群众的认可。热爱自己的岗位，忠于自己的职责，热爱自己的职业，不但是每一个专业技术人员自尊、自爱、自强的表现，而且是对远大的理想执着追求的体现。因此，对待职业的态度，完成本职工作的效果，就成为公务道德的根本内容，也是公务道德的评价标准。专业技术人员公务道德的首要原则，就是忠于职守，乐于奉献，全心全意为人民服务。

一、忠于职守

忠于职守指的是尊重和忠实于自己的职业和岗位职责，广大专业技术人员在自己的岗位上尽职尽责，坚守岗位，兢兢业业地做好本职工作。要敢于坚持原则，勇于挑起重担，不可玩忽职守和邀功诿过，并且能够主动承担由于工作行为所产生的一切后果，及时检讨自己在工作中的失误和过错，以弥补和消除自己的浅见和过失给工作带来的消极影响。现代社会生活纷繁复杂，劳动分工日益细致，这就对专业技术人员的素质提出了更高层次的要求。面对新的挑战和考验，各级专业技术人员更要有强烈的事业心和工作责任心，真正深入理解自己的责任，全身心地投入到工作之中，努力胜任本职工作。

一份职业，一个工作岗位，都是一个人赖以生存和发展的基础保障。忠于职守是对人们工作态度的一种普遍的要求，在任何部门、任何岗位工作的公民，无论是当地的工人还是外来的农民工，都应爱岗、敬业、忠于职守，从这个意义上说，忠于职守是社会公德中一个最普遍、最重要的要求。热爱自己的本职工作，能够为做好本职工作尽心尽力，用一种恭敬严肃的态度对待自己的职业，即对自己的工作要专心、认真、负责任。

提倡忠于职守，并不是要求人们终身只能干一行，爱一行，也不排斥人的全面发展。它要求工作者通过本职活动，在一定程度上和范围内做到全面发展，不断增长知识、增长才干，努力成为多面手。我们不能把忠于职守片面地理解为绝对地、终身地只能从事某个职业，而是选定一行就应该爱一行。只有干一行，爱一行，才能认认真真地钻一行，才能专心致志地搞好工作，出成绩，出效益。随着市场经济的完善和人才的相对饱和，用人单位会倾向于选择那些踏踏实实工作，有良好工作态度的人。所以，干一行，爱一行对我们个体劳动者来说具有十分重要的意义。

(一)对忠于职守的认识

忠于职守要贯穿工作的每一天,无论在什么岗位,只要在岗一天,就应当认真负责地工作一天。岗位、职业可能有多次变动,但我们对工作的态度始终都应是勤勤恳恳、尽职尽责。基于此,我们就应该对忠于职守这几个字有以下几个方面的认识:

(1)忠于职守是职业道德中的美德。美国之父本杰明·富兰克林说过:"如果说,生命力使人们前途光明,团体使人们宽容,脚踏实地使人们现实,那么深厚的忠诚感就会使人生正直而有意义。"忠诚意味着对现存制度的某种尊重。如果一个人不对他赖以生存、给他以更多益处的体制心怀忠诚,那么他就不配担当民族公民之名。

(2)忠于职守是成长力量的源泉。伟大诗人雪莱说过:"在任何生命中,忠诚都是贯穿于其中的主线,甚至在一个文明中也是如此。最主要的是,它给予一个生命或一种文化以意义和情味。"国家或信仰的力量在于,它在人民心底唤起的真正忠诚感。忠诚是维护社会进步的主层力量。当然,忠诚容许必要的改革,但必须是在一定的范围之内。因为社会的发展总是按自然法则循序渐进,一种制度,一种文明的进步总是稳中求进,大部分人以忠诚感维护社会的稳定和秩序,接受缓慢的变化;另一部分人以牺牲感无畏前进,指引文明发展的方向。忠诚也是个人成长的力量,是一种稳中求进的方式。忠诚给予个人学习和生存的平台,让个人接受社会文明的净化,培养稳固的资源。

(3)忠于职守意味着敬业。《把信送给加西亚》中指出:"如果你为一个人工作,那就以上帝的名义去为他工作;如果你为一个人工作,你就为他工作,不能对他三心二意,不能阳奉阴违。你不是全心全意,那就干脆不干。或者去做,或者不做,二者必居其一;要么全身退出,要么全心加入。你只能做出一种选择。"

(二)忠于职守是履行岗位职责的最高表现形式

忠于职守是对每个从业人员提出的认真履行职业责任、遵守职业规律的基本要求。忠于职守也是一种职业态度,它要求每一个从业者勤勤恳恳地工作,对工作一丝不苟,不得有失职行为,并持之以恒,尽职尽责。美国纽约 2001 年 9 月 11 日发生世贸大厦被恐怖主义者袭击事件,一名亲历"9·11"恐怖袭击事件幸存的人员,叙述了这样一件事情:"逃生时的一幕幕仍在眼前浮现,在两座大楼都燃烧起火后,大楼警卫迅速以人墙辟出一条通道,为我们打开生路,自己却葬身火海,这些警卫大多都是黑人和美籍拉美人。我平常最最讨厌他们,因为他们只会循规蹈矩,一点灵活性都没有,你刚从大门出去发现没带钥匙,转身回去,他就不让你进去了,非让你出示出入证不可。为这类事我多少次和他们吵架,后来进出大门时对他们视而不见,更别提礼貌性地问好了。现在我能抱怨他们什么呢?他们忠于职守,不少人为此献出生命。"《公民道德建设实施纲要》中要求吸收国外道德的优秀文明成果,这些忠于职守的美国保安人员正是我们学习的榜样。

(三)忠于职守在企业中的影响与作用

对于企业来说,忠诚能带来效益,增强凝聚力,提升竞争力,降低管理成本;对于员工来说,忠诚能带来安全感。因为忠诚,我们不必时刻紧绷神经,满腹狐疑;因为忠诚,我们对未来会更有信心。人们往往因为虚荣而难有平和的心态,一个人只有根除思想的杂念,洗涤心灵的污点,才会真正认识到自己遭受的苦难是对美德的考验,而非恶行的报应。这样,你的明智举动终究会得到回报,你将在企业获得成长。因为商业的基本规则是,只有投入才有回报,只有忠诚才有信任,只有主动才能创新,没有付出就没有收获。

许多员工认为,老板不在的时候正是可以放松的时候。每天紧绷着的神经似乎要断裂了,终于因为老板出去参加什么会议了,或是出国考察、谈判项目去了,自己可以趁机放松一下了。暂时的放松是可以理解的,也可以原谅,但是如果认为这是最好的偷懒机会,那绝对是一个错误。你有没有想过,老板在与不在,对于自己而言,对于自己的工作而已,其实是没有多大区别的。如果你认为工作只是给老板干的,拼命工作仅仅是为了拿一份属于自己的工资,那无论是朝九晚五还是三班倒,对你来说都无所谓。因为你没有更高的追求,仅仅是为了挣钱,为了养家糊口而已。可以断定,这样的员工永远也不会成为一名优秀的员工。在就业竞争如此激烈的今天,除非你身怀绝技,一般来说,还是需要认真对待自己的工作的。只有真正做出成绩来,才能获得老板的信任和重托,才能使你的工作稳定,饭碗有保障,进而争取多拿一点奖金或提一级工资。忠诚是一个人的高尚品格,也是一个员工的基本职业道德。一个员工对公司是否忠诚,在老板不在的时候最能体现出来。

忠诚也是做人之本。老板不在,你可以做很多事情:可以尽职尽责地完成自己的工作,也可以投机取巧;可以一如既往地维护公司的利益,也可以趁机谋取私利。但是你别忘了,老板可能一时间难以发现,并非意味着老板永远也不会发现。一个优秀的员工此时更应该时刻保持应有的忠诚,决不可因小失大,使自己作为一个优秀员工所具备的道德品质因为一时的疏忽而迷失。当老板评价你的时候说:“不错!忠于职守!”这应该是对一个员工的人格品质的最高褒奖和最大肯定,每一个员工都应以此为荣。

【案例】

电梯里的亮丽风景线

走进某肿瘤医院电梯,就可以看见电梯工身着统一的深红色长大衣,略施淡妆,彬彬有礼,面带微笑地为患者服务,每到一层,她们都会轻声提醒到了几楼、几病房。显示出培训后的职业素养。患者和家属看见这些着装整齐,训练有素的电梯工,纷纷夸赞她们是肿瘤医院一道靓丽的风景线。

电梯班班长王雪珍介绍说,电梯也是我院一个窗口,直接面对患者,为了展示某肿瘤医院员工们的风采,搞好电梯服务,他们先后到宾馆饭店和各大医院参观学习,全体电梯工利用倒休时间又到北京宣武医院新病房楼实地学习,学习规范的服务方式,通过学习找出了自己工作中的差距。她们把原来放在电梯中的座椅撤去,改为站立式服务。院里又为他们投资重新统一了服装,使电梯司机的服务形象焕然一新,使她们从外表到内涵都有了崭新的变化。电梯工们都表示:穿上这么漂亮的衣服,服务态度更得好了,要从内到外都提高自己的素质,才能跟上亚洲一流肿瘤医院的需要。

电梯班班长王雪珍还组织电梯班员工们认真学习服务规范,学习《电梯司机安全操作规范》、《电梯司机14条文明用语》等服务规范,并要求大家把学习来的先进经验运用到工作中,开展规范化服务。王雪珍代表电梯班员工表示,为患者提供规范化的优质服务,就从我们这里开始。

二、乐于奉献

乐于奉献,把组织当成自己的家,这是一种高尚的精神,同时也是先进的精神,具有促进组织发展和个人进步的巨大作用。奉献是一种真诚自愿的付出,无私奉献则是一种纯洁无瑕的至高精神境界。无私奉献是美德的弘扬,是一种心甘情愿的付出。它作为一种精神追求的理想目标,使人充实,使人快乐,使人高尚。

不论我们是一个出色的组织领导,还是一个普通的职员,如果我们的奉献总是比别人多,人们终究会回报我们更多。如果我们能为周围的人提供更多和更好的服务,他们必定会记住我们,而组织领导也会视我们为不可或缺的人物。

如果一个人能坚持正确的信仰,那么,这种信仰必然能提高他的能力、增加他的精力、提高他的自尊,使他的品格变得更为高尚,帮助他拓展成功的前景。

乐于奉献指的是专业技术人员对自己所从事职业的热爱和崇敬,是一种安心本职,热爱本职工作,对本职工作一丝不苟和愿为本职工作奉献青春和才华的强烈的事业责任感。无论从事的是什么样的具体工作,也无论隶属于什么机构,都能充分认识自己的岗位和职责对我们事业的积极意义;无论现在的岗位是自己选择的还是组织安排的,无论是从事领导工作还是具体工作,都有乐观敬业和奉献精神,充满对自己的岗位和职业的敬意。即使一生默默无闻也无怨无悔,一如既往地热爱自己的岗位和工作。爱岗敬业不仅表现于对本职工作的真心挚爱,而且表现于对待本职工作认真负责,勤奋努力,不断进取的实际行动,决不能粗枝大叶,敷衍了事。

乐于奉献是社会主义职业道德的最高要求,是为人民服务和集体主义精神的最好体现。每个公民无论在什么行业,什么岗位,从事什么工作,只要他爱岗敬业,努力工作,就是在为社会作出贡献。如果在工作过程中,不求名,不求利,只奉献,不索取,则体现出宝贵的无私奉献精神,这是社会主义职业道德的最高境界。

乐于奉献的突出特征是:第一、自觉自愿地为他人,为社会贡献力量,完全为了增进公共福利而积极劳动;第二,有热心为社会服务的责任感,充分发挥主动性、创造性,竭尽全力为社会作贡献;第三,完全出于自觉精神和奉献意识。

奉献是一种对事业忘我的全身心投入,这不仅需要有明确的信念,更需要有崇高的行动。当我们任劳任怨,不计个人得失,甚至不惜献出自己生命从事某种事业时,我们将因此而变得不平凡。

忠于职守、乐于奉献,反应的不仅仅是一种主动积极的工作态度,更是我国社会主义道德和共产主义道德的客观要求。因此,各级专业技术人员要强化这种忠于职守,乐于奉献的精神,使之成为对内在信念和自我要求;应该培养对工作岗位的浓厚感情,干一行、爱一行,爱一行、钻一行,精益求精,更上一层楼,只有这样,在工作中才会有所建树,展现爱国情怀。不要把自己从事的职业作为谋取个人私利的手段,要找准自己的位置,用自己的力量为实现中华民族的伟大复兴作出贡献!

自我认知——张琴芳

拓展延伸

你觉得你身上具有哪些忠于职守、乐于奉献的特质？

第三节 依法行事，严守秘密

学习目标

专业技术人员遵纪守法体现在哪些方面？

知识学习

【案例】

美国西点军校是高级军官的摇篮，西点军校是通过近乎无情的纪律才把那些涉世未深的书生锻造成出类拔萃的精英人才的。

在西点，必须保持军容的整齐。西点的规定可以说是到了烦琐的地步。其中，个人仪表有理发、刮脸、姿势，个人习惯，珠宝饰物、眼镜、化妆等多项规定。

西点人认为不管你有多么优秀，训练方法如何先进，都得有严厉的规章制度加以保证。所以，为了培养学员的服从意识和组织纪律，西点军校制定了完备而又极其严格的规章制度。虽然能被西点军校录取的学员本来就已经很优秀了，但入校后名目繁多的训练项目和规章制度，以及极为严格的执行尺度，使得新学员在入学以后的三个月内，会有大约15%的人被西点淘汰，这种淘汰率在任何一所大学或军校都是相当高的。另外，还有部分学员因为无法忍受严厉的训练和严格的规章制度以及死板的生活方式，而采取了自我淘汰。能够顺利地完成四年学业并从西点毕业的学员，大约占新生录取总数的75%左右。

每年春天，就会有900多名学员从西点军校毕业，他们无一例外地被授予了学士学位，然后被分派到陆军中服役。经过一个多月后，这些学员直接被送往世界各地的驻军部队，一旦到达目的地后，学员们就会获得第一份军官的任务。

也许这样大胆的分配，会让人感到惊讶：一个国家把自己的正规部队交给一些年仅二十来岁的年轻人去管理。事实证明，这种担心是多余的。西点学员自从走入校门的那一刻起，就已经准备承担责任和接受挑战。而当他们离开西点后，就能承担责任并能管理好自己的队伍。

分析：

(1)你认为西点军校培养如此多的优秀人才，其成功的主要因素是什么？

(2)你对纪律有何理解？

对于企业和员工而言，敬业、服从、协作等精神永远都比任何东西重要。但我相信，这些品质不是员工与生俱来的，不会有谁是天生不找任何借口的好员工。所以，给他们进行培训显得

尤为重要,就像我们在前面所讲的一样,要像西点军校不断要求着装和仪表一样,最后是要让所有的人都明白纪律只有一种,这就是完善的纪律。纪律是一切制度的基石。组织与团队能长期存在,其重要的维系力就是团队纪律,要建立团队的纪律最首要的是:领导者要身先士卒维护纪律。纪律可以促使一个人走上成功之路。怡安管理顾问公司的陈怡安博士曾说过:领导者的势有多大,就看他纪律有多深。一个好的领导者必定是懂得自律的人,而且也一定是可以坚持及带动团队遵守纪律的人。

坚持依法行事和以德行事"两手抓"。一方面,要大力推进国家法治建设的有利时机,进一步加大执法力度,严厉打击各种违法乱纪的现象,依靠法律的强制力量消除腐败滋生的土壤。另一方面,要通过劝导和教育,启迪人们的良知,提高人们的道德自觉性,把职业道德渗透到工作的各个环节,融于工作的全过程,增强人们的意识,从根本上消除腐败现象。严守秘密是统计职业道德必须的重要准则。

专业技术人员遵守法纪,有利于维护法纪的权威性与严肃性,有助于维护法纪的尊严,有助于形成稳定、良好的社会秩序,有助于民族与法制建设,有助于促进社会发展与进步。专业技术人员必须在宪法和法律的范围内活动。依照宪法和法律办事,是实施依法治国方略的重要保证,是建设中国特设社会主义不断取得胜利的重要保证。

一、依法行事

(一)要遵守国家的各项法律法规

专业技术人员遵纪守法体现在:

1. 专业技术人员要具备高度的法制观念和法制意识

专业技术人员的法制观念和法治意识尤为重要。专业技术人员要以自觉执行党纪国法为荣,要有对党和人民事业高度负责的精神。不断增强纪律观念,自觉接受纪律约束,不断提高自身觉悟:时时依法办事。要不断加强党规党纪和法律知识的学习教育。专业技术人员要结合实际工作和履行职责的需要,努力掌握党规党纪和有关法律、法规的基本知识,增强依法办事的意识;要学会运用党规党纪和法律进行决策和管理,在法律允许的范围内开展工作,依法管理各项事务,不断提高依法办事的能力和水平,做遵纪守法和依法办事的模范。

要保持高度的法制观念和法律意识,就要求专业技术人员认真学习理论知识、学习法律法规,深入理解法的本质、作用,明确义务与权利及相关规范,熟悉实施职业行为应当遵守的内容和程序,以及违法应承担的法律责任,培养运用法律、遵守法律的意识和习惯,自觉依法办事。

2. 专业技术人员要严格遵守法律、法规

法律、法规是国家、政府和人民意志的表达,集中体现并反映了国家和人民的共同意志和根本利益,是政治的集中体现和具体反映。遵守法律、法规就是按国家意志和人民意志办事的体现,也是贯彻执行党和国家路线、方针、政策的实际行为。法律、法规是一切社会活动的基础,也是规范和制约专业技术人员公务活动的根本依据。专业技术人员在职业活动中,必须严格遵守"法律允许即可行"的基本行为原则,必须严格依法办事,在法律的许可范围内活动,法律的约束下行动,不得突破法律的边界,不得有任何违法行为。

3. 专业技术人员要遵守政纪，执行政令

专业技术人员尤其要自觉遵守政纪，执行政令，确保政令畅通。这不仅是专业技术人员的工作纪律、组织纪律，也是政治纪律。专业技术人员要遵守政纪，按政令行事，受政令制约，遵令从政，做到政令畅通，令行禁止；专业技术人员不得有任何不接受、不执行、不服从政令的行为，否则，就要追究责任和受到惩处。其次是执行政策。政策是政党、国家或政府在一定时期内，为实现一定目标而制定的行动方略，是政党、国家、政府政治主张、政策策略的体现。在正常情况下，制度、法律与政策是相互依存的。制度需要法律的支撑和维持，也需要政策的支持和维护。认真执行政策是对专业技术人员的公务行为的基本要求。

【案例】

2002年5月2日，某市某浴场全体员工给市劳动保障监察总队寄去举报信，反映他们超时加班加点很严重，自开业以来，所有员工每天超时加班4小时，但从未领到过加班费。5月9日、15日，市劳动保障监察总队两次赴该浴场调查，结果是该浴场员工每天上班12小时，部分员工每周仅休息一天。五一、国庆、春节等国家法定假日被安排加班员工从未领到过加班费。5月20日，市劳动保障监察总队根据《中华人民共和国劳动法》第九十条的规定（“用人单位违反本法规定，延长劳动者工作时间的，由劳动行政部门给予警告，责令改正，并可以处以罚款。”）和《违反中华人民共和国＜劳动法＞行政处罚办法》的规定，对某浴场处以12万的罚款，并责令其7天将所欠员工加班工资悉数支付给每位员工。

分析：

这一案例说明了什么？

（二）要善于运用法律捍卫自己的合法权益

法律必须遵守，同时法律又是保护企业和广大劳动人民根本利益的武器。我国《劳动法》第一条规定：“为了保护劳动者的合法权益，调整劳动关系，建立和维护适应社会主义市场经济的劳动制度，促进经济发展和社会进步，根据宪法，制定本法。”第三条规定：“劳动者享有平等就业和选择职业的权利、取得劳动报酬的权利、休息休假的权利、获得劳动安全卫生保护的权利、接受职业技能培训的权利、享受社会保险和福利的权利、提请劳动争议处理的权利以及法律规定的其他劳动权利。”所以，作为一名电梯从业人员，如果上述劳动权利受到侵犯，就可以拿起法律的武器加以维护。

【案例】

原A木业公司的一名员工被老板看中，被派往同行业的B木业公司偷学技艺、工艺流程、客户信息等商业机密。由于收入高，这位员工接到任务后非常振奋，便匆忙前往这个从未接触过的公司应聘，一切都很顺利，他通过了面试，第二天开工。

到B木业上班的第一天，这位员工在厂内无心工作，反而到不属于自己的岗位，问东问西，他的不轨行为很快引起同厂员工的注意，被他人投诉。B木业公司的经理接

到投诉后，通过监控录像看到，一切如同员工所说，经理把这名员工叫进办公室，通过询问得知，他竟然是卧底。

这名员工介绍，因和A木业公司老板是老乡，而且受到老板器重，所以对派来B木业公司当卧底偷商业机密的任务便一口答应了。他向车间工友询问热压温度，树脂工艺流程和一些老东家无法掌握的核心技术。被抓前，他甚至还不知道，他的所作所为是在违法，身份是商业间谍的他，面临的结果可能是坐牢。他说："本想着去一天就走，没想到就被发现了，而且还涉嫌犯罪，是我自己不懂法，被人利用了。"

据律师介绍，这名员工的行为属于侵犯商业机密罪，以不正当手段获取B木业公司不对外公开的工艺流程、技术等商业秘密，好在尚未使对方造成重大损失。如果给B木业公司造成重大损失，作为个人，他将被判处3年以下有期徒刑或拘役管制；如果造成特别严重的后果，则要判3年以上7年以下徒刑。

分析：

(1)你认为这名员工错在哪里？

(2)在工作岗位上应该怎么做？

二、严守秘密

作为一名电梯专业技术人员，要严格执行秘密制度。要严格保守党和国家的秘密，坚决捍卫党和国家的利益，这是每个专业技术人员应尽的义务和责任，也是专业技术人员的基本职业道德。党和国家依照法定程序，确定在一定时间内只限一定范围的人员知悉的事项，事关党和国家的安全与利益，有关人员必须按照要求保密。如果在保密时限内擅自公开或擅自扩大接触范围，就可能对党和国家的安全与利益造成严重损害。

电梯专业技术人员要严格执行涉外保密制度、科技经济情报保密制度、宣传出版保密制度等。保守党和国家机密，是关系到巩固安定团结、加速社会主义现代化建设、保卫党和国家安全的大事，对失密行为必须严格执行纪律处分。

自我认知——守法

拓展延伸

寻找你身边遵纪守法、严守秘密的人或者事，并将他们的事迹与大家分享。

第四节 公正透明,服务社会

学习目标

(1)了解公正透明的含义。
(2)认识服务社会的意义。

知识学习

【案例】

郑莹是一家医疗器械公司的销售员,手中掌握着许多大客户。但让同事们不理解的是,在每次回访客户时,她都不落下一家很小的私立医院。这家医院看上去没什么发展潜力,来看病的人少得可怜,郑莹的许多同行来过一次后就再也不回头。

可郑莹却不离不弃。多年的业务往来,让她与院长、医生到护士都保持着不错的关系。有同事问郑莹:"你有那么多的大客户,怎么还在乎这么一家小医院,不怕耽误工夫吗?"

郑莹想了想,回答道:"咸鱼还有翻身的呢,小医院就不能长大啊?"

同事摇头:"悬!看那医院弱不禁风的,你还是别做梦了。"

在与这家医院保持来往7年之后,为了谋求发展,医院争取到了一位投资人,并决定增添设备,扩大规模。消息不胫而走,行业里的多家公司蜂拥而至,可是医院的态度很坚决,只交给郑莹一个人做。

人在职场,不要被眼前的利益挡住了视线,要有长远发展的眼光。只有对客户大小强弱一样看待,才会笑到最后。

分析:

这则故事说明了什么?

一、公正透明

(一)公正透明的含义

在职业活动中,公正透明有以下两层含义:

(1)指人与人之间应该平等对待、一视同仁,对顾客或来访者无论高低贵贱,都应该待之以礼,提供优质服务。"坐请坐请上座,茶敬茶敬香茶"这副对联背后的故事就蕴含了这个道理。相传,一次苏东坡游经莫干山,路过一座古刹,便进去看看。刹中老道看见他衣着平常,容貌一般,就很冷淡地接待,指着凳子说了声:"坐。"接着吩咐道童:"茶。"当与苏东坡交谈后,发现他谈吐不凡,非一般书生,老道就把他迎往大殿,非常客气地说:"请坐!"然后吩咐道童:"敬茶。"等到发现眼前来客竟然是著名诗人苏东坡时,老道打躬作揖,把客人请进客厅,毕恭毕敬地连声说:"请上座!"特地吩咐道童:"敬香茶。"临别时,老道敬请苏东坡留下墨宝,苏东坡有感老道的前后态度,这就不无幽默地写下了上述对联。这个故事给我们的启示是:在职业交往中,我们对人应该不傲不媚,不卑不亢,平等待人。特别是从事服务性行业的人员,更应该在服

务接待中做到不以貌取人，无论是操着乡音、衣着平常的人，还是谈吐文雅、西装革履的人，也无论贫富贵贱，都能一视同仁，热情服务。售货员面对花上万元购买商品的人和一次只买几毛钱商品的人，同样周到服务。这就是平等待人，公正办事。孔子说“上交不谄，下交不渎”，说的是与地位高于自己的人交往，不要低声下气；与地位低于自己的人交往，不要傲慢无礼。这不也是要一视同仁、平等待人的道理吗？

(2)指在职业活动中，处理问题、办事情要公平、公正、公开。社会主义经济市场竞争原则要求的也是公平、公正、公开。企业与企业之间、单位与单位之间在竞争中须讲公平、公正、公开。企业管理者实施监督管理，更应该讲公平、公正、公开，要给所有的员工平等服务中的机会和权利，让员工以自身的实力去参与竞争。公平，就是要平等对待每一位员工，以达到调动每一位员工积极性的目的。公正，讲的就是评价的标准必须合理全面，管理者评价员工的准则应该合法、合乎道德规范，根据企业自身制定的规则应该合理、合乎法律规定。公开，就是要把竞争的规则、标准让每个员工都知道，让每位员工都来参与监督。公开实际上讲的就是民主，发动群众进行监督，防止“暗箱操作”、假公济私和以权谋私，以确保公平公正的实现。公开，才有利于调动每一位员工的参与热情和积极性、主动性、创造性。

不仅对于领导者、管理者来说要办事公道，对于普通劳动者和一切职业权力的拥有者都必须办事公道。例如，个体工商户，在经营活动中就要买卖公平，保证质量，不缺斤少两，不以次充好，不欺骗任何顾客，这就是办事公正透明。

【案例】

吴通礼，一位来自贵州苗基大山里的退伍军人。2002年7月，应聘A集团有限公司消防专员，不久出任安全办主任，从此，这家有23家分厂近5万名工人的企业，有了一支确保企业财产和员工安全的“铁军团”。A集团是一家全国知名的服装企业。服装企业原料、成品多为易燃物质，生产过程中，大量使用电气设备，线网纵横，素来被列为防火工作重地。防灾胜于救灾，为了一个“防”字，吴通礼完善安全制度，建立日查、整改隐患机制和分层责任制，并加强群防群治墙训内容。

为了安全生产，吴通礼总是公事公办，从不讲私情。有一次，分厂装修，从外面请来的电工、焊工师傅未签订安全责任书便擅自施工，还把一些易燃化学品与装修材料混放在一起，吴通礼知道后，箭一般“飞”到现场，二话没说先切断电源，工人都是按工时计费的，断了电不能工作就没钱可拿，施工人员一下子将吴道礼围攻起来。“你们知道吗？焊花一碰到易燃物立即就会触发火灾！整幢厂房楼高6层，每一层几百名员工，一旦发生火灾，工厂财产受到损失，员工性命也难保！”吴通礼对施工人员怒吼，“我告诉你们，没签订安全责任书，我有权履行职责不让你们施工！”施工人员一下子安静下来。吴通礼现场监督，把所有装修材料搬到指定地点存放，直至施工现场清空。最终，施工队按A集团防火安全制度补办手续，并依照相关责任条款做足安全防范措施，才得以进场施工。“施工期间，只要发现有违安全规定，立即停工，别怪我不客气。”吴通礼又给施工队注射“预防针”。

吴通礼在A集团任职的10年间，该公司安全记录显示唯一的一次“安全事故”，是工人宿舍一台电风扇差点儿烧坏电容器。吴通礼所在的部门还获得过全国“安康杯”竞赛优胜班组称号，成为省青年安全生产示范岗。集团和他本人因此当了安全生产先进。而这一切，源自于他对安全生产的严格要求，源自于他一次又一次不讲人情、讲原则的秉公办事。

分析：

你从吴通礼身上学到了什么？

公司的原则是所有员工利益的集中体现,秉公办事,坚持原则,是每个员工必备的素质和能力。事实上,一个具有强烈事业心的员工,往往具有很强的原则性,他们会像吴通礼一样,处处以公司的利益为重,抛弃私心,即使得罪人,也会做到坚持原则、公正办事。这样的员工才会让同事信服,让领导信任。

而工作中一些看似"能干"的员工,他们不敢坚持原则,遇到矛盾绕着走,处理问题和稀泥,说到底是私心在作怪,他们只能跟少部分人维持良好的关系,大部分人可以谅解他们因经验不足而出现的工作失误,但绝不能容忍不公正的作风。

处事不公,必然失去原则性、号召力和向心力。工作中靠原则说话办事既能减少工作上的随意性,保证公平公正,又能减少工作量,降低工作难度。因此,为了赢得发展壮大的机会,我们必须抛开私心,秉公办事,严格遵守制度,坚决按照制度办事,做到制度面前人人平等、不搞特殊,不搞下不为例,以自己的原则性做好公司赋予的每一项工作。

我们的工作大部分都是通过团队协作来完成的,团队的正常运行必须依靠一些规章制度和原则来维持,这些制度和原则对每个员工都是统一的标尺,如果因为你的"求情"或"通融"而网开一面,那么这些标尺的尺寸就变得不统一了,对其他员工来说也不公道,对他人更是一种伤害。因此,秉公办事是一个合格员工的道德标准,我们不能因为人情、"同情心"等原因而丧失了做人、做事的准则。

(二)公正透明的做法

(1)坚持原则。指从业人员要敢于坚持真理,按照国家法律、职业纪律和规章制度办事,切实维护国家、集体利益和个人的正当权益。要树立正气,顶住各种歪风邪气,自觉维护行业正常的经济秩序。

(2)要明辨是非。对什么是真、善、美,什么是假、恶、丑,应该分辨清楚。

(3)排除私心的干扰。办事公道的首要条件是无私心杂念。如果有私心杂念,就很难做到公平、公正、公开。从业人员应做到不徇私情,不谋私利,不怕权势压力。

①不徇私情。徇私情就会失去原则和公道。如果办事时因为是熟人、同乡、亲戚、老同事、老部下,有碍于情面,对他们的不合理要求容忍、迁就,就很难坚持原则和做到办事公道。人生在世,不可能没有人际间的往来,每个人都有亲朋好友,但是如果遇到要给他们办事时,就不应该抛开纪律和原则,应该回避。

②不谋私利。它是办事公道的前提。一个人如果把个人利益放到第一位,是不可能秉公办事的。因此,办事情必须首先从人民的利益出发,不能贪图个人的便宜,以自己的岗位权利和职务之便去谋取个人利益,更不能违法去行贿受贿。

③不怕权势压力。办事有失公道,有时是出于别人滥用职权的压力。从业人员如果有不怕牺牲个人利益的正义感,就会为维护真理而不怕权势的压力,使秉公办事能够坚持下来。

二、服务社会

服务社会,就是要树立社会观念,关心群众疾苦,为群众谋利益。每个职业岗位上的工作人员都应该通过干好本职工作,尽可能多地创造物质财富和精神财富来回报社会,为社会服务。服务群众应该做到:

(一)优质服务

优质服务是服务质量问题,是服务群众的最佳状态。社会主义职业道德的核心是为人服

务,因此,整个服务业讲服务质量就是要为人民群众提供优质劳动。从业人员在服务过程中要树立以人为本的观念,要以服务对象为中心。在服务态度方面,要做到亲切友好,举止端庄。在自身修养方面,要注重提高优质服务素质,即提高服务质量意识、职业道德、文化素养、服务的专业知识和技能。只有提高优质服务素质,才能提高服务质量。还要十分重视服务质量管理的作用,只有服务质量标准、服务人员素质和服务环境条件综合发挥作用,才能真正提高服务质量。为人民群众提供优质服务,必须树立服务质量第一的观念,要有高度的职业责任感和全心全意为人民服务的思想,"做到权为民所用,情为民所系,利为民所谋,始终做人民的公仆"。

(二)热情周到

热情周到是服务社会的核心内容之一。在服务行业,热情周到是服务工作者对本职业应有的工作态度,这种态度可以反映出从业人员对工作的热爱程度,对顾客和服务对象重要性的认识高度和遵守职业纪律、职业道德的自觉程度。只要能热情周到地服务群众,工作上就不会出现漫不经心、漠不关心、纪律松懈的情况。因此,从某种意义上讲,热情周到是服务人员优良的职业道德综合素质的集中反映。优质服务,热情周到,是相辅相成的。做到了优质服务,必然会热情周到。工作热情积极主动,处处为服务对象着想,必然会努力掌握服务技能,促进服务质量的提高。

(三)遵守职业纪律

遵守服务行业的职业纪律也是服务社会之必须。如果不遵守职业纪律,就谈不上办事公道和优质服务社会。例如,暗示要红包的医生,渎职而对学生漠不关心的教师,踢假球的运动员,因受贿赂而"假吹"的裁判,这些人违反了职业纪律,往往触怒了群众,还有什么服务群众可言呢。

(四)向先进典型学习

在我国各行各业的职业活动中,涌现过许许多多坚持服务社会、服务群众的先进模范人物,他们都是我们学习的榜样。他们中有全心全意为人民服务的北京公共汽车售票员李素丽,有非典期间不顾个人安危一心系着人民群众健康的袁宏副院长等,他们这种服务社会的精神,永远值得我们学习和弘扬。

【案例】

1965年9月6日,19岁的邓贤国在工地干活时,从脚手架上掉下,左腿膝盖以下被截肢。从那以后,他的生活中就少不了拐杖。

2010年,不甘于白吃白喝的邓贤国带着妻子从四川资阳老家来到成都,他想着找点活儿干,一是想减轻儿女的负担,二是想为社会做点贡献。可是,大半辈子都忙碌在农田里的他没有其他技能,左腿残疾也给他找工作添了很多阻力。看到环卫公司的招聘信息后,邓贤国高兴极了:"扫地我能干啊。"在家什么农活都干的他兴奋地前去应聘,但用人单位又一次将他拒之门外。

"环卫工作很辛苦,我们怕他受不了,所以当时没敢要他",环卫公司的经理说。已经63岁的邓贤国坚持要扫两天马路给公司领导看。两天后,他成了环卫公司唯一的残疾员工。

从此，邓贤国除了一根木制的拐杖，每天还要与扫帚、簸箕为伴，穿行在车水马龙的大街上。邓贤国负责的路段大约有500 m左右，这是他的地盘，公司的要求是干净，而他对自己的要求是看不到任何垃圾。每天清晨，环卫工们5点就要到岗，腿脚不便的邓贤国4点起床，简单吃过早饭后就会赶到他负责的路段。中午11点，他回到租住房吃午饭，下午2点又匆匆忙忙赶回工作地点。

下班后，回到只有五六平方米的租住房，邓贤国第一件事就是倒一盆热水，脱下套在左腿截肢处的棉袜子，用手蘸着热水给左大腿做一会儿自创的按摩操。一天工作结束，他的左大腿变得冰冷，热敷和按摩会让它好受些。虽然工作辛苦，但邓贤国说话时却总爱咧着缺了一颗牙的嘴大笑。"在老家干农活更累，现在就是扫扫地，劳动让我感到光荣愉快，是我自己想做这个工作。"他很满足于现在的工作。

邓贤国很珍惜这份来之不易的工作。虽然腿脚不便，但他打算再好好干几年，他说："扫地我干得来，干不动的时候再回家。"

分析：

为什么邓贤国一定要找这份工作？

人与人之间是要互利互惠的，企业为我们提供工作，给了一个挣钱养家的机会，这是企业在为我们服务，当我们通过自己的劳动，在工作中创造出价值时，这是我们为社会所做的贡献。因此，每个人都是有价值的，每份工作都是有意义的，要想充分实现自己的价值，就要看我们如何去服务他人，服务社会。只有在为他人服务的过程中，我们的人生价值才能得到充分的展现。

人的生命是有限的，为人民服务是无限的，不管我们外出务工的出发点基于什么，我们所做的工作的落脚点都是为人民服务。与其被动地去工作，不如提高自己的职业道德和思想素质，变被动为主动，以服务的意识投入到工作中，以服务的态度尽职履责，或许我们会收获一个美好的未来。

三、树立"我为人人，人人为我"的观念

人际关系既复杂又简单，早在两千年前，圣人孔子就阐明了两者之间的关系，他说："己所不欲勿施于人""己欲立而立人，己欲达而达人"。国家制订的"十二五"规划建议更是明确地提出：提倡修身律己、尊老爱幼、勤勉做事、平实做人，推动形成我为人人、人人为我的社会氛围。

主张"为他人服务"，当然要强调"我为人人"，但并不因此就否定"人人为我"。如果要求一部分人只提供服务而不享受服务，"为他人服务"岂不失去了一部分服务对象？如果要求个人无条件为集体牺牲一切，甚至放弃合理正当的利益追求，这种无视个体权益的"集体主义"何来感召力，何来"可持续发展"？

在市场经济中，每一个"经济人"都追求利润最大化，在"我为人人"的过程中，"人人为我"的合理诉求也会逐步得到满足。正所谓，先做好、做大蛋糕，才能人人分到蛋糕。因此，在社会主义市场经济条件下，"我为人人、人人为我"，从根本上并不矛盾，反而可以实现双赢。

【案例】

1993年2月，范少平和丈夫带着3个孩子从农村来到了城市，后经亲戚介绍成为环卫站的一名环卫工人，那时候范少平每月的工资只有130元，每天凌晨3点就得起床，4点就要开始一天的工作，直到11点才结束上午的工作，下午2点到6点还得进行清洁维护。当时她在市场做环卫工作，因设备不充足，垃圾多、人流量大，很多鸡毛鸡屎，每天凌晨要打扫干净，白天要上岗保洁，每周要用水洗地两次，工作时间长，劳动强度大，一度让范少平想要放弃这份工作，不过，她的家庭情况并没有给她这样的机会，周围的工友们也常常互相开解，做着做着就习惯了。

这一习惯就是20年，范少平做过大街保洁员、垃圾收集员，也做过卫生质量巡检员、环卫站出纳员等工作，无论在哪一个岗位，她都始终保持一名环卫工人特有的爱岗敬业与无私奉献的本色，用自己的实际行动，践行“宁愿一人脏，换来万人洁”的环卫精神。“去哪里都是要做事的，环卫工也是靠双手吃饭，不丢人。”范少平骄傲地说。

在投身环卫事业的20年中，范少平先后做了8年的环卫人，1年的巡检员和6年的出纳员，在这些工作岗位中，范少平觉得，最难的也许就是出纳员的工作了。

有一次，一间大排档不肯缴款，范少平前后去了4次，第一次店员以老板不在为借口推辞，第二次又是这样，第三次老板虽然在，但却以激烈的言辞辱骂她，并将她的袋子和记账本丢出门口。面对这样的情况范少平没有动怒，她笑着说：“如果我这时候硬和他吵也没什么意思，而且我们也算是服务行业，一定要以服务的心态来面对这些住户。”所以，当时她默默把东西捡起来就走了。第二天，范少平又去登门拜访，并不厌其烦地给摊主解释政策规定，她的持之以恒最终打动了这位大排档老板，他乖乖地将保洁费给缴了。

范少平的服务理念不仅体现在工作上，还处处体现在生活中。她是一个乐观，爱笑的人，但就是这样一个乐观的人却尝尽了人间的酸甜苦辣。

经范少平的推广传授，她所在的环卫站业务水平很快上来了，2011年，范少平带领的环卫站获得市先进集体荣誉，范少平也多次被授予“××市优秀城市美容师”称号，2012年还荣获“全国五一劳动奖章”。

分析：

你觉得范少平这样做值得吗？

集体和他人是不会无视个人付出的，社会会以某种方式作为个人的回报，这便是“我为人人、人人为我”的生动体现，也是物质财富与道德追求的高度结合。

或许有人会说：“我不是圣人，我出来务工的目的只是挣钱。”没关系，圣人不是说出来的，你只需要在每天的工作中修身律己、勤勉做事、平实做人，做好“常事”，挣钱的同时，也就做到了“我为人人、人人为我”。倘若推而广之，社会关爱人人，人人感恩社会，每一个社会成员都充分感受社会的温暖与和谐，反过来“滴水之恩，涌泉相报”，更加努力地回报企业、回报社会。

四、摒弃个人主义、服务社会，实现共赢

在德国，有这样绮丽的景色，家家户户都养花，且都把花放在窗户外面，从街上看去，家家户户窗前都是花团锦竹簇，姹紫嫣红。家家户户都是花朝外盛开，从屋里只能看到花梗。

据说，德国人是为了排解二战后的苦闷心情才开始养花的，把花养在窗户外面，美化了环境，净化了空气，装扮着城市，更是净化了人的心灵。那朵朵盛开的花儿，那片片斑斓的花海，治愈了德国人战争的创伤，又繁衍形成了一种民族文化，民族精神。对于爱花的民族，这是养花的最高境界，每个人都能从中得到别人的馈赠，从而实现共赢。

在我们的心中，我们所做的每一件事，都是以先满足自己为目的，“人不为己，天诛地灭”，这种想法无可厚非。要是人人都有这种想法，设想下，这个世界会变得多么的可怕，人与人之间除了利益没有任何感情可言。世界之所以这么美好，是因为还有很多人“不为己”，摒弃了个人主义，愿意为他人付出，为他人服务，他们的结果也没有俗话所说的“天诛地灭”那么可怕，相反他们赢得了别人的尊敬，实现了与大家的共赢。

【案例】

2001 年，李高峰和妻子毛红侠从河南来到北京，当时，他与妻子租住在河边的城乡结合部，因河岸边和河水中遍布生活垃圾而臭气熏天。

“我当时很看不过眼，就自己掏钱买来了工具，亲自下河清理垃圾。周围人都说我傻，但我觉得自己在做一件有意义的事情。”当时的李高峰并不知道自己所做的是一件公益环保的事情，后来在遇到被誉为北京市“环境之星”的范伯诚老先生后，他才知道“环保”这个名词。在范伯诚的带动下，李高峰开始有意识地投身环保公益事业。

从 2001 年到 2007 年，6 年间，他先后打扫卫生死角二百多处，清理无人管理厕所 8 座，铲除小广告几十万张，抓获各种违法犯罪份子 28 个，帮助农民工维权讨回工资二百八十多万元，帮助孤残人员三十余名，被当地百姓亲切地称为“社区 110”，“当代活雷锋”。2007 年 4 月 15 日，在他的牵头、组织下，一个由河南在京务工的保洁员、保安员、建筑工人组成的四十余人的“河南在京务工人员环保志愿者服务队”在朝阳区成立。

从一个找不到工作的农民，到一名大家喜爱的公益之星，李高峰用实际行动改写着自己的人生，李高峰说：“来京 10 年，有 6 年没回老家，不是不想家，一是因为忙，二是感觉没有脸面回去，本来是出来挣钱的，可为了公益事业，我家的日子总过得紧巴巴，还需要父母倒贴、帮忙照管孩子。说句心里话，单纯从物质上看，我不算一个成功的男人，没有给父母、妻子、儿女创造好的生活条件，但从精神上讲，在北京的 10 年间，人们对我和我的老乡，从起初的不信任、不理解，到现在交口称赞、争相聘请，让我感觉自己是一个富裕而成功的人。”

分析：

你认为他是一个富裕而成功的人吗？

自我认知——李素丽

在我国各行各业的职业活动中，涌现出许许多多坚持服务社会的先进模范人物，他们都是我们学习的榜样，北京公共汽车售票员李素丽，一心为顾客，以服务为光荣，真情地为他人，二十年如一日，她总是把残疾人、外地人、有特殊困难的人放在心上，多帮他们一把。在服务中融入真情，给无数乘客带来了温暖，树立了热情周到、服务群众的良好形象。李素丽说："用力去做只能达到称职，用心去做才能达到优秀，普通平凡的事情要往好里去做是没有止境的。"她为自己定的服务原则是"礼貌待客要细心，帮助乘客要诚心，热情服务要恒心"。这正是她全心全意为人民服务的真实写照。

拓展延伸

通过学习本章内容你对职业道德有哪些新的认识？

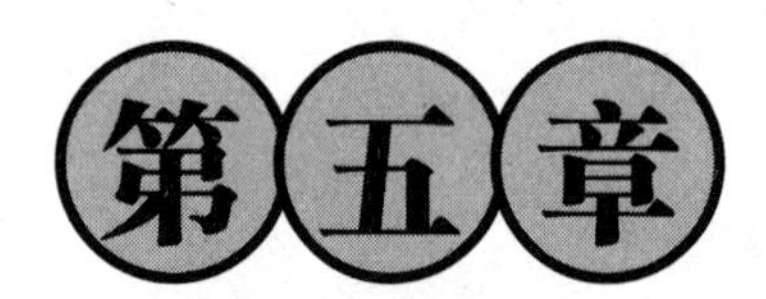

自我管理素养

自身的职业素养不仅关乎公司的利益更关乎自身的价值,如何才能提升自身的职业素养,让自己有更大的利用价值?本章主要介绍电梯专业技术人员自我管理素养的认知以及目标管理、时间管理、情绪管理和自我完善等。

第一节 自我认知

学习目标

(1)了解自我认知的定义。

(2)树立正确的世界观、价值观和人生观。

(3)掌握自我管理的方法。

知识学习

【案例】

从前,有一只老鹰从山峰顶上俯冲下来,将一只小羊抓走了。正好被一只乌鸦看见了,乌鸦非常羡慕,心想:要是我也有这样的本领该多好啊!

于是乌鸦开始模仿老鹰的俯冲姿势进行练习。一天,乌鸦觉得自己练得很棒了,便从树上猛冲下来,扑到一只山羊的背上,想抓住山羊往上飞,可是它的身子太轻,爪子又被羊毛缠住,无论它怎样拍打翅膀也飞不起来,结果被牧羊人抓住了。

牧羊人的孩子看见了,便问这是一只什么鸟,牧羊人说:“这是一只忘记自己叫什么的鸟。”

分析:

(1)这个故事说明了什么?

(2)你了解自己吗?生活中你也会盲从别人,忽略自我吗?

一、自我认知的定义

自我认知指的是对自己的洞察和理解,包括自我观察和自我评价。自我观察是指对自己的感知、思维和意向等方面的觉察;自我评价是指对自己的想法、期望、行为及人格特征的判断与评估,这是自我调节的重要条件。

自我认知也称自我意识,或称自我(EGO),是个体对自己存在的觉察,包括对自己的行为和心理状态的认知。

简而言之,自我认知就是一个人对自己的认识、评价和期望,包括自己的能力如何、自己是个什么样的人、自己与周围的人相处得如何等。一个人的自我认知如何,与其心理健康的关系十分密切,客观、积极的自我认知对心理健康有良好的促进作用,消极的自我认知往往是心理健康的直接障碍。

从自我的内容上来划分,自我可分为生理自我、心理自我和社会自我。

1. 生理自我

生理自我是指个体对自己生理属性的认识,如身高、体重、长相等。

2. 心理自我

心理自我是指个体对自己心理属性的认识，如心理过程、能力、气质、性格等。

3. 社会自我

社会自我是指个体对自己社会属性的认识，如自己在各种社会关系中的角色、地位、权力等。

自我认知——当金子还是当种子

【案例】

蒋民，自信、聪明、能干，北大外语学院毕业后进入某国家机关从事外事工作，工作认真负责，再加上良好的文字能力和外语技能，发展前途可谓一片光明，自我感觉也不错。两年干下来，在管理方面得到了很多锻炼，工作上已经可以独挡一面，只是由于资历不够，未能提拔起来担任副处长。但这时的他，已经觉得自己什么都行了，自视轻高，看不起别人，连处长也不放在眼里，常在工作中与处长争吵。

到了后来，在机关已辛辛苦苦“熬”了五年的他，以为职位终于可以得到提升了，可令他“意外”的事情还是发生了，在这一年国家机关的机构改革中，他因“不适合机关工作”而被分流，这使得一心想“做官”的他无法接受这一事实，他就想不通一个问题：“自己的能力比那位处长都强，可怎么会落得这么一个结果呢？”……

从此以后，原来活泼开朗的他变得沉默寡言，对人充满了更多的不信任，甚至敌意……

分析：

(1)优秀的蒋民为什么会在工作中受挫？

(2)你在生活中遇到过类似的事情吗？请分析原因。

二、电梯专业技术人员自我认知的重要性

常言道：“人贵有自知之明”。上述案例中的蒋民就是缺乏自我认知，目空一切才导致自己在个人发展方面受阻。一个人不能正确评价自己，就会产生心理障碍，表现出对自我的不满和排斥，从而出现“现实自我”和“理想自我”的差距。

作为电梯专业技术人员除了要掌握电梯基本的机械构造及电气工作原理及其修理技能，电梯的安装工艺，以及熟悉并严格执行电梯维护规程和安全操作规程等精湛的专业技能外，还要具有良好的职业素养和高度的责任心。那么，这样一个高素质并且有着高超的专业技能的人，如何正确定位自己，做好本职工作就非常重要了。

如果定位过高就会出现上述案例中的情况，定位过低，不仅影响工作，也无法保证工作的

正常进行。一个人如果不能正确地认识自我,看不到自我的优点,觉得处处不如别人,就会产生自卑,丧失信心,做事畏缩不前……相反,一个人如果过高地估计自己,也会骄傲自大、盲目乐观,导致工作的失误。因此,恰当地认知自己能够克服这些不切实际的想法,还能够全面地认识自己。

自我认知是一个人对自己的认识和评价,包括对自己的心理倾向、个性心理特征和心理过程的认识与评价。正是由于人具有自我意识,才能使人对自己的思想和行为进行自我控制和调节,使自己形成完整的个性。因此,我们应学会了解自我、评价自我,为自己制定出合理的追求目标,以达到成功的彼岸。

自我认知——不断跳槽的小雨

【案例】

有个老人在河边钓鱼,一个小孩走过去看他钓鱼,老人技巧纯熟,所以没多久就钓上了满篓的鱼,老人见小孩很可爱,要把整篓的鱼送给他,小孩摇摇头,老人惊异地问道:"你为何不要?"小孩回答:"我想要您手中的钓竿。"老人问:"你要钓竿做什么?"小孩说:"这篓鱼没多久就吃完了,要是我有钓竿,我就可以自己钓,一辈子也吃不完。"

我想你一定会说:好聪明的小孩。错了,他如果只要钓竿,那他一条鱼也吃不到,因为他不懂钓鱼的技巧,光有鱼竿是没用的,因为钓鱼重要的不在于"钓竿",而在于"钓技"。

分析:

(1)有太多人认为自己拥有了人生道路上的"鱼竿",再也无惧路上的风雨,你怎么看?

(2)要想在人生道路上勇往直前,战胜一切,最关键的是什么?

三、自我管理的方法

1. 离开舒适区

提醒自己,不要躺倒在舒适区。舒适区只是避风港,不是安乐窝。它只是你心中准备迎接下次挑战之前刻意放松自己和恢复元气的地方。

2. 把握好情绪

人开心的时候,体内就会发生奇妙的变化,从而获得阵阵新的动力和力量。但是,不要总想在自身之外寻开心。令你开心的事不在别处,就在你身上。因此,找出自身的情绪高涨期用来不断激励自己。

3. 调高目标

许多人惊奇地发现,他们之所以达不到自己孜孜以求的目标,是因为他们的主要目标太小,而且太模糊不清,使自己失去动力。如果你的主要目标不能激发你的想象力,目标的实现就会遥遥无期。因此,真正能激励你奋发向上的是确立一个既宏伟又具体的远大目标。

4. 加强紧迫感

20 世纪作者 Anais Nin(阿耐斯)曾写道:“沉溺生活的人没有死的恐惧”。自以为长命百岁无益于你享受人生。然而,大多数人对此视而不见,假装自己的生命会绵延无绝。惟有心血来潮的那天,我们才会筹划大事业,将我们的目标和梦想寄托在 enisWaitley(丹尼斯)称为“虚幻岛”的汪洋大海之中。其实,直面死亡未必要等到生命耗尽的临终一刻。事实上,如果能逼真地想象我们的弥留之际,会物极必反产生一种再生的感觉,这是塑造自我的第一步。

5. 选择朋友

对于那些不支持你的目标的“朋友”,要敬而远之。你所交往的人会改变你的生活。与愤世嫉俗的人为伍,他们就会拉你沉沦。结交那些希望你快乐和成功的人,你就在追求快乐和成功的路上迈出最重要的一步,对生活的热情具有感染力。因此,同乐观的人为伴能让我们看到更多的人生希望。

6. 战胜恐惧

世上最秘而不宣的秘密是,战胜恐惧后迎来的是某种安全有益的东西。哪怕克服的是小小的恐惧,也会增强你对创造自己生活能力的信心。如果一味想避开恐惧,它们会像疯狗一样对我们穷追不舍。此时,最可怕的莫过于双眼一闭假装它们不存在。

7. 做好调整计划

实现目标的道路绝不是坦途,它总是呈现出一条波浪线,有起也有落,但你可以安排自己的休整点。事先看看你的时间表,列出你放松、调整、恢复元气的时间。即使你现在感觉不错,也要做好调整计划,这才是明智之举。在自己的事业波峰时,要给自己安排休整点。安排出一大段时间让自己隐退一下,即使是离开自己爱的工作也要如此。只有这样,在你重新投入工作时才能更富激情。

8. 直面困难

每一个解决方案都是针对一个问题的。困难对于脑力运动者来说,不过是一场场艰辛的比赛。真正的运动者总是盼望比赛。如果把困难看作对自己的诅咒,就很难在生活中找到动力。如果学会了把握困难带来的机遇,你自然会动力无穷。

9. 感觉要好

多数人认为,一旦达到某个目标,人们就会感到身心舒畅。但问题是你或许永远达不到目标。把快乐建立在还不曾拥有的事情上,无异于剥夺自己创造快乐的权力。要让自己有良好的感觉,让它使自己在塑造自我的整个旅途中充满快乐,而不是在等到成功的最后一刻才去感受属于自己的欢乐。

10. 加强排练

如果手上有棘手而又让自己犹豫不决的事情,不妨挑件更难的事情去做。生活挑战你的

事情,你定可以用来挑战自己。这样,你就可以自己开辟一条成功之路。成功的真谛是:对自己越苛刻,生活对你越宽容;对自己越宽容,生活对你越苛刻。

11. 立足现在

锻炼自己即刻行动的能力。充分利用对现时的认知力。不要沉浸在过去,也不要沉溺于未来,要着眼于今天。当然要有梦想、筹划和制定创造目标的时间。不过,这一切就绪后,一定要学会脚踏实地、注重眼前的行动。

12. 敢于竞争

竞争给了我们宝贵的经验,无论你多么出色,总会人外有人,所以你需要学会谦虚。努力胜过别人,能使自己更深地认识自己;努力胜过别人,便在生活中加入了竞争"游戏"。不管在哪里,都要参与竞争,而且总要满怀快乐的心情。要明白,超越自己比超越别人更重要。

13. 经常自省

大多数人通过别人对自己的印象和看法来看自己。但是,仅凭别人的一面之词,把自己的个人形象建立在别人身上,就会面临严重束缚自己的危险。因此,可把这些溢美之词当作自己生活中的点缀。人生的棋局该由自己来摆放,不要从别人身上找寻自己,应该经常自省并塑造自我。

14. 走向危机

危机能激发我们竭尽全力。无视这种现象,我们往往会愚蠢地创造一种追求舒适的生活,努力设计各种越来越轻松的生活方式,使自己生活得风平浪静。当然,我们不必坐等危机或悲剧的到来,从内心挑战自我是我们生命力量的源泉。圣女贞德说过:"所有战斗的胜负首先在自我的心里见分晓。"

15. 精工细笔

创造自我,如绘巨幅画一样,不要怕精工细笔。如果把自己当作一幅正在描绘中的杰作,你就会乐于从细微处做改变。一件小事做得与众不同,也会令你兴奋不已。

16. 敢于犯错

有时候我们不做一件事,是因为我们没有把握做好。我们感到自己"状态不佳"或精力不足时,往往会把必须做的事放在一边,或静等灵感的降临。如果有些事你知道需要做却又提不起劲时,尽管去做,不要怕犯错。给自己一点自嘲式幽默,抱着一种打趣的心情来对待自己做不好的事情。

17. 不要害怕拒绝

不要消极接受别人的拒绝,而要积极面对。你的要求落空时,把这种拒绝当作一个问题:"自己能不能更多一点创意呢?"不要听见"不"字就打退堂鼓,应该让这种拒绝激励你更大的创造力。

18. 尽量放松

接受挑战后,要尽量放松。在脑电波开始平和你的中枢神经系统时,可感受到自己的内在动力在不断增加。你很快会知道自己有何收获。自己能做的事,不必祈求上天赐予你勇气,放松可以产生迎接挑战的勇气。

19. 发展性管理

在主体发展性思想指导下进行自我管理。通过思政教育,提升主体人格,使主体德性发展。这种自我管理着眼于培养主体精神，发展自己积极的个性品质，以满足全面发展和素质提高的需要。

自我认知——女学生两块钱进著名外企

本节主要讲述了自我认知的含义、重要性以及如何进行自我管理，你和你周围的人都有怎样的自我认知？

第二节 自我效能

学习目标

(1)了解自我效能的内涵。

(2)掌握自我效能的特征与影响因素。

(3)把握提升自我效能的方法。

【案例】

某集团副总患有心脏病，平时工作强度大，遵照医嘱，每天工作时间不能超过4小时，结果他很惊讶地发现，他在这三四个小时所做的事，几乎与平时花费一天所做的事没有差别。他所能提供的唯一解释是，他将被缩短的工作时间用于最重要的工作上面，这或许是他得以维持工作效能以提高工作效率的主要原因。

分析讨论：

该案例对我们平时的工作学习有什么启发？

一、自我效能的内涵

(一)效能与效率

效率的本义是指在单位时间里完成的工作量，或者说是某一工作所获得的成果与完成这

一工作所花费的人力、物力的比值。从经济意义上讲,效率指的是投入与产出或成本与收益的对比关系,但并不能反映人的行为目的和手段是否正确。简言之,效率就是把事情很快地做完。效能则强调人的行为目的和手段方面的正确性与效果方面的有利性,即把事情很快、很对地做完。效率与效能的另一个区别是获取的途径、方法不同。世界著名管理学家、诺贝尔奖获得者西蒙对"效率与效能的区别"做过较全面的剖析,他认为:"效率的提高主要靠工作方法、管理技术和一些合理的规范,再加上领导艺术;但是要提高效能必须有政策水平,战略眼光,卓绝的见识和运筹能力。"

(二)自我效能概述

1. 自我效能的含义

自我效能(self-efficacy)是由斯坦福大学(Stanford University)心理学家阿尔伯特·班杜拉(Albert Bandura)在20世纪70年代首次提出的,已经成为教育界的一个关键理念,正在被广泛应用于医疗保健、管理、运动以及诸如发展中国家的艾滋病(AIDS)等看起来极为棘手的社会问题等领域。它同时也是横扫心理健康领域的"积极心理学"运动的主要特征。班杜拉认为,人是行动的动因,个体与环境、自我与社会之间的关系是交互的,人既是社会环境的产物,又影响、形成社会环境。自我效能是构成人类动因的关键因素,如果人们相信自己没有能力引起一定的后果,他们将不会控制之前发生的事情。人类的适应和改变以社会为基础,因而个人动因是在一个社会结构性影响的大网络中发挥作用的。在动因的作用下,人们既是社会系统的生产者又是社会系统的产物。

自我效能是自我系统中起核心作用的动力因素。人们总是努力控制影响其生活的事件,通过对可控的领域进行操纵,能够更好地实现理想,防止不如意的事件发生。

2. 自我效能的本质特征

1)自我效能是一种生成能力

人的自我效能是一种生成能力,它结合认知、社会、情绪及行为方面的亚技能,并能把它们组织起来,有效地结合运用于多样目的。比如,只知道一堆单词和句子,不能被视作有语言效能。拥有亚技能和能把它们综合运用于适当的行为中并在逆境中加以实现有着显著的不同。因此,人们即使完全明白做什么,并有必需的技能去做某些事情的时候,由于自我效能不高,也常常不能把事情做到最好。

2)自我效能是行为的积极产生者和消极预言者

自我效能影响思维过程、动机水平和持续性及情感状态,对各种行为的产生起着重要作用。那些怀疑自己是否在特殊活动领域具有能力的人,会回避这些领域中的困难任务,他们很难激励自己,因而遇到障碍时易松懈斗志或很快放弃。他们对选定的目标往往并不是很投入,在艰难的环境下,他们常停留于自己的不足和任务的严峻以及失败的负面后果之中,遇到失败和挫折后,易把未完成目标归咎于能力缺陷,因而,即使很少失败,也会失去对自己能力的信念。而具有很强能力信念的人,往往视困难为挑战对象、不回避威胁,他们对活动产生兴趣后会完全投入活动,并对此富有强烈的责任感,面对困难时仍然以任务为中心,想方设法克服困难;在遇到失败或挫折时,常常把失败归因于努力不够,注重提高自身的努力程度,因而,这会促使他们不断地走向成功。

自我认知——作家的成功之路

【案例】

埃尔德和莱克对大萧条的艰难岁月中的女性的研究发现,面对大萧条,由于早期的经济困难,拥有适应资源的女性比那些生活一帆风顺的女性更加能自我肯定和随机应变;对于那些缺乏应对不良事件准备的女性,严重的经济困难则使她们缺乏机智,并有严重的无力感和顺从感。

分析:

(1)为什么会有这种不同表现?

(2)自我效能是一件按部就班的事吗?它受什么影响?

二、自我效能的影响因素

人们对自我效能的认识,是自我认识的一个主要组成部分,自我效能有五个主要的影响因素:

1. 个人自身行为的成败经验

这个效能信息源对自我效能感的影响最大。一般来说,成功经验会提高效能期望,反复的失败会降低效能期望。但事情并不这么简单,成功经验对效能期望的影响还要受个体归因方式的左右,如果归因于外部机遇等不可控的因素就不会增强效能感,把失败归因于自我能力等内部可控的因素就不一定会降低效能感。当人们相信自己具备成功所需的条件时,面对困难会坚持不懈,遭遇挫折也会很快走出低谷,有了紧咬牙关走出低谷的信念,人们就会变得更加强大而有力。

2. 替代经验

人的许多效能期望是来源于观察他人的替代经验。这里的一个关键是观察者与榜样的一致性,即榜样的情况与观察者非常相似。对于大多数活动,我们对自己的胜任程度没有绝对的度量方法,必须根据自己与他人成就的关系来评价自己的能力。比如,我们考试得了 85 分,如果不知道其他同学的成绩如何,就很难推断这个分数的高低程度。日常生活中,人们常常在同一条件下与特定的人,如同学、同事、对手等进行比较,自己胜出,则自我效能提高,反之,自己落后,则自我效能减弱。因此,由于所选择的社会比较对象的不同,自我效能会发生较大的变化。此外,替代经验还可通过由比较性自我评价引起的情感状态来影响自我效能。

3. 言语劝说

言语劝说因简便、有效而得到广泛应用。言语劝说的价值取决于它是否切合实际，缺乏事实基础的言语劝说对自我效能感的影响不大，在直接经验或替代性经验基础上进行劝说的效果会更好。但是，言语劝说，在建立持续增长的自我效能上，作用比较有限；并且，如果言语劝说的内容是提高对个人能力的不现实信念时，反而会降低说服者的权威性，进一步削弱接受者的自我效能。

4. 情绪唤醒

班杜拉在“去敏感性”的研究中发现，高水平的唤醒使成绩降低而影响自我效能。当人们不为厌恶刺激所困扰时更能期望成功，但个体在面临某项活动任务时的身心反应、强烈的激动情绪通常会妨碍行为的表现而降低自我效能感。

5. 情境条件

不同的环境提供给人们的信息是大不一样的。某些情境比其他情境更难以适应和控制。当一个人进入陌生而又易引起焦虑的情境中时，其自我效能感水平与强度就会降低。

人们在判断自身能力时，在一定程度上会依赖生理和心理状态所传达的身体信息。人们常把自己在紧张、疲劳情况下的生理活动理解为功能失调的征兆，回想起有关自己的无能和应激反应的不利想法后，就会唤起自己更高的痛苦水平，进一步削弱自我效能。

心情常常因活动性质的改变而改变，成为自我效能的另一个影响因素。如果人们学习的内容与他们当时所处的心情相符合，就会学得比较快，如果人们复习时，与当时复习时所处的心情一样，回忆效果也会好，强烈的心情比微弱的心情具有更大的影响力。鲍尔研究显示，情绪记忆与不同时间相联系，在关联网络中创设了多重联系，激活记忆网络中的特定情绪单元，将促进对相关事情的回忆，消极心情激活人们对过去缺憾的关注，积极心情则使人们回想起曾经的成就，自我效能评价因选择性回忆以往的成功而提高，因回忆失败而降低。

上述几种信息对效能期望的作用依赖于对其是如何认知和评价的。人们必须对与能力有关的因素和非能力因素对成败的作用加以权衡，人们觉察到效能的程度取决于任务的难度、付出努力的程度、接受外界援助的多少、取得成绩的情境条件以及成败的暂时模式，班杜拉的社会学习理论认为，这些因素作为效能信息的载体影响成绩，主要是通过自我效能感的中介作用发生的。

不同形式的效能影响因素往往很少单独发挥作用。人们不仅看到自己努力的结果，而且也看到他人在类似活动中的行为，还不时接受有关自己行为是否恰当的社会评价。这些因素彼此影响，并共同影响着自我效能。

自我认知——换老板？积极还是消极

【案例】

1952年7月4日清晨,加利福尼亚海岸起了浓雾。在海岸以西21英里的卡塔林纳岛上,43岁的费罗伦丝·查德威克准备从太平洋游向加利福尼亚海岸。

由于雾很大,她几乎看不到护送船,冷冰的海水使她身体发麻。时间一个小时一个小时地过去了,有几次,鲨鱼靠近她后,被人开枪吓跑了。

15小时之后,费罗伦丝冻得发麻,筋疲力尽。她知道自己不能再游了,就叫人拉她上船。她的母亲和教练在另一条船上,他们都告诉她海岸很近了,叫她不要放弃。但她朝海岸望去时,除了浓雾什么也看不到……

人们拉她上船的地点离海岸只有半英里。后来她说,令她半途而废的不是疲劳,也不是寒冷,而是因为她在浓雾中看不到目标。费罗伦丝·查德威克一生中就只有这一次没有坚持到底。

分析:

费罗伦丝·查德威克为什么没有坚持到底?

三、自我效能提升策略

(一)设置明确而合适的目标

学习动机对学习的推动作用主要表现在学习目标上,一个人的求知欲越旺盛,越想得到别人的赞许和认可,则他在有关的目标指向性行为上就越想获得成功,其行为的强度就越高。因此,不管是为了获得知识、能力,或者是为了获得良好的地位、声誉,学习目标定向明确,个体学习行为的积极性也将更高,一个没有学习目标的人,在学习上是缺乏进取性、主动性、自觉性的,即使获得好成绩,其成功感也不强。但是,对于不同的学习目标定向,学习动机的推动作用存在一定的差别,学习成果也会有一定的差异。其一,以获得知识、能力为学习目标的个体在乎的是自己在学习中学会了多少知识、获得了哪些能力。当他们遇到困难时,会不断地尝试解决问题,在这一过程中,其学习动机进一步增强,取得成就又得以提高,这来之不易的成功会让其有更强烈的愉快体验。其二,以获得赞许、良好声誉等为学习目标的个体,则更多地选择回避挑战性的学习情境,以避免失败或较低的学习成绩,尤其是那些自我能力归因较低的个体,当遇到困难或遭遇失败时,学习会更加消极。因此,明确而合适的学习目标定向,有助于发挥个体的学习动机,使其获得强烈的成功体验。

(二)与成功者为伍

由替代经验可见,相似群体的示范作用是非常大的。当看到别人成功时,个体内在的动力也会被激发出来,因此,主动寻求积极的榜样,有利于自我效能的提升。

然而,成败经验对自我效能的影响还受到个体归因方式的左右,只有当成功被归因于自己的能力这种内部的、稳定的因素时,个体才会产生较高的自我效能,如果把成功感都归因于运气、机遇之类的外部的、不稳定的因素,则不影响个体的自我效能;同样的,只有当失败被归因于自己的能力不足这种内部的、稳定的因素时,个体才会产生较低的自我效能。也就是说,自我效能高的个体会认为可以通过努力改变或控制自己,而自我效能低的个体则认为行为结果完全是由环境控制的,自己无能为力。因此,在对成败进行归因时个体还应持积极、客观的态度,以增强自我效能感、保持持续的动力。

(三)自我竞赛

自我竞赛即同自己的过去比,从自身进步、变化中认识、发现自己的能力,体验成功,提高自我效能。如果总是与优秀的人相比,就会觉得自己样样不如别人,越比自信心越差。

(四)保持良好的身心状态

身体效能管理就是对身体进行医学、运动学、心理学、营养学、物理治疗学等多科的系统干预,促使个体在工作中始终保持精力充沛、头脑清晰、身体舒适的高效能状态并且能自如应对工作和生活中的各类突发事件。

自我效能可以激活各种各样作为人类健康和疾病中介的生物过程。自我效能的许多生物学效应是在应对日常生活中急性和慢性的应激源时产生的,而应激被看成是许多躯体机能失调的重要来源。面临有能力控制的应激源时,个体不会产生有害的躯体效应;而面临相同的应激源,个体却没有能力控制时,神经激素、茶酚胺和内啡肽系统则会被激活并使免疫系统的机制受到损害。因此,保持良好的身心状态,也是提高自我效能的有效途径。

自我认知——马拉松运动员的故事

拓展延伸

通过本节的学习,你是否理解了自我效能的内涵?未来的工作中,你打算如何提升工作效能?

第三节 目标管理

学习目标

(1)了解目标及目标管理的含义。

(2)学会自我激励,掌握目标管理的特点及做法。

(3)掌握目标管理的方法。

【案例】

比尔·拉福是美国当代著名的企业家,比尔从小立志要当一名成功的商人。中学毕业后,比尔考入麻省理工学院,学习最基础的机械制造专业。在4年大学生涯里,比尔还涉猎化工、建筑、电子等方面知识,毕业后,比尔并没有立即投身于商海,而是考入芝加哥学院攻读经济学的硕士学位,这期间比尔掌握了大量的经济学知识,了解了决定商业活动的众多因素。取得硕士学位后他还是没有从事商业活动,而是考公务员,进入政府部门工作了5年。5年之后他辞职,应聘到通用电气公司,开始熟悉商情和商务技巧。两年后,公司决定让他当高管,他却辞职了,创建了自己的拉福商贸公司。

分析:

(1)比尔的成功说明了什么?

(2)你的目标是什么?为了目标的实现你是怎么做的?

一、目标及目标管理的含义

(一)目标的含义

目标是个人、部门或整个组织所期望实现的成果。我们所说的梦想、理想通常是目标的另一称呼。人们需要通过自己的努力来实现既定目标,目标是动力,没有动力的人就会觉得比较累。

美国管理大师彼得·德鲁克认为:先有目标才能确定工作,所以企业的使命和任务,必须转化为目标。如果一个领域没有目标,这个领域的工作必然被忽视。

(二)目标管理的含义

目标管理是使管理者的工作由被动变为主动的一个很好的管理手段,实施目标管理不仅有利于员工更加明确、高效地工作,而且为管理者将来对员工实施绩效考核提供了考核目标和考核标准,使考核更加科学化、规范化,更能保证考核的公正、公开与公平。因此,管理者应该通过目标对下级有效管理,当组织最高层管理者确定了组织目标后,必须对其有效分解,转变成各个部门以及各个人的分目标,管理者根据分目标的完成情况对下级进行考核、评价和奖惩。

目标管理方法提出来后,美国通用电气公司最先采用并取得了明显效果。其后,在美国、西欧、日本等许多国家和地区得到迅速推广,被公认为是一种加强计划管理的先进科学管理方法。当前,在目标管理过程中,教师不仅要加强自身的素质建设,还要重视管理方法,帮助学生树立正确的理想信念,以后更好地走向社会。

自我认知——小黄的面试

【案例】

A机床厂从1981年开始推行目标管理:为了充分发挥各职能部门的作用,充分调动1 000多名职能部门人员的积极性,该厂首先对厂部和科室实施了目标管理。经过一段时间的试点后,逐步推广到全厂各车间、工段和班组。多年的实践表明,目标管理改善了企业经营管理,挖掘了企业内部潜力,增强了企业的应变能力,提高了企业素质,取得了较好的经济效益。

2015年,B柴油机厂为努力开创扭亏解困、健康发展的新局面而召开工作会议,坚持转变观念,艰苦奋斗。以"环保优先,安全第一,质量至上,以人为本"的HSE(健康、安全、环保)管理理念为基础,制定经营目标——到年底企业基本实现"四个升级转型,要实现未来三年的发展任务"。

分析:

(1)A机床厂为什么能转亏为盈?

(2)你希望自己的单位也实施目标管理吗?

二、目标管理的特点及具体做法

(一)目标管理的特点

(1)员工参与管理。目标管理是员工参与管理的一种形式,由上下级共同商定,依次确定各种目标。南方机床厂因为实行了目标管理,调动了广大员工的主动性、创造性和积极性,将个人利益和组织利益紧密联系起来,鼓舞了士气,极大地激励组织人员为实现目标而努力,具有很好的激励功能。

(2)以自我管理为中心。目标管理的基本精神是以自我管理为中心。目标的实施,由目标责任者自我进行,通过自身监督与衡量,不断修正自己的行为,以达到目标的实现。

(3)强调自我评价。目标管理强调自我对工作中的成绩、不足、错误进行对照总结,经常自检自查,不断提高效益。

(4)重视成果。目标管理将评价重点放在工作成效上,按员工的实际贡献大小如实地评价一个人,使评价更具有建设性。

(二)目标管理的具体做法

目标管理的具体做法分三个阶段:第一阶段为目标的设置;第二阶段为实现目标过程的管理;第三阶段为测定与评价所取得的成果。

1. 目标的设置

这是目标管理最重要的阶段,这一阶段可以细分为四个步骤:

(1)高层管理预定目标,这是一个暂时的、可以改变的目标预案。即可以由上级提出,再同下级讨论;也可以由下级提出,上级批准。无论哪种方式,必须共同商量决定;其次,领导必须根据企业的使命和长远战略,估计客观环境带来的机会和挑战,对该企业的优劣有清醒的认识,对组织应该和能够完成的目标做到心中有数。

(2)重新审议组织结构和职责分工。目标管理要求每一个分目标都有确定的责任主体。因此预定目标之后,需要重新审查现有组织结构,根据新的目标分解要求进行调整,明确目标责任者和协调关系。

(3)确立下级的目标。首先下级明确组织的规划和目标,然后商定下级的分目标。在讨论中上级要尊重下级,平等待人,耐心倾听下级意见,帮助下级发展一致性和支持性目标。分目标要具体量化,便于考核;分清轻重缓急,以免顾此失彼;既要有挑战性,又要有实现可能。每个员工和部门的分目标要和其他的分目标协调一致,支持本单位和组织目标的实现。

(4)上级和下级就实现各项目标所需的条件以及实现目标后的奖惩事宜达成协议。分目标制定后,要授予下级相应的资源配置的权力,实现权责利的统一。由下级写成书面协议,编制目标记录卡片,整个组织汇总所有资料后,绘制出目标图。

2. 实现目标过程的管理

目标管理重视结果,强调自主、自治和自觉,并不等于领导可以放手不管,相反由于形成了目标体系,一环失误,就会牵动全局。因此领导在目标实施过程中的管理是不可缺少的。首先进行定期检查,利用双方经常接触的机会和信息反馈渠道自然地进行;其次要向下级通报进度,便于互相协调;再次要帮助下级解决工作中出现的困难问题,当出现意外、不可测事件,严重影响组织目标实现时,也可以通过一定的手续,修改原定的目标。

3. 总结和评估

达到预定的期限后,下级首先进行自我评估,提交书面报告;然后上下级一起考核目标完成情况,决定奖惩;同时讨论下一阶段目标,开始新循环。如果目标没有完成,应分析原因总结教训,切忌相互指责,以保持相互信任的气氛。

自我认知——人生就像爬楼梯

【案例】

从前有两个和尚,分别住在相邻两座山上的庙里,这两座山之间有一条河,两个和尚每天都会在同一时间下山去河边挑水,久而久之便成了好朋友。

弹指一挥间,时间在每天挑水中不知不觉地过了五年。

突然有一天,左边这座山的和尚没有下山挑水,右边那座山的和尚心想:“他大概睡过头了。”第二天,左边这座山的和尚还是没有下山挑水。一个星期过去了,右边那座山的和尚心想:“我的朋友可能生病了,我要过去看望他,看看能帮上什么忙。”于是,他便爬上山去探望老友。

当他走进左边的那座庙，看到老友之后，大吃一惊，他的老友正在庙前打太极拳，一点儿也不像一个星期没喝水的样子。他好奇地问："你已经一个星期没下山挑水了，难道你可以不用喝水吗？""来来来，我带你去看看。"于是，老友带他走到庙的后院，指着一口井说："这五年来，我每天做完功课后都会抽空挖这口井。虽然我们现在年轻力壮，尚能自己挑水，倘若有一天我们都年迈走不动时，我们还能指望别人给我们挑水喝吗？所以，即使有时很忙，我也没有间断过我的挖井计划，能挖多少算多少。如今，终于让我挖出了水，我就不必再下山挑水去了，可以有更多的时间练我喜欢的太极拳了。"

分析：

(1)左边这座山的和尚为什么要挖井？

(2)你有为自己的未来计划过吗？你准备怎样实现你的目标？

三、如何进行目标管理

俗话说："志不立，天下无可成之事。"立志是人生的起跑点，反映着一个人的理想、胸怀、情趣和价值观。左边那座山的和尚能预测到自己将会面临的问题，并能正确地对目标进行识别，因此他能够想着做好计划、做好准备，一步一步地实现目标。在准确地对自己和环境做出评估之后，我们可以确定适合自己、有实现可能的职业发展目标。在确定职业发展的目标时要注意自己性格、兴趣、特长与选定职业的匹配，更重要的是考察自己所处的内外环境与职业目标是否相适应，不能妄自菲薄，也不能好高骛远。那么，应该如何进行目标管理？

(一)目标要看得见、够得着

目标要看得见、够得着，才能成为一个有效的目标，才会形成动力，帮助人们获得自己想要的结果。

人们在制定目标时经常会犯一个错误，就是认为目标定得越高越好，认为目标定得高了，即便只完成80%也能超出自己的预期。实际上，这种思想是有问题的，持有这种思想的人过分依赖目标，认为只要目标制定了，就会去达成。

实际上，制定目标是一回事，完成目标又是另外一回事。制定目标是明确做什么，完成目标是明确如何做。与其制定一个高目标给自己压力，不如制定一个合适的目标，并制订行动计划，排除障碍，从而形成动力。

另外，目标不是唯一的激励手段，目标只有与激励机制相匹配，才会起到更有效的激励作用。所以，除了关注目标之外，还要关注配套的激励措施。

(二)全面、细致的分析

为使目标切合实际，在实施目标管理之前需进行全面、细致的分析，认清自己的优势和劣势，从而明确要解决问题的原因以及要达到的结果，这样才能着手拟定正确的目标。

(三)行动与目标不断对照

当人们的行动有明确的目标，并且把自己的行动与目标不断加以对照，清楚地知道自己的进展与目标的差距时，行动的动机就会得到维持和加强，人们就会自觉地克服一切困难，努力达到目标。

目标还需要进行分解，一个人制定目标时要有最终目标，比如你想成为世界长跑冠军，那么，你可以分解成更为明确的一个个阶段小目标，比如在某个时间段内成绩提高多少等。最终目标是宏大的、引领方向的目标，而阶段小目标就是一个个具体的、有明确衡量标准的目标。例如，在四个月内把跑步成绩提高 1 s，这是最终目标；在第一个月内提高 0.03 s 就是阶段小目标。当目标被清晰地分解了，目标的激励作用就显现了，当我们实现了一个目标时，就及时地得到了一个正面激励，这对于培养挑战目标的信心，作用是非常巨大的。

自我认知——目标决定人生

生命的悲剧不在于目标没有达成，而在于没有目标。那么，你想要什么样的人生？

第四节 时间管理

(1)认识时间管理的本质。

(2)了解时间管理的基本原则。

(3)掌握有效率的支配时间的技巧。

【案例】

张三的恶习

某天清晨，张三在上班途中决定，一到办公室即着手草拟下年度的部门预算。他准时于9:00点走进办公室，却觉得不如先将办公桌及办公室整理一下，为自己提供一个干净、舒适的环境。于是他花了 30 min 去打扫，他并不感到后悔，因为半小时的清理工作很有成

效，这有利于工作效率的提高。他得意地随手点了支香烟，稍作休息。这时，他无意中发现报纸上的彩图照片是自己喜欢的一位明星，便情不自禁地拿起报纸来。等他把报纸放回报架，时间又过了10 min。虽感觉不应该看报，但又觉得报纸毕竟是精神食粮，也是重要的沟通媒体，身为企业的部门主管怎能不看报？何况上午不看报，下午或晚上也一样要看。这样一想，心也就放宽了。于是，这才正襟危坐地准备埋头工作。可就在这个时候，电话铃响了，是一位顾客的投诉电话。他连解释带赔罪地花了20 min才说服对方平息怒气。挂上电话后，他去了洗手间。在回办公室的途中，闻到咖啡的香味。原来是另一部门的同事正在享受"上午茶"，他们邀他加入。他想刚费心思处理了投诉电话，一时也进入不了状态，而且预算的草拟是一件颇费心思的工作，若头脑不清醒，则难以完成，于是他毫不犹豫地应邀加入，畅快地聊了一阵。回到办公室后，他果然感到精神奕奕，终于要开始"正式工作了"——草拟预算。可是，一看表，已经10:45了！距离11:00点的部门例会只剩下15 min。他又想，反正在这么短的时间内也不太适合做比较费神耗时的工作，干脆把草拟预算的工作留待明天算了。

分析：

(1)张三身上拖延的恶习，你是否也有？

(2)一个人如果有了拖延的恶习，会有怎样的影响？

一、时间管理的本质

时间就是生命，它不可逆转，也无法取代。莎士比亚有句名言："放弃时间的人，时间也会放弃他。"浪费时间就是浪费生命，而一旦把握好时间，也就可以说你掌握了自己的命运，能够更好地发挥生命的价值。

这个世界上根本不存在"没时间"这回事，"没时间"只能说明一个人没有很好地利用自己的时间。为了更好地进行自我管理，就要好好利用时间、争取时间，并利用这些时间做该做的事情。

(一)时间管理的内涵

人生管理，实质上就是时间管理。时间是世界上最稀缺、最宝贵的一种资源，时间的稀缺性体现了生命的有限性。科学地分析时间、利用时间、管理时间、节约时间，进而在有限的时间里，最大化地创造自身职业价值，是追求自我完善和自我超越的一种重要能力。

1. 时间

人生最宝贵的两项资产，一项是头脑，一项是时间。时间对于每个人来说都是固定的，我们每个人每天都有86 400 s的时间，不管是成功的人，还是不成功的人，在任何情况下时间都不会增加，也不会减少，一天都只能是24 h，并且，任何人都无法阻止其持续流逝，也是无法将其暂时储存。成功与不成功的差别仅在于如何利用24 h。

时间是一种特殊的资源，我们的生命是由分分秒秒的时间构筑而成的，因此，时间的重要性不言而喻。

(1)时间的供给量是固定不变的，在任何情况下既不会增加，也不会减少，每天都是24 h。

(2)时间不像人力、财力、物力和技术那样能被积蓄或储藏。不论愿不愿意，我们都必须消费时间，无法节流。

(3)任何一项活动都有赖于时间的堆砌,因此,时间无可替代。

(4)时间无法像物品一样失而复得。它一旦丧失,则永远无法寻回。

2. 时间管理

时间管理是指为了达到某种目的,人们通过可靠的方法和途径,安排自己和他人的活动,合理、有效地利用可以支配的时间。其所探索的是如何减少时间浪费,以便有效地完成既定目标。时间管理的关键在于,如何选择、支配、调整、驾驭单位时间里所做的事情。它源于你不满足于现状,或是想要有更好的时间管理,是通过事先规划并运用一定的技巧、方法与工具实现对时间的有效运用,从而实现个人或组织的既定目标。简单地说,时间管理就是如何以最少的时间投入来获取最佳的结果。

因此,管理好时间,是管理好其他事情的前提,而分析认识自己的时间,是系统地分析自己的工作、鉴别工作重要性的方法,也是通向成功的有效途径。

时间管理的本质是管理个人,是自我的一种管理。时间管理也是企业的财富之源,“时间就是金钱”的观念早已深入人心,而对于处在职场中的人来讲,做好时间管理不仅意味着丰厚的经济收益,更能令自己的事业突飞猛进。工作是无限的,时间却是有限的。在工作中要很好地完成工作就必须善于利用自己的工作时间。

那么,什么人最需要做时间管理?

(1)感觉时间有限,而工作无限的人。

(2)努力工作,却没有收获的人。

(3)努力工作,却不是很快乐的人。

(4)想要趁早实现自己理想的人。

(5)常连吃饭都没有时间,觉得有损身心健康的人。

(6)看着别人忙忙碌碌,自己却感觉空虚,不知如何打发时间的人。

(二)时间管理的意义

很多人都认为,时间管理的意义在于让我们工作得更有效率。这确实是掌握时间管理技能的一大好处。然而,时间管理的本质并不如此。时间管理的根本是人生的自我管理。它应该是每个追求成功的人的必备素质。时间管理不是做得更多,而是做得更好!人决定不了自己人生的长度,但能决定自己人生的宽度。

时间管理包含“效能”和“效率”两个方面。“效能”是指一个人是否在“做正确的事”,即是否确立了适合自己的人生目标并为此行动;“效率”是指“正确地做事”,即在实现目标的过程中是否采取了正确的方法并行之有效。因此,时间管理不仅涉及“效率”,更要关注“效能”,才能真正体会到成功所带来的喜悦。

自我认知——寒号鸟

【案例】

又一天的工作开始了,刘小明打开了昨天没有做完的文案。"今天一定要把这个文案做完!不能再拖了。"刘小明咬着牙默默地念叨着。是啊,这份文案已经做了一个星期了,到现在还没有个结果。"可是……"刘小明犹豫了起来,"做文案可是需要静下心来,没有任何干扰的情况下才能有真正的创意和灵感,我还是得先把一些杂事处理掉再做吧。"于是,刘小明准备给两位许久没有联系的客户打电话。还没有拿起电话听筒,刘小明突然想,邮箱里的邮件其实也该处理了,要不先看看邮箱。脑子里冒出来的一大堆的事情搞得刘小明心烦意乱,他一会儿觉得该做这个,一会儿又觉得该做那个,在心里衡量来衡量去,似乎又觉得先做哪个都不合适。时间一分一秒地过去了,整整一个小时,刘小明一会儿打开电脑中的这个文件夹,一会儿又打开那个文件夹,一会儿拿起电话,一会儿又登录邮箱。反反复复,竟然什么事情也没有做成。

分析:

(1)刘小明为什么会这样?

(2)你是这样的人吗?如果你或你身边的人有这样的情况,你认为应该怎样处理?

二、时间管理失控的原因及应对措施

(一)造成时间失控的原因

在现实生活中,我们常常会出现习惯性拖延时间、不擅长处理不速之客的打扰、不擅长处理无端电话的打扰,以及泛滥的"会议病"困扰等情况,这些都会影响我们对时间的有效管理。

很多人总是说:"太忙了,根本没有时间。",事实上,在大多数情况下,太忙都是由于他们不能有效管理时间造成的。在实际工作中,浪费时间主要表现为办事拖拉、会议冗长、不速之客闯入、电话干扰、经常加班加点、穷于应付突发事件、上班漫谈、聊天,工作交代不清、做错事情、不敢拍板、等指示、不考虑事情的复杂性、主管事必躬亲、完美主义办事、不考虑轻重缓急、凭记忆办事、主办人员迟到……

案例中的刘小明其实就是完美主义倾向在作怪。实际上,无论从事任何工作,都不可避免地需要处理一些诸如电话、邮件这样的琐事与杂事。的确,做需要创意和灵感的工作任务是需要安静一点的环境和心境,但是,如果像刘小明一样,等所有的琐事做完再去做文案,恐怕不知道要等到什么时候才能够开始。

培根曾经说过:"合理安排时间,就等于节约时间。"工作缺乏计划,将导致目标不明确,不能有效地归类工作,也就很难按照事情轻重缓急的顺序,有效地分配时间,因为人的时间和精力都是有限的,如果亲自处理每一件事情,势必会"眉毛胡子一把抓",无法节约时间去做最重要的工作。

我们不可能满足所有人的要求,因为每个人的时间都是有限的。在日常工作中,我们经常会遇到各种请求,往往会因为碍于面子而答应下来,但又没有时间来完成,这对自己和他人来说,都将是一种伤害。

一般而言,造成时间失控的原因主要有以下几个方面:

1)缺乏计划

我们往往面临需要同时完成多项任务,而这些任务又都有一定的难度和完成期限。如果不能制订一个有效的计划,对这些任务做一个全面的安排,往往会被任务搞得焦头烂额,穷于应付,最后可能一事无成。

在工作中,每个人都要认识到做出合理计划的重要性。工作有目标和计划,做起事来才能有条理,你的时间就会变得很充足,不会扰乱自己的工作节奏,办事效率也极高。你应当计划你的工作,在这方面所花的时间是值得的。如果没有计划,你始终不会成为一个工作有效率的人。工作效率的中心问题是:你对工作计划得如何,而不是你工作干得如何努力。

工作过度吃力的真正原因并不是工作太多,而是因为没有计划,没有系统。那些习惯毫无计划地工作的人,总是这样想着:我必须工作,我必须工作,我必须工作。可是,没有计划,你很可能被一些不在计划之内的事缠身,该做的事就做不完。如果你就是管理者,你就不能有效管理工厂里的员工。如果你每天有计划,那么你在每刻钟之内,都应当晓得该做什么事。

罗斯福总统是一个注重计划的人。他时时把他所该做的事都记下来,然后拟定一个计划表,规定自己在某段时间内做某事。通过他的办公日程表可以看出,从上午9点钟与夫人在白宫草地上散步起,至晚上招待客人吃饭等为止,整整一天他安排得有条不紊。

2)缺乏控制

每项工作都应有时间限制和要求的完成标准。如果管理者在分配任务后不能跟踪员工的工作进度和成效,很可能在期限到来前,才发现工作不能按期完成,或者是在完成后才发现完成的不符合要求,导致一些工作要部分或完全重做,既浪费时间,又误了工期。

3)时间虚耗

个别员工可能由于个人的工作习惯或自我约束力差、害怕出错或应酬活动太多而造成时间的大量流失,影响实际的工作时间。

时间失控的结果是,一方面不能按时完成上司布置的任务,受到批评和惩罚,影响自己的升迁;另一方面,会使您患上时间缺乏症,从而带来许多慢性后遗症。许多学者的研究表明,繁忙的生活步调是导致紧张、压迫感和其他主要疾病的重要原因;繁忙的工作还会使人出现头疼、失眠、沮丧、焦虑、暴躁、愤怒等症状。

(二)时间管理的具体方法

(1)有计划地使用时间。不会计划时间的人,等于时间管理失败。

(2)目标明确。目标要具体、具有可操作性。

(3)将要做的事情根据重要性排序。根据事情、价值的大小分配时间。

(4)将一天从早到晚要做的事情罗列出来。

(5)具有灵活性。一般来说,应将一天中50%的时间计划好,其余的50%应当属于灵活时间,用来应对各种打扰和无法预期的事情。

(6)遵循生物钟。确定办事效率最佳的时间点,将优先办的事情放在最佳时间点完成。

(7)做正确的事情要比把事情做好更重要。把事情做正确会产生效果,而把事情做好仅仅是带来效率。首先应考虑效果,其次才考虑效率。

(8)区分紧急事务与重要事务。紧急事务往往是暂时性的,重要事务往往是长期性的。给所有罗列出来的事情定一个完成期限。

(9)对所有没有意义的事情采用有意忽略的技巧。将罗列的事情中没有任何意义的事情删除。

(10)不要想成为完美主义者。不要追求完美,而要追求办事效果。

(11)巧妙地拖延。如果一件事情你不想做,可以将这件事情细分为很小的部分,只做其中一个小的部分就可以了,或者最多花费15分钟去做其中最主要的部分。

(12) 学会说“不”。一旦确定了哪些事情是重要的,对那些不重要的事情就应当说“不”。

(13)奖赏自己。即使是一个小小的成功,也应该庆祝一番。可以事先给自己许下一个奖赏诺言,事情成功之后一定要履行诺言。

自我认知——李开复谈如何管理时间

【案例】

小珊是一所名牌大学毕业生。在校期间,她学习成绩十分优秀,受到老师的赞扬和同学们的敬佩。毕业之后,她很顺利地在某跨国企业中国总部谋得了总经理助理一职。刚上班,小珊在工作上满腔热情,也非常愿意努力工作,做出成绩。一天,总经理临出差前交代给她一项任务,让她主导编制中国总部的明年预算,还特别提醒她,若有不明白的地方,可与各部门主管讨论,希望她能在周五上午完成。小珊想都没想,很爽快地答应了。

总经理离开后,小珊想到编制年度预算需要找各部门主管商量,这么急召集会议讨论,需要自己提前准备一下,况且离总经理要求完成的时间还有好几天,明天讨论也可以。于是,她就放下这件事情,处理别的事情了。

第二天一早,小珊准时来到办公室,看到办公室实在太凌乱,心想如果没有好的工作环境,效率就会低下,于是她花了半天时间收拾自己的办公室。到了下午,她想起总经理交代的任务还没有完成,但是她突然接到一个很久未见面的好朋友电话,约她到咖啡厅聊聊,结果一聊又是一下午。第三天一早,在她刚到办公室时,总经理打来电话,告知下午赶回来,并提醒她下午把预算资料放到他的办公室桌上,小珊一听慌了,赶紧联络几个部门主管,谁知他们中的一些已经出差到外地去了。小珊一下傻了,她知道单凭她个人的力量,是无法完成整个预算资料编制的。她呆在位置上,不知下午怎么向总经理报告。想到这里,她不禁一阵后悔,为什么自己不早一点开始做预算资料?

分析:

你在生活中有拖延的习惯吗?如果你是小珊,你将如何进行有效的时间管理?

三、时间管理的技巧原则

一个不会管理时间的人,无论如何不会成为一名优秀的企业员工;同样,一个不会管理时间的人,他生命中的许多时光处在一种浪费状态中,也可能会浪费他人的时间。所以,学会善于管理自己的时间,让自己有限的人生过得更精彩、充实是非常重要的。概括地说,有效管理时间应做到两点:一是做该做的事;二是正确地做事。想要做好这两点,就要遵循以下原则:

(一)目标原则

设定目标是时间管理的第一步,目标的功能在于让你在面临各种选择时,有一个清晰的认识,使你的行动更有效率。哈佛大学的一项对智力、学历、环境相似的人的跟踪研究发现,3% 的人有十分清晰的长期目标;10% 的人有比较清晰的短期目标;60% 的人目标模糊;27% 的人没有目标。25 年后,那 3% 的人,几乎都成了社会各界的成功人士;那 10% 的人,大都生活在社会的中上层;那 60% 的人,几乎都生活在社会的中下层;那 27% 的人,几乎都生活在社会的最底层。由此可见,清晰的目标,可以使人在同样的时间内,更高效地完成工作,也最能刺激我们奋勇前进、引导我们发挥潜能。

根据 SMART 原则,有效的目标应遵循具体明确(Specific)、可衡量(Measurable)、可实现但有挑战性(Achievable and Challengjng)、有意义(Rewarding)、有明确期限(Time-Bounded)五项原则。同时,还必须具有书面性和可操作性。

需要清楚的是,任何一个目标的设定,时间限定都是一个重要内容,很多目标实现不了的重要原因,就是没有时间上的限定。如果我们仔细回顾一下,可以发现,因没有时间限定而实现不了目标的例子,在现实生活中不胜枚举。

(二)象限原则

在开始工作前,我们如何在一系列以目标为导向的待办事项中,选择孰先孰后?一般来说,优先考虑重要和紧迫的事情,但是在很多情况下,重要的事情不一定紧迫,紧迫的事情不一定重要。因此,处理事情的优先顺序的判断依据是轻重缓急,常用四象限原则来作为判断依据。

1. 第一象限是重要且紧急的事情

这类事情包括紧急事件、有期限要求的项目或需要立即解决的问题,需要引起高度重视。这是考验我们的经验、判断力的时刻,很多重要的事都是因为一拖再拖或事前准备不足而变得迫在眉睫。该象限的本质是缺乏有效的工作计划导致本处于“重要但不紧急”第二象限的事情转变到第一象限,这也是传统思维状态下的管理者的通常状况,即“瞎忙”。

2. 第二象限是重要但不紧急的事情

这类事情包括策划、建立关系、网络工作、个人发展。荒废这个象限将使第一象限日益扩大,使管理者陷入更大的压力之中,在危机中疲于应付。反之,在这个象限多投入一些时间有利于提高实践能力,缩小第一象限的范围。做好事先的规划、准备与预防措施,很多急事将无从产生。

这个象限的事情不会使管理者产生急迫感,所以管理者应发挥个人领导力,积极主动地完成这一象限的工作。这更是传统低效管理者与高效卓越管理者的重要区别,建议管理者把 80% 的精力投入到该象限的工作,以使第一象限的“急”事无限变少,不再“瞎忙”。

3. 第三象限是紧急但不重要的事情

这类工作包括应付干扰、处理一些电话及电子邮件,参加会议、处理其他人际关系的事情。

第三象限表面看似第一象限，因为迫切的呼声会让我们产生"这件事很重要"的错觉——实际上就算重要也是对别人而言。很多人花费很多时间完成这些紧急的事情，其实不过是在满足别人的期望与标准，如接电话、附和别人期望的事。

4. 第四象限是不重要而且也不紧急的事情

这类工作包括处理垃圾邮件、直销信件、浪费时间的工作、与同事的社交活动以及个人感兴趣的事情。这一象限大多是些琐碎的杂事，没有时间的紧迫性，没有任何的重要性，这一象限的事情并不都是休闲活动，因为真正有创造意义的休闲活动也是很有价值的。

通过四象限原则，我们清楚地看到，事情处理的优先顺序依次为第一象限、第二象限、第三象限、第四象限。但是，对于一个善于管理时间的人来说，通常会重点关注第二象限的事情，做好提前准备，以免将其拖延成第一类事情，从而措手不及、影响成效。

（三）二八原则

"二八原则"又称帕累托定律，是意大利经济学家帕累托，在对 19 世纪英国社会各阶层的财富和收益统计分析时发现，80% 的社会财富集中在 20% 的人手里，而剩余的 80% 的人只拥有 20% 的社会财富。随后哈佛大学语言学教授吉普夫和罗马尼亚裔的美国工程师朱伦进一步完善了"二八原则"。

"二八原则"提示我们，并不是所有的产品都一样重要，并不是所有的顾客都同等重要，并不是所有的投入都同样重要，并不是所有的原因都同样重要。在任何一组事物中，最重要的只占一小部分，即 20%，而其余 80% 虽然占多数，却是次要的。如果想取得人生的辉煌和事业的成就，就必须学会找出你心中的事物的优先顺序，抓住重点。

（四）避免干扰原则

1. 积极地听

拒绝的话不要脱口而出。不要在他人刚开口时即断然拒绝，不容分辩，过分急躁地拒绝最易引起对方的反感。应该耐心地听完对方的话，并用心弄懂对方的理由和要求，要站在对方的立场上考虑问题，一定要显示出明白这个请求对其的重要性，让对方了解到自己的拒绝不是草率做出的，是在认真考虑之后才不得已而为之的。

2. 以和蔼的态度拒绝

首先感谢对方在需要帮助时可以想到你，并且略表歉意。注意，过分的歉意会造成不诚实的印象，因为如果你真的感到非常抱歉，就应该接受对方的请求。

不要以一种高高在上的态度拒绝对方的要求，不要对他人的请求流露出不快的神色，更不要蔑视或忽略对方，这些都是没有修养的具体表现，会让对方觉得你没有诚意，从而对你的拒绝产生逆反心理。从听对方陈述要求和理由，到拒绝对方并陈述理由，都要始终保持一种和蔼的态度和面貌，表示出对对方的好感和真诚之心。

3. 要明白地告诉对方你要考虑的时间

我们经常以"需要考虑考虑"为托词而不愿意当面拒绝请求，内心希望通过拖延时间使对方知难而退，这是错误的。如果不愿意立刻当面拒绝，应该明确告知对方考虑的时间，表示自己的诚信。

4. 用抱歉语舒缓对方的情绪及抵抗

对于他人的请求，无能为力，或迫于情势而不得不拒绝时，一定记得加上"实在对不起""请您原谅"等歉语，这样，便能不同程度地减轻对方因遭拒绝而受的打击，并舒缓对方的挫折感和对立情绪。

5. 应明白干脆地说出“不”字

拒绝的态度虽应温和,但是明显不能办到的事,应明白地说出“不”字。模棱两可的说法使对方怀有希望,引发误解,当最终无法实现时,就会使对方觉得受了欺骗,如此引起的不满和对立情绪往往更加强烈,应特别注意。俗话说,长痛不如短痛,晚断不如早断,要一次让对方死心,否则会害人害己,贻害无穷。

6. 说明拒绝的理由

不要只用一个“不”字就将对方“打道回府”,而应给“不”加上合情合理的注解,以使对方明白,自己的拒绝并非是毫无理由,也不只是出于借口,而是确有一些无可奈何的原因,确有某种难以说出的苦衷。最好具体地说出理由及原委,以取得对方的谅解。

最好能提出真诚的并且符合逻辑的拒绝的理由,有助于维持原有的关系。千万不可编造理由,因为谎言终究会被揭穿。当你说明理由后,对方试图反驳时,千万不可与之争辩,只要重申拒绝即可。争辩会把理性转化为感性。

7. 提出取代的办法

你的拒绝,必定给请求者造成一些麻烦,影响他的计划的正常进程,甚至使他的计划搁浅。这时,你若帮他提供一些其他的途径和办法,能减轻对方的挫折感和对你的怨恨心理。比如“要是明天的话,我大概可以去一趟”或“我只能借给你300元,但我知道小李有一笔不小的活动奖金,也许你可以去找他”类似的话,可以向对方表达你愿意帮他的诚意,并缓解对方的被动局面,从而赢得对方的好感。

8. 对事不对人

一定要让对方知道你拒绝的是他的请求,而不是他本身。

9. 千万不可通过第三方加以拒绝

通过第三方拒绝,足以显示自己懦弱的心态,并且非常缺乏诚意。

总之,成功地拒绝他人的不实之请可以节省自己的时间和精力,还可以免除由不情愿行为所带来的心理压力。关键在于,拒绝前必须将对方的利益放在考虑范围之内,才能做到两全。把握好以上几点,再根据具体的工作场合、具体的情况需要来采取具体的拒绝策略,这样,才会避免双方之间的感情受到伤害,影响工作中的和谐气氛。

(五)黄金时间法则

通常人一天的变化规律为:早上思维最敏捷,下午精力有所减退,晚上精力得到恢复但没有达到高峰。在实际生活中,人的生物钟是有个体差异的,差异最大的是“百灵鸟”和“夜猫子”。从名称上我们可以看出,有人白天效率高,有人夜晚效率高,但是,不管何种类型,其生物钟的模式设定规律是一致的,即思维敏捷、精力减退、精力恢复。了解自己生物钟的变化规律,根据自己的精力周期进行日程安排,可提高工作效率。

根据生物钟一般规律的黄金时间法则,日程安排如下:

(1)智力任务。安排在思维敏捷阶段,这是制定决策的最佳时间,通常是在早上。

(2)思考性或创造性工作。精力减退期是思考、处理信息和长期记忆的理想时间,这一时期通常是在下午。

(3)日常工作精力恢复期适合做需要集中精力的日常工作或重复性工作,这个时期通常是晚上。

（六）大块时间法则

大块时间法则是培养工作情绪的法则，即用前 30 min 做容易做的事情，让事情看起来有进度，在后 90 min 做最重要的事情。具体方法包括：

（1）列举今天所有要做的事情，将其分成容易的、重要的及其他事情，用“二八原则”排出事情的优先顺序。

（2）在前 30 min 完成最容易的事情，时间一到，不管是否完成都要将手里的工作告一段落。

（3）在后 90 min 完成最重要的事情，如果顺利，可以持续工作。

（4）在空余时间完成遗留的容易的事情。

自我认知——时间管理的误区

拓展延伸

学习了本节的知识内容，你有什么想法？今后打算如何有效地管理自己的时间？

第五节 情绪管理

学习目标

（1）了解情绪的特点及基本范畴。

（2）学会正确的情绪管理的方法。

（3）掌握情绪的产生及作用。

知识学习

【案例】

作家戈登曾深感人生乏味，意志消沉，灵感枯竭，但他却完全无力改善，于是去看医生。身体检查完全正常，医生给他介绍了一位著名的心理大夫。心理医生在详细了解了戈登的状况后，提议他做一次精神之旅——到幼年时自己最喜爱的地点度一天假。可以进食，但禁止说话、阅读、写作或听收音机。然后还替他开了四张处方,嘱咐他分别在是9点、12点、下午3点及6点拆开。

第二天,戈登来到了儿时最心爱的海滩,然后打开了第一张处方,上面写着"仔细聆听"。他很不想接受,但为了尽早康复,依然遵了医嘱,耐心地四下倾听。海浪声、鸟声……一边聆听,他一边想起了小时候,心情逐渐平静下来。

中午,他打开第二张处方:"设法回头。"他开始回忆以往的乐事,心中渐渐升起一股温暖的感觉。下午3点,打开第三张处方:"检讨动机",起初他为自己的行为辩护,可是慢慢地,他又觉得这些动机并不怎么正当,或许这正是他陷入低潮的原因。回顾过去愉快而令人满足的生活,他终于找到了答案。于是在纸上写道:"我突然领悟到,动机不正,诸事便不顺。不论邮差、美发师、保险推销员或家庭主妇,只要甘愿为他人服务,就能把工作做得更好。若是只为了某种私利,则不会干得更好,也更不会成功。目标或动机决定了自己的成败,这将是不变的真理。"

到了下午6点,打开的第四张处方很简单:"把忧愁埋进沙子里。"他跪在沙滩上,用贝壳写了几个字,然后头也不回地转身离去。他相信,当潮水涌上来时,他的那些忧愁将消失殆尽。后来,这位作家终于走出了困扰已久的抑郁情绪,不断用纸笔耕耘,书写感动心灵的励志书籍,进而成为一位畅销书作家。

分析:

(1)这个故事告诉我们什么?

(2)请你也静下心来想一想,你心中真正想要的是什么?

一、情绪管理概述

情绪管理是一门科学。有人预言,无论是传统的物质企业,还是现代的IT业,未来十年内所面对的主要挑战将是如何支配以及管理情绪和理智、情绪和知识,从而为客户创造出更卓越的服务和体验。成功的专业技术人员,不仅肩负着企业赢利的根本任务,同时也应当是"情绪管理高手",善于生产和制造正面积极的情绪,为企业产品创造更多的附加价值。

(一)情绪

1. 情绪的定义

情绪,是多种感觉、思想和行为综合产生的心理和生理状态,是人的主观认知经验。这些认知经验主要有高兴、生气、哀伤、惊讶、恐惧、爱、嫉妒、惭愧、羞耻、自豪等。情绪分为正面情绪和负面情绪。使人产生愉悦感受的情绪是正面情绪,如高兴、自豪、爱等;使人产生痛苦感受的情绪是负面情绪,如生气、哀伤、嫉妒等。

情绪与心情、性格、脾气、目的等因素互为影响。无论正面还是负面的情绪,都会引发人们行动的动机。情绪是个体对外界刺激的主观的有意识的体验和感受,具有心理和生理反应的特征。虽然,每个人内在的感受我们无法直接观测到,但是我们能够通过其外显的行为或生理变化来进行推断。美国哈佛大学心理学教授丹尼尔·戈尔曼认为:"情绪意指情感及其独特的思想、心理和生理状态,以及一系列行动的倾向。"情绪不可能被消灭,但可以进行有效疏导、有效管理、适度控制。

所谓情绪,其实无时不在,有小情绪,有大烦恼,有时愤怒,有时消沉,有时激昂。把你的情绪梳理好，消除负能量，充满正能量，不知不觉，你会发现成功在对你招手。

2. 情绪对个体的影响

1）情绪对生理的影响

情绪是身体对行为成功的可能性乃至必然性在生理反应上的评价和体验，可能产生于人们生活、学习、工作各个时间、各种情景中。情绪无好坏之分，一般只划分为积极情绪、消极情绪，但不同的情绪可能会引起不同的后果，所以说，人们需要情绪管理，在职场中更是如此。

正常的情绪，有助于个体的行为适应。适度的紧张、焦虑，不仅是维持工作效率的有利因素，而且也是健康生活的必备条件。适度的紧张情绪，不仅是个人的需要，也是社会所必需的。但是，不良的情绪会产生过高的应激值，将严重损害身体的健康。

2）情绪对个体的心理影响

情绪是人们在内心活动过程中所产生的心理体验，或者说是人们在心理活动中，对客观事物是否符合自身需要的态度体验。我们通常说的"七情六欲"中的"七情"指的就是情绪。这七情六欲可以让一个人开心、愉悦，也可以让一个人抑郁、暴躁。

情绪在变态行为或精神障碍中起核心作用，严重者产生情绪障碍，常见的情绪障碍有抑郁、焦虑、恐惧、易怒、强迫等。不良情绪对我们的生活、家庭、工作等都会产生不良的后果。

（二）情绪管理

1. 情绪管理的定义

情绪管理是指通过研究个体和群体对自身情绪和他人情绪的认识、协调、引导、互动和控制，充分挖掘和培养个体和群体的情绪智商、培养驾驭情绪的能力，从而确保个体和群体保持良好的情绪状态，并由此产生良好的管理效果。

简单地说，情绪管理是对人的情绪感知、控制、调节的过程。在调节过程中使人的情绪得到充分发展，人的价值得到充分体现。管理情绪本着尊重人、依靠人、发展人、完善人的原则，提高对情绪的自我觉察意识，控制情绪低潮，保持乐观心态，不断进行自我激励，使之趋于完善。

情绪管理，就是用正确的方式对自己的情绪进行探索，并接受理解自己的情绪，及时进行调整、放松，使情绪达到健康状态。

情绪管理并不是对情绪的压制，而是疏导情绪，即觉察情绪后，及时调整情绪的表达方式，以恰当的方式表达出来，是对情绪进行调节的过程。在这个过程中，需要通过一定的策略和机制，使情绪在生理活动、主观体验、表情行为等方面发生一定的变化。

2. 情绪管理的基本能力

情绪的管理不是要去除或压制情绪，而是在觉察情绪后，调整情绪并合理化之后的信念与行为。这是情绪管理的基本范畴。

亚里士多德说过："任何人都会生气，这没什么难的，但要能适时适所，以适当方式对适当的对象恰如其分地生气，可就难上加难。"所谓恰如其分的生气就是要情绪在自己的掌控中适时、适地、适人、适度地表达情绪。

一些心理学家把情绪管理的智慧总结为五种能力：

1)情绪的自我觉察能力

情绪的自我觉察能力是指对自我心理活动和心理倾向的了解和觉察的能力。

情绪的自我觉察能力是情绪智力的核心能力,具备这种能力能够及时发现自身所出现的任何情绪。这种直觉是认识自我和领悟世界的基础。一个不具备这种能力的人很容易成为情绪的奴隶,听凭情绪的任意摆布,造成不可收拾的后果,甚至留下终生遗憾。也就是说,要认识到自己的情绪,有人把这称为情绪觉知。遇到什么不顺心的时候,上课便不能集中精力,这些都是因为没有能够很好地觉察和认知自己的情绪。

2)情绪的自我调控能力

情绪的自我调控能力是指控制自己的情绪活动以及及时如何有效地摆脱焦虑、沮丧、激动、愤怒或烦恼等消极情绪的能力。这种能力是建立在对情绪的自我察觉的基础之上的。这种能力的高低,直接决定了一个人的学习、工作、生活质量。情绪自我调控能力低下的人,会使自己经常处于痛苦的情绪旋涡中,难以自拔,使自己的生活一塌糊涂。而情绪自我调控能力强的人则可以从消极情绪中迅速脱离出来,并对情绪及时加以调整,使积极情绪显现出来。

3)情绪的自我激励能力

情绪的自我激励能力是能够控制和引导自己的情绪去实现某一预定目标的能力。具备这种能力可以围绕既定目标及时调整情绪达到一个最佳状态,为实现预定目标服务。任何事情的成功都需要精力高度集中。所以,一个人如果想成功,就要具备情绪的自我激励和自我调控能力,避免因情绪冲动,而延误目标的实现。

4)对他人情绪的识别能力

觉察他人情绪的能力就是换位思考的能力,具备这种能力的人容易进入他人的内心世界,也能觉察他人的情感状态。这种能力对于销售和谈判以及心理疏导工作是必要的,也是非常有利的。正如美国谚语所说:“Put yourself in other’s shoes”,站在别人的角度想问题,你就能把握他人的情绪。

5)处理人际关系的能力

处理人际关系的能力是指善于通过自己的干预和努力来调节与控制他人的情绪反应,以达到自己所期待的反应的能力。处理人际关系的能力是一个人社交能力的表现,决定了一个人的社交范围。在社交中需要恰当地表达情绪,并通过积极情绪感染和影响对方,人际交往才会顺利进行并深入发展。

自我认知——小江的奖金

【案例】

1965年9月7日,世界台球冠军争夺赛在美国纽约举行。路易斯·福克斯的得分一路遥遥领先,只要再得几分便可以稳拿冠军。就在这个时候,他发现一只苍蝇落在主球上,便挥手将苍蝇赶走。可是。当他俯身击球的时候,那只苍蝇又飞回到主球上来,他在观众的笑声中再一次起身驱赶苍蝇,这只讨厌的苍蝇破坏了他的情绪,而且更为糟糕的是,苍蝇好像是有意跟他作对,他一回到球台,它就又飞回到主球上来,引得周围的观众哈哈大笑。

路易斯·福克斯的情绪恶劣到了极点,终于失去了理智,他愤怒地用球杆去击打苍蝇。球杆碰动了主球,裁判判击球,他因此失去了一轮机会。接下来,路易斯·福克斯方寸大乱连连失利,而他的对手约翰·迪瑞则越战越勇,赶上并超过了他,最后夺走了冠军。第二天早上,人们在河里发现了路易斯·福克斯的尸体,他投河自尽了!

(由作者根据相关资料改写)

分析:

(1)我们的生活和工作不总是一帆风顺的,若遇到这样的"苍蝇",我们应该怎么做?

(2)此时,你是否意识到情绪管理的重要性?

二、情绪管理的重要性

情绪对于自己和他人都有重要的影响,它影响着人在财富、健康、婚姻、人际关系,以及教育孩子人格成长等各个方面,既影响着人的身体健康,也影响着人际关系。

1. 情绪管理对身体健康的影响

研究表明,情绪的波动对人身体的影响非常大,既会影响心理健康,也会影响生理健康。积极的情绪可以提高人的幸福感,促进人的心智发展;同时还可以增强身体的免疫功能。而消极情绪则容易使人产生抑郁,抑制机体的免疫系统,不利于身体的康复。当人处于紧张、焦虑中时,表现在身体上就是茶饭不思、失眠,会伤及肝脾肾等五脏六腑。所以,学会情绪管理,适当宣泄、调整情绪,可免于消极情绪对身体的伤害,促进身体的健康。

2. 情绪管理对工作的影响

一个人的情绪管理能力决定了一个人的工作业绩。消极情绪会使人丧失斗志,缺乏工作动力,墨守成规,难以创新,甚至本职工作都不能做好。不能管理自己的情绪还有可能失去很多机会,最终一事无成。而积极的情绪则会激发人们工作的热情和潜力,不断提高人们的知识和技能,创造出更多业绩。而一个团队的情绪则影响着一个团队的工作能力和工作业绩。所以,快乐工作是情绪管理的目标。

3. 情绪管理对人际关系的影响

一个人的情绪不仅会影响自己,还会影响周围的人。积极情绪会使周围的人产生愉快的心情,并能感染周围的人产生积极情绪。积极情绪可以使我们被社会和他人接纳,并进行深度交往,扩大我们的交际范围。而消极情绪经常会在伤害到自己的同时,也伤害到别人。所以,如果不能管理控制自己的消极情绪,就会导致众叛亲离,失去交往的朋友,被社会所抛弃。

自我认知——情绪与团队

【案例】

陈坚是公司的“开厂元老”，技术部的工艺员，深得领导的赏识。人们都称他是公司的一大财富！这让陈坚暗自窃喜，感觉升迁的机会来了，工作更加卖力。可几年过去，跟他同时进厂的同事们都升职了，只有他还在原地踏步。陈坚心里很不平衡，工作也失去了动力，人也变得懒散了。这段时间，公司又要提干了，他精神一振。但最后的名单中竟然没有他！一气之下，陈坚请了半个月的假，回老家散心去了。

半个月后回到公司，有同事告诉他，在他休假的这段日子公司出了大乱子！一个工艺员因为不懂他的工艺配方，选错了料，造成好几吨的产品报废！陈坚一听，暗自高兴，心想：还不提拔我，万一我走了看你们怎么办！

副总找到陈坚，问有没有补救的办法。陈坚明知可以补救，但他出于一种报复心理却摇了头。副总顿时来了火气，桌子一拍，问道：“你平时是怎么教他们的？”陈坚也忍无可忍，反问道：“公司又给了我什么？”并提出辞职。副总沉默片刻，从抽屉里拿出一把锤子和一枚钉子交给陈坚，说：“你把这枚钉子敲进那个松了的桌角里。”陈坚泄愤一般，“砰！砰！”两下就把钉子砸进了桌角，只露出了一小截。这时，副总说：“你再把钉子给我拔出来。”陈坚试了好几次，但钉子却牢牢地嵌在木头里，纹丝不动。

副总说，“你就像这枚钉子，牢牢地占据了一个关键的位置。在没有找到更合适的替代物之前，你会不会将它拔出来？一定不会。反之，还希望它越牢靠越好！”副总接着说：“如果你不赶快在自己的位置上砸下另一枚钉子，我们就不会冒着风险把你拔出来，你也就永远得不到提升的机会。”

分析：

陈坚之所以不能提升，真正的原因是什么？你明白了吗？

三、情绪管理的方法

人是不可能没有情绪的，并且情绪会有高低起伏，所谓情绪管理也不是要去完全消除情绪或情绪的起伏变化，而是要使情绪的起伏在可控制的范围内，避免失控。

要想更好地进行情绪管理，一般可采取以下几种方法：

（一）体察自己的情绪

要培养良好的情绪管理能力，首先要学会体察自我情绪变化。情绪时刻都会发生变化。要管理情绪，首先要学会体察情绪。客观冷静地体察自身的情绪，及时分析自己情绪产生的缘由，慎重思考激动情绪所产生的后果。多问问自己“我现在是什么情绪”“我为什么有这样的情绪”。

年轻人都希望自己或国色天香，或英武过人，或天资聪颖，或出类拔萃，谁都希望自己含着金勺子出生，能够一帆风顺、坐享其成……然而，这不符合事物的发展规律。对于不能改变的事物能安然接受，是一种积极的智慧。由“杯弓蛇影”可以看到，消极的心理暗示给人带来痛苦，积极的心理暗示可以创造快乐。因此，调整认知，是保持积极情绪的重要途径。

下面的情绪测试题可以帮助你评估自己的情绪，回答“是”或“否”：

(1)尽管发生了不快，你仍能毫不在乎地思考其他事情。

(2)不计较小事，经常保持坦率诚恳的态度。

(3)习惯把担心的事情写在纸上，并进行整理。

(4)在做事情时，往往具有比规定更有可能实现的目标。

(5)失败时会仔细思考，反省其中的原因，但不会愁眉不展，整天闷闷不乐。

(6)具有悠闲自娱自乐的爱好。

(7)常常倾听众人的意见，听取别人意见并改正。

(8)做事情有计划积极地进行，遇到挫折也不气馁。

(9)在无路可走时，能够改变你的生活方式或节奏，适应新的生活。

(10)在学业上，尽管别人比自己强，但仍旧保持“我走我路”的信条。

(11)对于自己的进步，哪怕只是一点点，都会表示高兴。

(12)善于一点一滴地累积有益的东西。

(13)很少感情用事。

(14)尽管想做某一件事情，但是自己估量不可能时，也会打消念头。

(15)往往理智、缜密地思考和判断，不拘泥于细枝末节。

分析：回答一个“是”，可以获得1分。

0~6分：表明你的情绪不稳定，经常患得患失，所以要小心了，如果你是这样，可能该去找朋友或专家谈谈，分担一下。

7~9分：情绪稳定性一般，但缺乏情绪管理的能力，需要借助相关的课程或者书籍来学习。

10~15分：情绪管理能力很好，有较强的自我反省能力，能很好地处理一些事情。

(二)接受情绪

不管是积极情绪还是消极情绪，我们都应该接受，允许情绪产生。人产生各种情绪是正常的，所以要接受各种情绪。只有接受情绪，并加以疏导，才不会使情绪恶化或畸形发展。只有接受情绪，才会正确处理情绪。

当我们的人生目标已变得具体明晰，当自己内心的力量不断积累而变得更加强大时，我们就不会有任何的迟疑或茫然，将会充满勇气和自信地昂首挺胸，阔步向前，因为我们坚信自己正行进在正确的道路上，尽管将有一些坎坷，但未来充满着光明。

(三)学会控制情绪

当情绪处于消极状态时，要学会用各种方式对情绪加以控制。

(1)分散转移。当你处于紧张、冲动、焦虑、哀伤中时，将注意力分散到愉快的事情上去，这样，不知不觉中你就能摆脱消极情绪。

从心理学角度看,一个人的注意力不能同时集中在两件事情上,当注意力受困于某件事情时,采用着手进行另一件事情,让心看到另一种风景,从而转移注意力,改善或消除原有的不良情绪。

转移就是把注意力从引起不良情绪的事情上转移到其他事情上去,使人从消极的情绪中解脱出来,从而激发积极愉快的情绪反应。

(2)理解体谅。能够换位思考,在产生消极情绪时,先进行分析判断,查找事情的原因,学会站在对方角度考虑问题。

(3)心理暗示。通过不断对自己灌输积极情绪的方式,进行心理暗示。借助于想象、语言、行动等暗示自己处于积极的心理状态中,并反复强调。通过强化暗示,将自己从消极情绪中解脱出来。

(4)自我安慰。学习阿Q精神,进行自我安慰,换一个角度看问题。从更深更广更高更长远的角度来审视问题,对它做出新的理解,以求跳出原有的局限。使自己的精神获得解脱,以便把自己的精力转移到所追求的目标上来。

(四)以适宜的方式学会合理释放和疏解情绪

人的情绪能够反映在行动上,当消极情绪令你工作状态消沉,甚至混乱时,学会合理地释放和排解情绪可以帮助你回到正常的工作状态中。疏解情绪的目的在于给自己一个理清想法的机会。疏解情绪的方式很多,根据自己的情况选择适合自己且能够有效舒缓情绪的方式。

排解情绪的方法有很多,下面的方法可以作为参考:

1)宣泄法

宣泄是发泄自己负面情绪的一种方法,可以有很多形式,如运动、号啕大哭、阅读、怒吼、旅游等。

某些不良情绪常常是由人际关系矛盾引起的。当我们遇到不如意的事情时,可以主动地找朋友诉说、交流。在情绪不稳定时,找人谈一谈,具有缓和、抚慰、稳定情绪的作用。另一方面,在与人交流的过程中还有助于思想、情感的沟通,可以拓宽思路,增强自己战胜不良情绪的信心和勇气,能更理智地去对待不良情绪。

当处于消极情绪中时,还可以用记录与书写的方式,把不良情绪写在日记中,把日记当成诉说的朋友。或者写在纸上,然后烧掉,并想象着把不良情绪一并烧掉,这样就会减少不良情绪的影响,尽快消除不良情绪。

2)幽默法

幽默的力量是无穷的,可以在微笑间缩短彼此的距离,可以在各种紧张、尴尬的场合中带动气氛、化解尴尬,还能缓解情绪,使对方心悦诚服地理解、接纳你的观点。

幽默不仅体现智慧,还包含一种强烈的自信,当一个人能够自信地承认自己的不足,同时能自信地清楚自己的价值时,才能灵活自如地采取幽默的处理方式。

3)愉快记忆法

回忆过去经历中碰到的高兴事,或获得成功时的愉快体验,特别是回忆过去的那些与眼前不愉快体验相关的愉快体验。

4)运动减压法

当处于消极情绪中时,可以参加体育运动,借助于运动缓解压力。研究证明,体育运动如

跑步、打球等,可以有效消除消极情绪,促进积极情绪的产生。在运动中,人的注意力被转移,情绪会逐渐平稳下来,进而可以客观、冷静、全面地分析解决问题。

5)情绪升华法

升华是将所有可能的消极力量,都转化为自我成长的动力。司马迁在受宫刑之后,悲痛欲绝,但是他化悲痛为力量,将苦闷、愤怒等消极情绪升华,潜心写下了历史名著《史记》。

自我认知——马克的诉说

【案例】

苏格拉底还是单身汉的时候,和几个朋友一起住在一间只有七八平方米的小屋里。尽管生活非常不便,但是,他一天到晚总是乐呵呵的。有人问他:"那么多人挤在一起,连转身都困难,有什么可乐的?"苏格拉底说:"朋友们在一块儿,随时都可以交换思想,交流感情,这难道不是很值得高兴的事儿吗?"

过了一段日子,朋友们一个个成了家,先后搬了出去。只剩下苏格拉底一个人,他仍然很快活。那人又问:"你一个人孤孤单单,有什么好高兴的?""我有很多书呀,书就是老师,时时刻刻都可以向它们请教,这怎不令人高兴呢!"

几年后,苏格拉底也成了家,搬进了一座大楼里。他家在楼里的最底层,不安静,不安全,也不卫生,上面老是往下面泼污水,丢破鞋子、臭袜子等杂七杂八的脏东西,别人见他还是一副喜气洋洋的样子,好奇地问:"你住这样的房间,也高兴吗?""是呀!住一楼有很多好处!比如,进门就是家,不用爬很高的楼梯;搬东西方便,不必花很大的劲儿;朋友来访容易,不用一层一层地问……特别让我满意的是,可以在空地上养花种菜,这些乐趣,数之不尽!"苏格拉底喜不自禁地说。

过了一年,苏格拉底把一层的房间让给了一位朋友,这位朋友家有一个偏瘫的老人,上下楼很不方便。他搬到了楼房的最高层——第七层,每天,他仍是快快活活。别人揶揄地问:"先生,住七层楼也有许多好处吧!"苏格拉底说:"是啊,好处多着哩!每天上下几次,有利于身体健康;光线好,看书写文章不伤眼睛;没有人在头顶干扰,白天黑夜都非常安静。"

后来,那人遇到苏格拉底的学生柏拉图便问:"你的老师总是那么快快乐乐,可他每次所处的环境并不好呀?"柏拉图说:"决定一个人心情的,不是在于环境,而在于心境。"

分析:

(1)苏格拉底的成就和什么有关?

(2)你认为积极的情绪真的重要吗?

四、积极情绪的作用

积极的情绪可以让人不断进步,可以让人精神焕发,可以让人从容淡定,可以让人时常都感受到生活的乐趣。积极情绪是一个人对于外界刺激或事物产生的一种愉悦的感受,它可以提高人的积极性和活动能力。积极情绪的表现形式有很多,如喜悦、自豪、感激等。积极情绪对于个体的生理健康、心理健康以及个体生活认知和消极情绪的控制有着非常重要的影响。作为社会个体,无论在生活中还是在学习、工作中,都应该以一种乐观的态度,通过多种方式和手段努力培养自己的积极情绪。

(一)积极情绪的概念

积极情绪是正面情绪或具有正效价的情绪。心理学家们通过研究,对积极情绪给出了各种不同的定义。孟昭兰对积极情绪的定义是:"积极情绪是与某种需要的满足相联系,通常伴随愉悦的主观体验,并能提高人的积极性和活动能力。"罗素这样界定积极情绪:"积极情绪就是当事情进展顺利,你想微笑时产生的那种好的感受。"Fredrickson 则认为:"积极情绪是对个人有意义的事情的独特即时反应,是一种暂时的愉悦。"情绪的认知理论则认为:"积极情绪就是在目标实现过程中取得进步或得到他人积极评价时所产生的感受。"概括地说,积极情绪就是指个体由于体内外刺激、事件满足个体需要而产生的伴有愉悦感受的情绪。

情绪分为消极情绪和积极情绪。消极情绪维度反映个体对某种消极的或厌恶的情绪体验的程度,如痛苦、悲伤、烦恼等情绪。积极情绪维度则反映个体体验积极感觉的程度,如快乐、兴趣、热情等情绪。情绪在人际交往、态度改变、工作表现,乃至学习和记忆的效果上都起着重要的影响作用。

(二)积极情绪的作用

1. 可以促进人的不断发展

1)积极情绪可以激发人不断进取的精神

积极的情绪,可以给人带来高兴、愉快的感受,这种感受会引起个体对一种所感兴趣的事物的研究和探索,在探索中通过整合新的信息和资源,使自己获得对于事物和他人新的经验:在不断的探索中,就会不断有收获、有进步,人的能力、知识、素养不断得到提高。Fredrickson 认为,积极情绪可以使人不断突破自我,不断创新。比如快乐可以使人突破限制、产生创新的愿望;兴趣会使人产生探索的欲望,并在探索中掌握新的信息和经验,进而产生促进自我发展的愿望;满意会使人产生与周围环境融为一体的愿望,并通过努力使自己不断适应社会的发展;自豪感会使人在享受成功的同时,产生在将来取得更大成就的愿望,会使人在现有成绩的基础上努力奋斗去实现更远大的目标。

2)积极情绪扩展人的认知范围

积极情绪可以促使人冲破一定的限制,产生更多的思想:能够扩大人的注意范围,增强认知的灵活性,能够扩展人的认知范围。研究表明,具有积极情绪的人表现出更高的创造性,问题解决的效率更高,决策更全面。积极情绪对人的认知范围的影响有三个:

(1)积极情绪为人对事物的认识和思考提供了额外的可利用的信息,增加了更多信息资源和知识资源。

(2)积极情绪扩大了注意的范围,拓宽了人的认识视野,增加了认识问题、分析问题可以借鉴的资源,使人能综合、全面、客观地认识问题。

(3)积极情绪增加了认知灵活性。在积极情绪状态下,人的思维更开放、更灵活,能够想出更多的解决问题的策略,从而增加了分析解决问题的多样性。

3)积极情绪可以扩大社交范围

积极情绪可以提高人的社会适应能力,扩大人际交往范围。以积极情绪应对社会事件,可以为人争取更加广泛的社会资源创造条件,为密切社会联系创造条件。积极情绪在扩大认知范围的同时,也促进了人际交往能力。积极情绪增加了参与社会的愿望和可能;积极情绪也会让交往对象产生愉悦,增加与之交往的愿望。积极情绪可以提高解决问题的效率,增加解决问题的策略和途径,能更友好、更妥善、更有效地解决问题。所以,积极情绪能够促进友好行为,提高工作能力,密切人际联系,扩大人际资源,提高应对问题的水平,促进社会的适应能力。

2. 积极情绪可以削弱消极情绪

研究表明,积极情绪能够撤销和恢复消极情绪导致的各种心血管活动的激活状态,使其恢复到正常的基线水平。积极情绪还可以缓解消极情绪造成的紧张、忧虑、愤怒等,改变所遇境况。积极情绪可以平复消极情绪,使之冷静。积极情绪可以更灵活、更具有建设性的应对问题,及时制止消极情绪的出现,及时消除消极情绪。积极情绪产生的开阔视野和对问题灵活的应对能力,可以尽快消除消极情绪,改变事件的发展态势。事实证明,生气时给自己一个微笑可以让自己减少怒气,让自己平静下来。

积极情绪不但可以消除自己的消极情绪,也可以影响别人,消除别人的消极情绪。一个对生活充满热情、乐观开朗的人可以影响周围的人,给别人带来快乐,使之产生积极的情绪体验。一个幽默的玩笑可以缓解周围人的紧张情绪。

3. 积极情绪可以提高团队的工作效率

积极情绪不仅对个体的发展具有重要的作用,对一个团队来说也是非常重要的。一个团队内个体的积极情绪可以相互感染和传递,这对于营造积极的团队氛围是极为关键的。积极情绪能够激励团队内的员工提高工作效率和协作能力,从而提高整个团队的工作业绩。团队内领导者的积极情绪尤其具有感染性,由他的积极情绪能够预测团队的工作绩效。另外,积极情绪还可以感染客户。服务员的微笑能够促进消费者的购买行为,也感染其他同行,提高整个服务行业的服务质量与服务水平。

积极情绪还可以增加团队的和谐稳定。积极情绪中的满意、平静、热情、友爱等,使员工以积极心态参与工作,与其他员工积极的互动,形成相互信赖的人际关系,增加团队成员的团结相助,共同提高。员工也不会因为报酬、薪金等问题而影响工作积极性和工作业绩。

4. 积极情绪有利于人的心理健康

1)积极情绪能够提高主观的幸福感

积极情绪扩展了心理活动空间,增加了对有意义事件的接受,进而增加了体验积极情绪的机会和可能性。积极情绪不仅可以缓解消极情绪,而且可以提高应对问题的能力,提高社会生活质量,进而增加愉悦体验,使人产生幸福感。

2)积极情绪的表达能够促进心理健康

情绪的适当宣泄和积极情绪的表达可以帮助人释放压力,抚平创伤。积极情绪的表达会增加人的幸福感,促进心理健康。比如杜兴(Duchenne)式微笑会让人少有消极情绪和压力,尤其是少有愤怒。所谓杜兴式微笑就是嘴角上翘并伴有眼周肌肉收缩的一种微笑。经常保持这种微笑的人能够更好地调整自己,让自己有更多的幸福感。当把积极情绪的内容写下来时,如运用积极情绪词汇记录比较温和的压力和创伤，有利于积极面对创伤和压力，使人感受到更多的积极气氛和更少的抑郁心境，减少抑郁症发生的可能。

而经常处在消极情绪中的人，很容易患上抑郁症、焦虑症、狂躁症等精神疾病。

5. 积极情绪有利于生理健康

积极情绪对于身体健康也有着重要的意义，不仅可以促进身体的康复，也可以预防疾病。

1)积极情绪有利于身体康复

(1)积极情绪可以让人发现生活的意义和乐趣，增加战胜疾病的信心和勇气。

(2)积极情绪可以增加身体的抵抗力，可以调动身体各个器官的生命活力。

积极情绪可以提高人的免疫系统功能，人的主观幸福体验能够通过影响人的免疫系统来影响人的身体健康，研究表明，一个时常感到幸福的人，其免疫系统的工作也更为有效，更能确保人的身体健康。

2)积极情绪的预防作用

很多医学研究表明，积极情绪对于心脑血管疾病有预防作用，对于各种肿瘤，尤其是恶性肿瘤也有预防作用。积极情绪使人经常保持神清气爽，心情舒畅，身体的各个器官能正常工作，患病的几率就会大大减少。而消极情绪却可以严重影响人的身体健康。

自我认知——赶考的两个秀才

【案例】

三年前的我一直是一个天不怕、地不怕的男孩，我幼稚地以为自己天生就是不平凡的，从而养成了高傲的性格。做什么事我都力争第一。我讨厌我的工作，因为它单调而无味，也讨厌这个城市，因为它太小，走到哪里都会看见让我讨厌的人，我要离开这个城市，去实现我的梦想。

于是我告别了父母，独自来到了上海。我工作单位不远处有个小酒店，每次下班不开心的时候我都会进去，那里有位四十岁左右的艺人，每次去都会看到他，他总是那么和蔼，不管别人怎么说、怎么骂他，他可以全当没听见。

一次，他为我献艺，那天我心情很不好，便掏出一枚一角的硬币投到地下，我以为他会生气。可他微笑着把钱捡了起来，并向我表示感谢。第二天，我想去和那艺人道歉，并愿意再给他一百元人民币，可我没有看见他。直到好几个月后，我在大街上看到一位身穿名牌西装的中年男人，正是那位艺人。他也看见了我，径直向我走了过来。他把我带到他家，我不由得惊呆了：他家好美！一座欧式别墅，装饰典雅。我尴尬地说："那天真不好意思！"他

还是微笑地说:"没事,我还要感谢你,是你让我明白,原来我已经可以控制自己的情绪了。"原来他是一家知名企业的老总,十年前曾因为自己的脾气不好,控制不住情绪,逼死自己最爱的人,使自己的儿子离家出走。

这件事令我感触很深,也让我学会了忍耐,忍一时风平浪静,退一步海阔天空。是啊,我们都应该做情绪的主人,才能使自己更受人欢迎!

分析:

文中的"艺人"借助于微笑培养自己平和的情绪,我们应该如何培养自己的积极情绪?

五、培养积极情绪的方法

积极的情绪可以促进个人发展,提高社会适应能力;也可以提高个人的主观幸福感。积极情绪也有利于人的心理健康和身体健康,对于疾病有预防和治愈作用。

(一)调整心态,树立积极的人生观

用乐观的心态看待周围的一切,对未来充满美好的向往和积极的期望。要学会全面客观、冷静地思考问题。任何事情都有两面性,要善于发现事物美好的一面。

1. 用真诚的态度生活

阿尔卑斯山谷有一条公路,两旁景物极美,路上插着一个劝告游人的标语牌:"慢慢走,欣赏啊!"要想从内心中感受到积极情绪,需要先慢下来,真诚地对待生活。用心去感受、去聆听、去观察大自然的美好,用眼睛、耳朵和思维去体验世界的美妙。只有这样,你才能平和,才能产生爱、才能学会欣赏、才能有愉悦的心理体验,才会有幸福感。

2. 常怀感恩之心

常怀感恩之心可以减少抱怨和不满,可以时常感受到被重视与被关爱的感觉,增加幸福感。常怀感恩之心并用语言或行动表达你的感激时,不仅提高了自己的积极情绪,也感染了对方的情绪,增加了彼此之间的友好情感。在感恩的过程中,对方的善意被经常重复和强调,使之感受到了自身的善良和你的友善,巩固了彼此之间的关系。感受友善是一种幸福,感受赞美也是一种幸福,感恩的心态可以增加自身的善良、自信、关爱的积极情绪,也可以使对方产生友善、满足、快乐等积极情绪。

3. 寻找积极的意义

要善于发现事物积极的意义,要善于从生活中寻找积极的意义。积极情绪的产生,在于一个人的思维。一个人的思维反映了他对目前情况的一种认识,对其意义的一种认识。因此,提升一个人的积极情绪的一个关键途径就是,要在日常生活情境中努力地经常去发现它的积极意义。对同一件事情的不同认知,可能会产生不同的结果。当你善于并能够发现它的积极意义时,你就提高了积极情绪。就如两个赶考的秀才同时遇到棺材一样,同一件事,不同的视角,一个秀才发现了它的积极意义——为官之材的好兆头,凭着这种信念,他考取了功名,让自己感受到了成功的喜悦等一系列积极情绪。而另一个秀才则发现了它的消极意义——晦气,低落、失望的情绪使他名落孙山,进一步产生了沮丧、自卑等一系列消极情绪。机遇与挑战、幸福与苦难总是相伴相生。积极情绪是从坏事情中找到好的方面,变消极为积极;从好事情中寻找好的方面,将积极的事物变得更加积极。

（二）对未来充满希望

另一种提高积极情绪的方法，就是始终对未来充满希望，并经常畅想展望未来，以增加前进的动力和奋斗的决心。经常为自己构想美好的将来，并详细地将它形象化、具体化，可以使人产生稳定地积极情绪。它能够让人将每天的奋斗目标和工作动机与未来的梦想联系起来，从而在日常生活中发现更多的益处。对未来充满希望的人，会时常感受到快乐，而且能苦中作乐，发现其中的积极意义；没有梦想的人，失去了奋斗的目标和前进的动力，会经常处于颓废之中，不能发现更不能感受生活的意义。

（三）乐于助人

帮助他人是一种很好的调节情绪的行为。在帮助他人的过程中，我们会产生成就感、自豪感、满足感，还能增强自信心。帮助别人时，我们的自我价值得以实现，会产生一种满足感，而同时，我们还会得到接受帮助者的感激和赞美，增加愉悦体验。我们的友善会被强调和放大，从而增加我们的自信心。帮助别人，不但快乐别人，也快乐自己。正所谓，赠人玫瑰，手留余香。

（四）善于发现并发挥你的优势

自信可以激发许多积极情绪，帮助我们充分感受积极情绪带给我们的快感。而增加自信的一个方法就是善于发现自身的优势，并利用优势提升积极情绪。每天对自己的优势和取得的成绩进行梳理分析，从中找到自信。发现优势仅是其一，而发挥优势、应用优势才能更明显更持久地产生积极情绪的提升。每天做一件自己擅长的事，通过频繁地应用我们自身优势的方法，来重塑我们的工作或日常生活，从中找到成就感，使我们获得更多积极情绪体验。

（五）积极参加社会活动

人是一种群体动物，需要到群体中生活，才能实现自身存在的价值。所以，首先人需要参加群体生活，从中感受安全感。其次，只有积极参与集体活动，才能结识志同道合的朋友，感受友情；只有参与集体活动，才能施助于他人，感受成就感：只有参加社会活动，才能实现社会价值，感受到尊重。再次，在社会活动中，我们才能积累更多的知识，才能拓宽视野，才能学会更全面、更客观地看待问题、解决问题。最后，参与社会活动，与团体在一起，可以受到来自他人的积极情绪的感染，感受更多积极情绪，建立更加令人满意的关系。

（六）经常保持笑容

笑是调节情绪的一剂良药。有研究表明，微笑，尤其是杜兴式微笑可以大大减少压力，消除消极情绪，保持杜兴式微笑的女性，30岁后的幸福感明显高于非杜兴式微笑。微笑可以让人心境平和、淡定。而开怀大笑则可以帮助我们释放压力，增加吸氧量，不仅可以调节情绪，还是一种健身运动。在笑声中，体内的浊气和情绪上的压力可以一起被释放出去，吸进更多的新鲜空气，增加大脑的供氧量，增加大脑的清醒度，提升我们的积极情绪：在笑声中，我们的情绪很容易被快乐感染，也可以增加我们的积极情绪。

（七）经常去享受大自然的美好风光

调节人的情绪，培养积极情绪，自然环境同社会环境一样重要。因此，经常到大自然中走走，去感受世界的美好，可以有效调节情绪，增加积极情绪。实验证明，在好天气里，在户外花了20 min以上的人，表现出预料中的积极情绪的增长。大自然的美好风光可以陶冶人的情操，减少人的浮躁心情。大自然的广袤可以令人心胸开阔，改变人认识问题的角度。大自然的神奇壮观可以给人以启迪,使人具有更广阔和开放的思维,甚至增加记忆的广度。

当我们沉浸在大自然中时,大自然的魅力会不由自主地吸引我们的注意,大自然的广阔让你的注意力不断扩展和丰富。所以,大自然会为我们带来积极情绪和思维开放性,甚至具有恢复我们身心健康的能力。

自我认知——父亲的办法

拓展延伸

你是否经常会因为一些小事而生气?学习了本节的知识内容后,你觉得我们应该如何管理好自我情绪,完善自我?

第六节 自我完善

学习目标

(1)了解自我表现的原则。
(2)学会恰当的职场自我表现。
(3)树立勇于自我超越的决心,不断提升自我。

知识学习

【案例】

杰克在一家国际贸易公司上班,他很不满意自己的工作,愤愤地对朋友说:"我的老板一点儿也不把我放在眼里,每次开会、聚会都无视我的存在,但是做苦力跑腿的时候却找到了我。跟这样不爱惜人才的老板工作,太没劲了。真想拍桌子辞职不干了。"

他的朋友反问。"你对公司的业务完全弄清楚了吗?对于他们做国际贸易的窍门都搞懂了吗?"他答:"没有!"

"要想走可以,但我建议你好好把公司的贸易技巧、商业文书和公司的运营搞通,甚至是修理复印机的小故障都学会,然后再辞职。"朋友说,"你可以把公司当作免费学习的地方,什么东西都学会之后,再一走了之,这样不是既有收获又出了气?"

杰克听从了朋友的建议，从此便默记偷学，下班之后也留在办公室研究商业文书。一年之后，朋友问他："你现在许多东西都学会了，可以准备拍桌子不干了吧？"

"可是，我发现近半年，老板对我刮目相看了，对我不断委以重任，又升职又加薪，我现在是公司的红人了！"

"这是我早就料到的。当初老板不重视你，是因为你的能力不足，你却不努力学习；而后你经过努力，能力不断提高，老板当然会对你刮目相看了。"朋友笑着说。

分析：

试想：我们在工作学习中，是否也发生过与杰克类似的事情？我们是怎么处理的？

一、自我表现的方法

每个人都守着一扇门，它只属于我们自己。我们可以决定何时开启它，何时改变它，何时毁灭它。除了自己，没有人能够为我们找到这扇门，也没有人能够帮我们守护它，它只接受我们自己的控制。只要愿意积极思考，敞开心扉，将良好的准则化为习惯，我们能掌握那扇门之外更多的东西，包括整个人生。可以说，一切皆在你的掌控之中！

大部分的人，好像不知道职位的晋升是建立在忠实履行日常工作职责的基础上的。只有全力以赴、尽职尽责地做好目前工作，才能使自己的价值渐渐提升。其实在极其平凡的职业中、极其低微的岗位上，往往蕴藏着巨大的机会。只有把自己的工作做得比别人更迅速、更完美，调动自己全部的智力，从中找出方法来，才能吸引别人的注意，自己也会有施展才干的机会，以满足心中的愿望。

在个人职业发展历程中，每个人都希望能在领导、同事面前有很好的自我表现，那么，怎样才能正确表现自己？这需要讲求方法和尺度。

（一）毫无怨言地接受任务

有的时候上司临时交代一些事情要做，下属就嘟起嘴，一副死不甘愿的样子，这种下属是令人心寒的。要想让上司喜欢你，那么他交代的任务，就要毫无怨言地接受，并做到让上司满意。设想：作为主管，临时派个任务给下属，他若毫无怨言地接受，主管会又感激又欣赏，将来一定想办法补偿他，对这个下属来说，这就是他的机会了。相反，对于那些不愿意接受任务的员工，以后就是有机会，上司也不愿意给这种员工了。更聪明的员工，会要求更多的工作与授权，让上司感受员工对自己的期望与进取精神，这是上司考虑提拔员工的重要素质。

（二）工作不仅仅意味着干活，得学会解决问题

总是听到职场新人或者实习生抱怨："我在学校那会儿也是风云人物，联欢晚会都是我一手做的，居然让我在这里录入 Excel 表格。"这是因为你在做一个体力劳动，重复的体力劳动使你烦躁和不屑，而你的潜意识里一直认为自己是个脑力劳动者。工作的本质内容并不是去做一个报告，写一个新闻稿，这样的工作初中毕业生重复一周也会做了。

大部分初入职场的人都会遇到这个问题，你开始做的都是很琐碎的工作，根本没有半点技术含量。更恐怖的是，这种工作似乎无穷无尽，日复一日，年复一年……于是很多人渐渐地不平衡了，开始抱怨："这些小事我才不屑于做呢，这简直是高射炮打蚊子——大材小用！"

事实上,如果变得更积极一点,你也许会在琐碎中发现机会。工作最重要的是要学会正确的思维方式,学会解决问题,而不是单纯的干活。一个朋友毕业后的工作就是发邀请函,一般人都会觉得枯燥无味,但是他从中看出了门道,工作中的邀请函往往过于程式化,而且信息往往不全。于是,他制作了一个模板,提供个性服务,让被邀请者不仅能看到现场的座位图,还能轻而易举地看到自己与会场的距离以及到达会场所需要的时间。

(三)主动表现你的进步,让上司看到你的努力

定期将自己的工作进度及所完成的任务上报公司,让上司看到并肯定你的存在及贡献。比如上司与你谈话时,你可以主动谈谈你的感受,并对比前后你不同的看法;或者你可以利用月报、周报等会议的机会,分析自己的改进措施;或者直接给上司呈上一份报告书,谈谈自己任职以来的工作情况,不必讳言自己曾经犯下的过失,最主要的是告知上司你不但认识到了错误,还学会了更多。

(四)对自己的业务主动地提出改善计划

上司进步,就是这个部门进步或这个公司进步。这个部门进步或这个公司进步,就是每个人会对自己的工作、自己的流程、自己的业务主动地提出改善计划的硕果。向上司提出你的新看法,乐于接受新任务、新挑战,让他们看出你是可造之才。

(五)做事要"靠谱"

"靠谱"就是可靠、值得信赖的意思。这两个字看起来很简单,但是做起来却不那么容易。你身边是否有如下不"靠谱"的人?

第一种人,整天忙忙碌碌,看起来很努力的样子,但是上司交给他一件事情,过几天检查的时候,他却一拍脑袋——哎呀,忘了!这种人就是属于完全不"靠谱"的那种。如果类似的事情一再发生在你的身上,那么可以断定,你在任何公司的前途都将非常渺茫。

第二种人,比第一种人好一点儿,上司交代的事情不会忘,但是做出来的效果与上司的预期相差十万八千里。

第三种人,比前两种人还要好一点儿,他不会忘,也能领会上司的意图,就是比较散漫,总是不能按时完成任务,或者不能保质保量地完成。我们经常能听到上司与员工之间类似下面的对话:

领导:"上周让你做的 PPT 怎么还没发给我?。"

员工:"上周有个紧急情况,电脑坏了……"

领导:"没做完怎么不提前跟我说明一下?"

员工:"上周净忙着修电脑了,电脑维护人员休假了……"

领导:"既定任务如果不能按时完成,一定让我提前知道,其他的别说了!"

这个员工完全"沉浸"在自己的逻辑里面,根本没有听领导在说什么。不管什么原因,即便不是在公司里面工作,但答应别人的事情,如果不能按时完成,至少要告诉别人,这是最基本的礼节。

不"靠谱"有什么害处?至少它会让领导觉得不能把重要的事情托付给你,因为他不放心,稍微盯不住,事情就不知道跑偏到哪里去了。如果领导不把重要的工作交给你,那你也就得不到锻炼,因此也就失去了担当重任的机会,说白了就是升职加薪的事情基本就与你无缘。

那么，究竟要怎么做，才能给别人留下靠谱的印象？以下几点都是不错的方式，不妨试一试：

1. 领会精神，了解上司意图

一般来说，能当上领导的都不是糊涂人，但是即便如此，你听到的话与他想要表达的意思恐怕也有不一致的时候。领导在下达任务时大概可以分为两种，一种是知道自己的意图，把意图告诉你，至于方法，你自己去想；另一种是领导有意图，也有方法，他把方法告诉你，但是不会告诉你意图。

对于第一种领导，你只要确保你完全领会了他的意图，一般来说不会跑偏；对于第二种领导，在他手下干恐怕比较累，因为你需要揣测他的意图。

所以说，当你接受领导的任务时，务必要领会领导的"精神实质"，要明白领导的意图，否则可能忙了半天却在做无用功，费力不讨好。

2. 明确截止时间

任务明确之后，下面这个概念很重要，那就是"截止时间"，外企一般把它称为"Deadline"（死亡线）。英文的说法很形象，如果过了这个时间还没搞定，那你就死定了。

在公司中，每个人都有自己的工作，时间表排得满满的，上司给你的任务一般来说都是要"加塞"的。问出截止时间之后，便于安排工作。如果上司不是很急，那就先处理一下其他要紧的事。

3. 重要节点及时汇报

你遇到过这个情况吗——你请示上司一个问题时，上司却很忙，没时间理你；当你自作主张时，上司却勃然大怒，指着鼻子骂你为何不事前请示。

左右为难是吗？别着急，作为下属与上司相处都会经历这个过程。特别是当你初入上司麾下，两人彼此都不熟悉，肯定需要一个磨合的过程。这个过程可长可短，当然也有些技巧。

首先，你要分清什么事需要请示，什么事你能自己决定。其实这就是你工作空间的问题。你的自由裁量权越大，你就越开心。相反，芝麻粒大的事都要请示上司，没准你越请示事越多。

怎样把握这个度？你要明白上司关心什么，什么事在上司的日程表中优先级比较高，这种事情要小心；上司没时间过问的事，你大都能自己决定。另一方面，上司授多大的权给你，也要靠你自己争取。如果你一开始非常漂亮地做了几件事，那上司对你的信任会越来越大，你自由裁量的空间也会越来越大。

4. 多想一步

计划没有变化快，你一定要时刻有危机意识，凡事多想一步，多做一点准备。

如果团队一起完成一项任务，突然出现的变化超出了大家的预期，这个时候你还有所准备的话，那你无疑就是最"靠谱"的人了。比如说，在一个万里无云、风和日丽的早晨，你们公司一起去郊游，突然间乌云密布、电闪雷鸣，瓢泼大雨骤降。大家束手无策之际，你大喊一声"我带雨伞啦"——相比之下，你就"靠谱"多了。

虽然我们说的是一个生活中的例子，但是道理都是相通的，工作中也是一样。当你负责某个项目的时候，一定要把所有环节考虑清楚，在做计划的时候一定要留有余地，否则，项目管理

中的进度表画得再好也没用，因为现实执行中的变量太多了，甚至经常会出现你意想不到的事情。有经验的老员工在做方案时，通常都会多准备一套或几套备选方案，万一首选方案行不通，也不至于手足无措。

多想一步，这几个字看起来很简单，但在工作中它却是必不可少的一环，我们可以将其称为“风险控制”。有了这个意识，你在别人眼中会变得更成熟，你做起事来就会让人觉得很靠谱，很踏实。

（六）从小事做起，把小事做精——“事事留意皆学问，小处着手干大事”

古人云：“不积跬步，无以至千里；不积小流，无以成江海。”说的就是想要成大事务必从小事做起的道理。所以，在工作中，认真做好每一件小事情，反映的就是一种忠于职业、尽职尽责、一丝不苟、善始善终的职业道德和精神，其中也糅合着一种使命感和道德职责感。把每一件小事、每一个细节都做到完美，我们才会有机会在工作中铸就自己的辉煌。

老子就一向告诫人们：“天下大事必作于细，天下难事必作于易。”要想比别人更优秀，只有在每一件小事上下工夫。不会做小事的人，也做不出大事来。一件“大事”都是由许多件微不足道的“小事”组成的。日常工作和生活也是如此，那些看似琐碎繁杂、不足挂齿的事情比比皆是。如果你对工作和生活中的这些小事轻视怠慢，敷衍了事，到头来就会因“一着不慎”而输掉整盘棋。所以，每个人、尤其作为电梯专业技术人员在处理每一个细节时，都应当认认真真，做到无懈可击。你每一天所做的事也可能就是反复检查一个零件，你如果对此感到乏味、厌倦不已，始终提不起精神，或者敷衍应付差事，勉强应付工作，将一切都推到“英雄无用武之地”的借口上，那么你此刻的位置也可能会处于那种岌岌可危的处境。在职场中，每一个细节的积累都是今后事业稳步上升的基础。

（七）在同事中表现主动合作

同事的口碑和印象也能决定你的“前程大事”，有些人“对上司工作”，最后触犯众怒，变成“众矢之的”，就是不懂处理同事关系，太急功近利所致。

一个人如果时时刻刻只关心自己，对企业和大家的事不闻不问，那么这个人肯定是不会受到大家欢迎的。如果你在力所能及的情况下也不愿意帮别人下，几次下来，别人自然就有想法，觉得你太不合群，缺乏共同意识和协作精神，长此以往，彼此的关系就不会和谐。因此，一定要记住，要把自己融入集体中，把集体的事当作自己的事情，调整自己的步伐和大家一样。

自我认知——蜘蛛

【案例】

小林实习时,他的上司告诉他,"当遇到或者质疑一个问题时,不要先提出这个问题多么的不好,而是要先想出来一个解决方案。这样,他的质疑和提问才有意义,才能学会解决问题,而不是一味地否定现有的状况。"

从那以后小林尝试在每一个觉得不完美之外寻求更好的解决方案,倘若他找不到更好的办法,就干脆不说。渐渐地,小林开始能够找到一个甚至两三个不同的解决方案与上司一起讨论,从中小林可以看到他的思维方式和上司有什么欠缺或者不同,从而进一步改善自己的方式方法。每当小林的思维如脱缰的野马一般驰骋时,他便觉得思维的跃进比单纯的当劳力干活重要得多。半年之后小林到新的公司进行笔试,两个小时的3道综合案例分析,每道题都给出了两个以上的解决方案,最后没时间写完,在考卷上留下了电话,"时间有限,如需知道第三种方案,请给我打电话。"当然,问第三种方案的电话小林没等着,但是他等来了录用的电话。

小林不像很多同龄人那样爱抱怨、爱批评时事,反而会在一轮轮的思考中重新大刀阔斧地自我革新,当他回想起当初上司教育他的这个小事情时,他发现上司的话已经深印在他的脑子里,他学会了闭上高贵的嘴,用大脑去思考,用行动去改变。那位上司的教导影响了小林后面的整个生命。

分析:

当一个人遇到问题能本能地、迅速地想到解决方法时,他便可以独立承担工作任务。如何在工作中做一个善于解决问题的人?你是这样的人吗?

二、如何恰当地自我表现

(一)确立个人目标

个人目标明确,工作才会有内在动力,工作中才会由内而外、真实自然地流露个人的职业魅力。

有目标的人不仅有着明确的个人目标,而且能够把个人的目标与公司的目标融合在一起。因为他们知道,个人的成长必须与公司的成长同步。否则,受损失最严重的不是公司而是自己。因为个人的力量相对于整个企业来说,只是一股细流,这股细流如果一定要坚持按自己的方向流动,它最终只能是被冲得七零八落。

目标实现过程中,内部动力是关键因素。如果动力不强烈,它就会使一个人在还没实现目标前就停止,而这个目标是他本可以实现的。一个人有没有能力使外部的动因成为支持内心目标的因素决定了他是成功或是失败。当精神动力足够强烈时就会形成能力,工作表现也顺理成章地受到肯定。

(二)学会独立思考

职场新人必须要克服养成习惯的依赖性,因此在工作期间,特别要注意独立思考。只有通过独立思考,才能获得锻炼;也只有在独立思考的过程中,自己的思维能力才能迅速地发展起来。

独立思考表现在：

(1)能够独立地发现问题、分析问题和解决问题，独立地检查结论或结果的正确性。

如果一个职场新人能独立地解决别人已经解决了的问题，虽然对社会没有什么直接意义，但这本身却孕育着创造思维。创造思维的特点是新颖性和独创性，这种创造思维能力的发展，有可能促成真正的发明创造。

(2)不盲从、不依赖、不轻信，凡事都要问个为什么，经过思考明白之后，再接受。

当然，独立思考费力费时间，但在这个过程中所发展起来的能力，将会给以后的工作带来极大的好处。

一位老板说："我认为接到指令后就去执行的员工是不会有出息的，他需要我具体而细致地说明每一个项目，完全不去思考任务本身的意义，以及可以发展到什么程度，因为他们不知道思考能力对于人的发展是多么重要。"

(三)正确表现自己，实现自我超越

工作中时时处处都有着表现的机会，要如何善于表现，又不过分招摇、惹人反感？其实就是利用工作中的每一个细节来表现你与众不同的潜质，正所谓见微知著、以小见大，并且还要学会自我超越，即突破个人能力极限的自我表现。生活中各个方面都需要自我超越，无论是业务方面，还是在自我成长方面。

1. 要有很高的个人境界或愿景

每一个人都应该在心中建立一幅想创造而且方向正确的未来蓝图。蓝图说明了人们工作的意义与目的，工作背后的价值观，以及人们工作的理由。对未来的构想来源于人们内心深处的目的感，它能够引发人们的创造力。

2. 把工具性的工作观转变为创造性的工作观

经常听到一些牢骚满腹的员工抱怨："工资这么低，活儿却要干那么多，凭什么？""我为公司干活，公司付我薪水，这不过是一种利益交换。""工作就是为了拿薪水，拿多少钱就干多少活儿。""工作是为了公司，不是为了自己，干多干少无所谓，差不多就行。"这种"我不过是在为公司打工"的想法很有代表性。在许多人看来，工作关系只是一种简单的雇佣关系，做多做少、干好干坏都一样。我们到底是在为谁工作呢？如果不把这个问题弄清楚，很有可能导致我们职业生涯的失败。

我们要认识到：一个人无论有多大本领，都不能靠一己之力成就一番事业。传统上，员工与企业结成的是契约关系，员工赚取收入是为了"做自己真正想做的事"，因此，工作是员工实现自己愿望的一种工具。如果把工作仅仅看成是换取报酬的工具，他的创造力就非常有限。但如果把工作看成是为了发挥自我的才能，看成是创造美好的人生，看成是创造一个美好的事业，就会具有很强的创造力。真正有创造力的人，利用目标与现状之间的差距来产生创造的能量。

3. 要勇于向极限挑战

经常听到有人抱怨。"我想自己开公司，但是没钱！""我倒是想更好地发展，可环境不允许"；或者说"没办法，谁让我倒霉遇不上伯乐，上司又平庸"。其实，一个人发展的最大障碍既不是上司，也不是你所处的环境，而是你自己头脑中的极限。

自我认知——佛塔里的老鼠

【案例】

杜拉拉指使海伦取得上海办行政报告的格式，经研究确认大致适合广州办使用后，她就直接采用上海办的报告格式取代了广州办原先的报告格式。

这一举措果然讨得上司玫瑰的欢心，由于拉拉使用了她惯用的格式，使得她在查阅数据时方便了很多，也让她获得被追随的满足感。

对拉拉来说，玫瑰自然不会挑剔一套她本人推崇的格式，因此拉拉也就规避了因为报告格式不合玫瑰心意而挨骂的风险。

拉拉在和玫瑰建立一致性之外，认真研究了玫瑰主要控制的方面，找出规律后，拉拉就明白了哪些事情要向玫瑰请示并且一定要按玫瑰的意思去做，只要玫瑰的主意不会让自己犯错并成为替罪羊，她便绝不多嘴，坚决执行；哪些事情是玫瑰不关心的没有价值的小事，拉拉就自己处理好而不去烦玫瑰；还有些事情是玫瑰要牢牢抓在手里的，但是拉拉可以提供自己的建议的，拉拉就积极提供些善意的信息，供玫瑰做决定时参考用。几个回合下来，拉拉基本不再接到玫瑰那些令她惴惴不安的电话了。

分析：

(1)杜拉拉是如何与上级建立起良好的关系的？

(2)新进入一家企业，你认为应如何在短期内尽快地融入新的环境中去，让自我表现更显出色？

三、自我表现的原则

一位人才学专家告诫人们："当你极力表现出自己的才能时，别忘了表现自己的人格。"在与自己上司相处时，一定要牢记这句话。

(一)当仁不让莫低头

主动地对外表现自己的工作成绩和进步，有助于自己的职业发展。但在中国，自我表现往往与"拍马溜须、抢功邀赏"联系在一起，与千百年来"含蓄谦虚，能而不显"的处世哲学有很大的冲突。一个人，只要有真才实学，就不怕没有出头之日。但要自己把握住机会，一旦机会来临，就千万不要错过。"是金子总会发光"这话没错，但也不能老把金子埋在地里。

首先自己在意识中肯定自我表现，只有自己认为正大光明的事物，才有可能做起事来理直气壮。然后再是学习方法和技巧，用自己的工作表现争取更大的空间和机会，保持在竞争中立

于不败之地,才有可能施展自己更大的抱负。

(二)我能,不是因为别人不能

自我表现是一种正面的竞争。正面的竞争一般是通过自己的工作业绩和工作态度作为竞争手段。通过努力工作,遵守职业道德等,得到认可和肯定。通过正面竞争得到的胜利,如果是物质的奖励,可以心安理得地享受,如果是一项新的任务,可以更加意气昂扬地开展。采用不正当手段或通过贬低别人而抬高自己,是自我表现的大忌,因为这样的竞争就算一时占上风,也必然激化人际矛盾,最终不能在竞争中胜出。所以,应持这样一种观念:别人都能,但是我略胜一筹!

(三)切忌孤芳自赏,目中无人

有些人,确实在某些方面有过人之处,但若以此耀武扬威,目空一切,不把周围的同事甚至领导放在眼里,势必激起众怒,影响自己的职业发展。应该保持一种谦虚谨慎的作风,良好处理与工作伙伴甚至竞争对手的关系。

一个人的个人品牌获得成功之前,必须得到人们的尊敬,否则,他就无法赢得与别人的合作机会。锋利的言辞,冷漠地对待他人的权利和感情,有意无意地发脾气……所有这些,都将使个人得不到人们的尊敬,至少是很难得到同事的尊敬。而且,如果有相当多的人对他怀有不佳看法时,他失败的可能性便远远超过了成功的可能性。

自我认知——"打工皇后"的崛起

拓展延伸

通过本节的学习,结合个人实际,谈谈如何更好地自我表现,不断提升自我。

第六章

团队协作

良好的团队协作可以调动团队成员的所有资源和才智，并产生一股强大而且持久的力量。本章主要介绍团队及其构成要素，以及团队精神、团队合作能力，如何建设高效团队并快速融入团队等内容。

第一节 认识团队

学习目标

(1)了解、掌握团队的内涵、分类与特点。

(2)掌握团队的构成要素。

(3)掌握团队建设的重要性及如何建设高效的团队。

知识学习

【案例】

牧师请教上帝:地狱和天堂有什么不同?

上帝对牧师说:"跟我来,我让你看看什么是地狱?"他们走进一个房间,里面一群人正围着一大锅肉汤。他们手里都拿着一把长长的汤勺,因为手柄太长,谁也无法把肉汤送到自己嘴里。他们每个人看起来都神情绝望,骨瘦如柴。

"走吧,我让你看看什么是天堂。"他们走进了另一个房间,同样是一锅汤、一群人、一样的长柄汤勺。但每个人都很快乐,吃得很愉快。这里的人们都把汤舀给坐在对面的人喝,他们互相用自己的汤勺去喂对方。

分析:

(1)这个寓言故事中,同样的待遇和条件,为什么地狱里的人痛苦,而天堂里的人快乐?

(2)现今是一个全球化的时代,充满了竞争,怎样才能更好地完成各项工作?

一、了解团队的内涵

(一)团队含义

1994年,斯蒂芬·罗宾斯首次提出了"团队"的概念:为了实现某一目标而由相互协作的个体所组成的正式群体。在随后的十年里,关于"团队合作"的理念风靡全球。当团队合作是出于自觉和自愿时,它必将产生一股强大而且持久的力量。

团队是指一种为了实现某一目标而由相互协作的个体组成的正式群体。团队合作指的是一群有能力、有信念的人在特定的团队中,为了一个共同的目标相互支持、合作、奋斗的过程。

一个好的团队并不是说每一份子各方面能力都特别棒,而是能够很好地借物使力,取团队其他成员的长处来补自己的短处,也把自己的长处优点分享给大家,互相学习交流,共同进步。它可以调动团队成员的所有资源和才智,并且会自动地驱除所有不和谐和不公正现象,同时会给予那些诚心、大公无私的奉献者适当的回报。

（二）团队的作用

1. 目标导向作用

团队精神的培养，使员工齐心协力，拧成一股绳，朝着一个目标努力。

2. 凝聚作用

任何组织都需要一种凝聚力。团队通过员工在长期的实践中形成的习惯、信仰、动机、兴趣等，引导人们产生共同的使命感、归属感和认同感，从而产生一种强大的凝聚力。

3. 激励作用

优秀团队激励着每个成员不断进步，或努力向团队中优秀的成员看齐，或得到团队的认可，或获得团队中其他员工的尊敬，从而实现团队目标。

4. 控制作用

员工的个体行为需要控制，群体行为也需要协调。团队的控制功能是通过团队内部所形成的一种观念的力量、氛围的影响，去约束、规范、控制成员的个体行为。

（三）团队的类型

在现代社会中，团队可以说是无处不在。团队的类型也多种多样。归纳来看，团队主要有以下四种常见类型：

1. 项目型团队

项目型团队通常是基于完成某项专门任务而组建的，具有明确的目标与任务以及完成任务的时限。团队成员来自各个不同的职能部门，每一个成员具有独特的技能和知识背景，彼此之间具有知识与技能的互补性。

2. 职能型团队

职能型团队是指由一个管理者及来自特定职能领域的若干下属所组成的团队，通常团队成员为同一个职能部门的同事。在传统意义上，一个职能团队就是组织中的一个部门，比如，公司的财务分析部门、人力资源部门和销售部门，每个团队都要通过员工的联合活动来达到特定目的。这类团队一般比较稳定，很少变动，团队成员具有相似的知识背景，并掌握专项技能。

3. 多功能型团队

多功能型团队，由来自不同领域、不同层面的员工组成，成员之间交换信息、激发新的观点、解决所面临的重大问题，诸如任务突击、技术攻坚、突发事件处理等。这类团队工作范围广、跨度大、团队周期不确定。这类团队在一些大型的企业组织中比较多，比如，麦当劳就有一个危机管理团队，由来自营运、训练、采购、政府关系部等部门的一些资深人员组成，重点负责应对突发的重大危机。

4. 网络化型团队

网络化型团队是基于信息系统的发展，成员配置不为时间和空间所限制，团队成员合作往往处于虚拟状态的一种团队组织形式。团队成员的配置随任务的需要而改变。

自我认知——三个和尚

【案例】

有这样一个成功的“团队”，经历了数百年，他们的故事仍然为人们津津乐道，那就是《西游记》中的取经团队。为了完成“西天取经”的任务，由唐玄奘、孙悟空、猪八戒、沙和尚的四人团队成立。唐僧师徒团队的成员要么个性鲜明，优点或缺点过于突出，要么缺乏主见，默默无闻，过于平庸。但他们组合在一起，一路历经艰难险阻，斩妖除魔，达成了团队的终极目标——到达大雷音寺，拜见佛祖，求取真经！唐僧作为团队领导，虽然处事缺乏果断和精明，但对于团队目标抱有坚定信念，以博爱和仁慈之心在取经途中不断地教诲和感化着众位徒弟。孙悟空则是技术核心，是这个取经团队中的主力，能力高超，疾恶如仇，但桀骜不驯，不愿接受管理。但他对团队成员有着难以割舍的深厚感情，同时有一颗不屈不挠的心，为达成取经的目标愿意付出任何代价。猪八戒和沙和尚是骨干成员。猪八戒看起来好吃懒做，似乎是个笑料，但是他却发挥着团队减压器的功能。他性格开朗，经常挨批，却从不会心怀怨恨。是唐僧和孙悟空这对固执师徒之间最好的“润滑剂”和沟通桥梁，试想，在一个团队中如果没有猪八戒这样的人物，该是多么沉闷。沙和尚是每个团队中都不可缺少的成员，沉默寡言却心中有数，工作中任劳任怨，脏活累活全包，心态平和，从不争功，是领导的忠实追随者，起着保持团队稳定的基石作用。这个团队在合作完成任务的过程中经历了很多磨难，却实现了共同目标。

分析：

《西游记》团队的故事告诉我们团结合作的重要性，你如何理解？

二、团队的构成要素

团队的构成要素分别为目标、人、定位、权限、计划。

1. 目标(Purpose)

团队应该有一个明确的目标，为团队成员导航，确定工作方向，没有工作目标这个团队就没有存在的价值。

自然界中有一种昆虫很喜欢吃三叶草，这种昆虫在吃食物时都是成群结队的，第一个趴在第二个身上，第二个趴在第三个身上，由一只昆虫带队去寻找食物，这些昆虫连接起来就像一节一节的火车车厢。管理学家做了一个实验，把这些像火车车厢的昆虫连在一起，组成一个圆圈，然后在圆圈中放了它们喜欢吃的三叶草。结果它们爬得精疲力竭也吃不到这些草。这个例子说明团队在失去目标后，团队成员就不知道何去何从了，最后只能被饿死。

一个团队，因为有共同的使命和目标而组合到一起。团队的目标可以具体分解到每个成员身上，大家合力来实现。同时，目标还应该有效地向大众传播，让团队内外的成员都知道这些目标，有时甚至可以把目标贴在团队成员的办公桌上、会议室里，以此激励所有的人为这个目标去工作。

2. 人员(People)

人是构成团队最核心的力量，两个(包含两个)以上的人就可以构成团队。目标是通过人来实现的，所以人员的选择是组建团队时非常重要的一个部分。在一个团队中需要有人制订计划，有人出主意，有人实施，有人协调，还要有人去监督评价工作进展与业绩表现。不同的人通过分工来共同完成团队的目标，所以在人员选择方面要考虑团队的要求如何、人员的能力如何、技能是否互补、人员的经验如何、性格搭配是否和谐等因素。

3. 定位（Place）

团队的定位包含两层意思：一是团队的定位，团队在企业中处于什么位置，由谁选择和决定团队的成员，团队最终应对谁负责，团队采取什么方式激励下属；二是个体的定位，作为成员在团队中扮演什么角色，是制订计划还是具体实施或评估，等等。

4. 权限（Power）

团队中领导人的权力大小跟团队的发展阶段相关，一般来说，团队越成熟领导者所拥有的权力相应越小；在团队发展的初期阶段，领导权相对比较集中。

团队权限取决于两个方面：

（1）整个团队在组织中拥有什么样的决定权？如财务决定权、人事决定权、信息决定权。

（2）组织的基本特征，如组织的规模、团队的数量、组织对于团队的授权程度、业务类型等。

5. 计划（Plan）

计划包括两个层面的含义：

（1）目标最终的实现，需要一系列具体的行动方案，可以把计划理解成目标的具体工作程序。

（2）提前按计划进行可以保证团队工作的顺利进行。只有在计划的指导下，团队才会一步一步地贴近目标，从而最终实现目标。

自我认知——老板的选择

【案例】

恒兴团队是城轨事业部的一个项目研发团队，这个团队由六人组成。团队人员的素质很高，全部具有高学历，所以他们都很自信，觉得没有他们做不好的事情。王总是此项目的负责人；小毕和小陈是经常能给团队提供各种想法的人，他们经常为不同的想法争论不休，但是小陈与小毕又有所不同，小陈经常能够对想法的可行性做出周密的分析；小迪是能够进行周密计划的人；小翼对交代的工作能够及时准确地完成；小富能够对各种想法做出调查，并能做出评估。在一次项目研发过程中，令王总非常苦恼的是，虽然这些人员都非常优秀,能够提出各种非常合理的方法,但是他们召开了一次又一次会议,大家各抒己见,在一些细节上纠缠不休,最后还是没能得出结论。

分析:

(1)恒兴团队的成员都很优秀,为什么工作没有效率?

(2)你认为怎样才能使一个团队焕发出生机和活力?

三、团队建设

(一)团队建设的重要性

团队就是为了团队中的每一个人生存与发展存在的,加强团队建设可以使团队产出大于个人绩效之和的群体效应,提高企业组织的灵活性,增强企业的应变能力和内部凝聚力,并能激发团队成员的积极性、主动性和创造性。

(二)建设高效团队的方法

1. 设定共同的目标

曾经有两个饥肠辘辘的乞丐,想要过上安逸幸福的渔家生活,便每天向上帝祷告。上帝被两人的执著诚心打动,决定赐予他们一个建造家园的机会。上帝便化装成卖渔具的老人,送给其中一个乞丐一个渔竿,送给另一个乞丐一篓鲜鱼,并告诉他们在三百五十里外的海滩上就是他们建造家园的好去处。拿到渔竿的乞丐没有过多的思考,便踏上了找寻幸福的征途。分到鱼的乞丐美餐了一顿,准备第二天上路。然而第二天却暴雨倾盆冰雹满地,第三天又是狂风怒吼。就这样鱼篓中的鱼被他吃完了。他也失去了去海滩建造家园的机会。另一个得到渔竿的乞丐历尽千辛万苦、风吹雨淋、挨饿、受冻,最终却累倒在海滩。上帝再次出现重新给了他们一次机会,两个乞丐这次团结起来,互相鼓励、坚强执著地去克服一切困难,饿了,就烤些鱼吃;累了,就相依而坐;冷了,他们相拥取暖,用彼此的体温来抗拒寒冷。终于取得了成功,若干年后他们先后有了自己的家庭,过上了幸福美满的渔家生活。

共同的目标为团队成员提供具体的指导和行动方向,目标是团队存在的价值,明确目标就是使成员明确团队存在的意义。将目标植根于每位团队成员的心里,就可以使团队行动一致。如果团队的领导疏于制定团队的目标,或有目标而成员们并不了解目标,那么就没有凝聚成真正的团队。

2. 制定规则

团队是集体,必须要有规则,这可以帮助团队成员很好地界定自己的行为,明确团队的利益要高于个体的利益。规则制定是为了明确团队中每个成员的角色,每个人都做自己最擅长的工作,每个人都平等,而且同样重要。

3. 选择团队成员

有两种团队特别容易失败:一是整个团队都是由聪明人组成的,二是整个团队都是由个性相近的人组成的。如果全部都是将军,谁来打仗?反过来,如果全部都是士兵,谁来指挥?因此,团队成员应该是相互补充,各有优点的,才易形成合力。

4. 明确角色定位

2007年世界杯大赛中,乒乓小将王皓荣获男子单打冠军,手捧鲜花接受了萨马兰奇的颁奖。而在冠军的背后,刘国梁这个昔日的“大满贯”得主,今日的男队主教练,又扮演了什么样的角色？

王皓在赛后的采访中回答，“比赛期间，每天早上很早就爬起来，刘指导始终陪伴着我，他起来的目的就是陪我练习，模仿我将遇到的对手，模仿柳承敏、模仿波尔……从发球、站位到场上习惯，他都能学得惟妙惟肖。总之，我下一个即将跟谁打，他就模仿谁。”王皓在采访中对刘国梁表示由衷的感谢。

王皓取得了自己人生中的第一个，也是在2008年北京奥运会到来之前最重要的一个单打冠军，作为男队主教练的刘国梁无论在巴塞罗那的男单决赛之后，还是回到北京后的采访中，都在毫无保留地夸奖王皓这次的出色表现。

刘国梁虽然退出了比赛，但并没有从此轻松起来。他把自己的角色从台上转到台下，从幕前转到幕后。把点点滴滴的小事做好，扮演好自己的角色，发挥自己的作用，这就是刘国梁最大的优势。

从这个案例可以看出，刘国梁能够把团队的利益、集体的目标放在第一位，不斤斤计较个人得失。他不因自己失去了在台上表现才华的机会而消极怠工、袖手旁观，而是调整自己的岗位，做好陪练，为整个团队服务，为比赛成功贡献自己的一份力量。自觉地扮演好自己的角色，团队第一，个人第二，甘做幕后英雄。如果每个人都只想着表现自己，自己当英雄，或者只顾自己的得失，无视集体的利益，团队就无法保持和谐，就不能形成合力。

在团队中每位成员要明确自己在团队中的角色定位，了解自己的职责，认定“我是谁”，“我”扮演和充当一个什么样的角色，“我”要做什么，要怎样做才能做好，在其职，做其事，尽其责。每个团队成员都是不可或缺的，而且每一个团队成员都要具有团队合作的意识。无论你自身的能力有多强大，团队少了你依然会继续运行，所以不要妄自称大。

做好自己的事情就好。团队合作中，最起码的事情就是把自己的事情做好。一个团队的任务都是有分工的，分配给自己的任务就要按时做好。只有这样，你才能不给别人带来麻烦，也只有在这个前提下，你才能去帮助其他成员。

5. 加强沟通

成功的团队依靠的是队员之间的相互配合、分工、协作，从而实现组织高效率运作的管理，因而团队成员之间要多进行沟通。

小宇明天要参加小学毕业典礼，他高高兴兴地上街买了条裤子，可惜回到家才发现右边裤腿比左边长了两寸。吃晚饭的时候，小宇把一边裤腿长两寸的事说了一下，饭桌上奶奶、妈妈和嫂子都没有反应，饭后这件事情也没有再被提起。妈妈睡得比较晚，临睡前想起儿子第二天要穿的裤子有问题，于是将裤子剪好缝好放回原处，才去安心睡觉。半夜里，被狂风惊醒的嫂子突然想弟弟的裤子有问题，于是披衣起床将裤子处理好又安然入睡。第二天一大早，奶奶给孙子做早饭时，想起孙子的裤子有问题，马上进行了处理。结果，小宇只好穿着右裤腿短四寸的裤子去参加毕业典礼。沟通不畅很容易会造成工作效率低下，也只有进行充分的沟通，明确各自的职责，才能充分协作，形成合力。

（三）团队建设过程的五个阶段

团队建设一般要经过形成期、磨合期、凝聚期、收获期、修整期五个阶段。

1. 形成期

团队成员由不同动机、需求与特性的人组成，此阶段缺乏共同的目标，彼此之间的关系也尚未建立起来，人与人的了解与信任不足，彼此之间充满着谨慎和礼貌。整个团队还没有建立起规范，或者对于规范还没有形成认同，这时的矛盾很多，一致性很少，即使花很大的力气，也很难产生相应的效果。此时，管理人员必须立即掌握团队，快速让成员进入状态，降低不稳定的风险。此阶段的领导风格要采取控制型，不能放任，尽快建立必要的规范，尽快让团队进入轨道。

2. 磨合期

团队经过组建阶段以后，隐藏的问题逐渐暴露，就会进入磨合期。团队内各成员维护自己的权益，外面的压力也渗透到团队内部，增加了团队内部的紧张气氛。磨合期包括成员与成员之间、成员和环境之间、新旧观念与行为之间三个方面的磨合。

3. 凝聚期

经过磨合期之后，团队逐渐走向规范。组织成员开始以一种合作的方式组合在一起，团队成员逐渐了解了领导者的想法与组织的目标，建立了共同的愿景，成员互相之间也产生了默契，对于组织的规范也开始适应。这时日常工作能够顺利进行，但对领导者的依赖依然很强，还不能形成自治团队。在这一阶段，最重要的是形成有力的团队文化，促进成员形成共同的价值观，调动个人的积极性，增强团队的凝聚力，培养成员对团队的认同感、归属感，营造成员间互相合作、互相帮助、互相关爱的氛围。此时，还应进行更广泛更清晰的权责划分，在授权的同时，还要注意控制。

4. 收获期

团队经过组建、磨合、凝聚，开始变得成熟，能使任务得以高效地完成。在收获期，团队成员的注意力已经集中到了如何提高团队效率和效益上，这是一个出成果的阶段。此时，团队成员的角色都很明确，并深刻领悟到完成团队的工作需要大家的配合和支持，同时已学会以建设性的方式提出异议，大家高度互信，彼此尊重，整个团队已熟练掌握如何处理内部冲突的技巧，也学会了如何集中大家的智慧做出高效决策，并通过大家的共同努力去追求团队的成功。在完成目标的过程中，团队成员加深了了解，增进了友谊，同时整个团队更加成熟，工作也更加富有成效。此时的领导者必须创造参与的环境，以身作则，使工作更有成效。

5. 修整期

当团队经过收获期后就要进行修整，找出存在的问题，进一步调整目标或规范制度，以便取得更多的成功。此时管理者更需要运用系统的思考，通观全局，并保持危机意识，不断改进，持续成长。而对于经过以上各阶段却并未形成高效团队的队伍，进入修整期时，就需要进行大的整顿。对团队实行整顿的一个重要内容是优化团队规范，于是出现新一轮的团队建设。

自我认知——南飞的大雁

拓展延伸

通过本节的学习,我们对团队有了了解和认识,你对所在的团队有何看法?

第二节 融入团队

学习目标

(1)掌握融入团队的意义、方法。

(2)了解影响融入团队的因素。

(3)通过学习能使自己顺利融入团队。

知识学习

【案例】

在一个花园里,美丽的红玫瑰引来了人们的驻足欣赏,红玫瑰为此感到十分骄傲。红玫瑰旁边一直蹲着一只青蛙,红玫瑰嫌青蛙与自己的美丽不协调,强烈要求青蛙立即从自己的身边走开,青蛙只好顺从地走开了。

没过多久,青蛙经过红玫瑰身边,它惊讶地发现红玫瑰已经凋谢了,叶子和花瓣都已经掉光了。青蛙说:"你看起来很不好,发生了什么事情?"红玫瑰回答:"自从你走了之后,虫子每天都在啃食我,我再也无法恢复往日的美丽了。"

分析:

(1)红玫瑰为什么凋谢了?

(2)通过这个故事你领悟到了什么?

一、融入团队的意义

(一)融入团队才能获得安全感和归属感

融入团队,我们会感到更强大,更自信,可以减轻"孤立无援"时的不安全感,也多了一份对外来威胁的抵抗力,进而得到安全感和归属感。

(二)融入团队才能获得指导和支持

每个人都有自己的优点,同时,也有着自身的不足,虽说勤能补拙,然而,要求每个人都做到这一点,却不是那么容易的事情。团队中人才多,且团队一般都会安排以老带新,优秀团队更是有新员工培训计划,对新员工在日常工作、经验传授等方面进行全方位的培训,新员工在各方面获得指导、支持,进步更快。

(三)融入团队才能实现个人价值的最大化

任何一个人的力量都是渺小的,想成为卓越的人,仅凭自己的孤军奋战,单打独斗,是不可能成功的。只有融入团队,与团队一起奋斗,充分发挥出个人的作用,才能实现个人价值的最大化,才能成就自己的卓越。

(四)融入团队才能实现团队力量的强大

俗话说:“三个臭皮匠,赛过诸葛亮。”“人多力量大。”“一根筷子容易弯,十根筷子折不断。”这就是团队力量的直观表现。在一个团队里,如果每个人都能够充分发挥自己的优势,那么,这个团队将是无比强大的。

自我认知——“不拘小节”的大山

【案例】

一年夏天,天气太旱,眼看辛辛苦苦播种的庄稼就要旱死了,农夫甲和农夫乙经过商议,决定修建一条水渠将山上水井里的水引下来灌溉庄稼。于是,他们决定分别从地头和水井向中间挖,农夫甲从水井那端挖起,农夫乙从地头那端挖起,他们的老婆负责做饭和送饭。第一天活干完了,农夫甲这边土比较多,挖了五丈,农夫乙这边石头比较多,所以才挖了两丈。两个人都累坏了。农夫甲的老婆对农夫甲说:“你今天挖了五丈远,而农夫乙才挖了两丈远。”农夫甲想:“他该不会是在故意偷懒吧?明天我得少挖一点。”农夫乙的老婆对农夫乙说:“农夫甲今天挖了五丈远。”农夫乙想:“明天我要继续加油啊!”第二天活干完了,农夫甲挖了四丈远,农夫乙挖了三丈远。晚上,农夫甲的老婆对农夫甲说:“今天农夫乙挖了三丈远。”农夫甲想:“我偷懒还挖了四丈,他才挖三丈,太过分了!”农夫乙的老婆对农夫乙说:“你知道吗?农夫甲昨天挖了五丈,而今天才挖了四丈远。”农夫乙想:“昨天能挖五丈,而今天却挖了四丈,农夫甲今天肯定偷懒了,明天我也少干点。就这样,当他们终于把水渠修好的时候,庄稼早就旱死了。

分析:

(1)农夫的水渠发挥作用了吗?为什么会出现这样的结果?

(2)你认为作为团队中的一员怎样做才是正确的?

二、快速融入团队的方法

1. 积极主动

每一个初入职场的人都要深刻地认识到,一个人的成功并不是真正的成功,团队的成功才是最大的成功。那种“只顾自己,不顾集体”的员工,不是优秀的员工。虽然领导希望自己的员工精明能干,能独挡一面,但领导更重视团队的力量。作为个体,只有把自己融入团队之中,凭借集体的力量,才能把个人的力量发挥到最大,让自己得到最好的发展。尤其作为一名电梯专业技术人员,更要积极主动地融入所在的团队中,服从领导的安排,遵守规章制度,积极与其他员工合作,共同完成团队的任务。

2. 真诚和尊重

真诚和尊重是合作的前提,团队中的每一个人都有不同的性格特征,都需要尊重。要想与团队成员达成良好的合作关系,需要付出真诚与尊重。融入团队,加强合作离不开真诚与尊重。尊重是合作的前提,是成功的基础。欣赏彼此的优点并且互相提供帮助,是团队精神的基石。即使你非常优秀,也不要瞧不起别人。人与人之间就像一面镜子,当你对着别人微笑时,别人也会对着你微笑;当你不尊重别人时,别人也不会尊重你。我们要尊重团队中的每一位同事。

3. 学会沟通

团队精神的最高境界是具有凝聚力,凝聚力源于团队成员自觉的内心动力,来自形成共识的价值观,而共识的形成则有赖于沟通。融入团队,必须学会有效的沟通。沟通是传达、倾听、协调,也是一个团队和谐有序的润滑剂。沟通不仅是一个人的个人能力、魄力的体现,也是每一位员工应该做到的。员工在一起,不仅是工作,更是一起分享成功与挫折、快乐与忧愁。如果员工之间不进行交流,各自唱"独角戏",团队势必成为一盘散沙。团队中没有"他们""你们""你""我""他",只有"我们"。

4. 互相关爱

在工作单位中,只有学会关爱同事,才能取得同事的信任和支持,从而提高团队的整体工作绩效。珍惜与团队同伴相识的缘分,在同伴需要帮助时提供关爱,是与人合作最好的方式。在团队里,成员要像群飞的大雁,遇到困难时,互相帮助、共同解决,团队成员共同进步,团队取得成功,每一位成员也会因此而受益。

5. 全局观念

团队精神不反对个性张扬,但个性必须与团队的行动一致,要有整体意识、全局观念,互相配合,考虑团队的需要,为集体的目标而共同努力。曾经有这样两个工作伙伴,他们共同承担一个项目,但其中有分工,两个人都希望好好表现,能够得到团队领导的认可,将彼此视为竞争对手,为了在两个人的比赛中获胜,两个人都隐瞒对对方有利的信息,都只顾自己,结果这个项目不符合客户的要求,给公司带来很大损失。因此,团队中每个人都应有全局观念,要以团队的目标为自己的最高目标,只有团队取得成功才会有个人的成功。

自我认知——如何取舍

【案例】

故事一:林斌,某高职学生,来自偏远农村,经济条件较差。在学校时就性格内向,独来独往,自己认定的事情就非干不可,为此常与同学发生争论。他瞧不起别人,别人对他也很疏远。他身边的同学有些也会刻意孤立他,贬低他,讲他的坏话,为此他感到很气愤,也很苦恼。在工作后也出现了类似的问题,短短一年时间就换了三份工作。

故事二:韩刚很幸运,高职一毕业就分配到一家地方报社。他积极学习业务,工作态度踏实,取得了非常好的工作业绩。工作八年后,韩刚还仍然是个普通员工,而跟他一起分来的同事,都纷纷坐上了主编或副主编的位子。再看看已经30多岁的自己,韩刚真是越想越郁闷。

看着韩刚郁郁寡欢的样子,他的好朋友向他传授了一套与同事的相处方法,果然一年后,韩刚顺利地被晋升为副主编,而且还带领报社的业务骨干出去考察。

是什么使韩刚平步青云的?原来,韩刚是一个性格倔强的人,认为只要努力工作就一定会得到应有的回报,可是在一个关系密结的单位,单枪匹马的韩刚总是被遗忘。

韩刚的朋友帮他改变了两个不足之处:第一,只工作不合作。有一定的能力,又肯埋头苦干,工作的质量和效率都很突出,但是韩刚不愿与同事交流,只顾着干活,从不与同事之间有什么交谈和来往。第二,过分推销自己。韩刚在业务上投入了大量精力和时间,所以在业务上取得了非常好的表现,很喜欢在别人面前指手画脚,自吹自擂,这种品格很难获得好口碑。群众调查时,大家多半会把他的能力打个对折。而且,在任何场合都过分突出自己的人,必然忽略了他人的感受,往往给人不懂尊重他人的坏印象。

分析:

(1)从上面两个故事中我们可以看出什么?

(2)"团结就是力量",无论是平时的学习还是生活我们都离不开团队,怎样做才能使团队和成员都越来越优秀?

三、影响融入团队的因素

一名成员是否能与团队相融,存在两方面的影响因素,一是成员自身,二是团队。

(1)团队成员对团队的精神与理念不认同、不理解、不接受,因而不愿意融入团队。这不一定是成员的错,很有可能是团队的精神与理念无法使团队成员形成共鸣,不能领导所有成员的价值观。

(2)团队成员之间的性格冲突,并且没有协调者,这也影响成员融入团队。

(3)成员在团队中,若贡献值远大于肯定值,但得不到认可,也会导致这个成员想离开团队。

(4)团队中的主导力量非常排外,致使新的成员无法与团队形成合力,新成员总感觉到无法施展才能或体现价值。

(5)团队确实形成了合力,可以共同工作,但因整个团队发展的空间比较小,导致有的成员会关注团队外的机会，而逐渐地与团队产生心理距离。

自我认知——10 000 美元的小提琴

拓展延伸

通过本节的学习，我们对融入团队的方法已有所了解，你融入团队了吗？

第三节 团 队 合 作

学习目标

(1)了解团队合作的含义及要素。

(2)掌握团队合作的原则、技巧。

(3)提高团队合作的能力。

【案例】

三只老鼠同去一个很深的油缸偷油喝，够不到油喝的它们想出一个办法，就是一只老鼠咬着另一只老鼠的尾巴，吊下缸底去喝油，大家轮流喝，有福同享。

第一只老鼠最先吊下去喝油，它想："油就这么多，大家轮流喝一点儿也不过瘾，今天算我运气好，干脆自己跳下去喝个饱。"夹在中间的老鼠想："下面的油没多少，万一让第一只老鼠喝光了，那我怎么办？我看还是把它放了，自己跳下去喝个痛快！"第三只老鼠也暗自嘀咕："油那么少，等它们两个吃饱喝足，哪里还有我的份儿？倒不如趁这个时候把它们放了，自己跳到缸底饱喝一顿。"

于是，第二只老鼠狠心地放开第一只老鼠的尾巴，第三只老鼠也迅速放开第二只老鼠的尾巴，它们争先恐后地跳到缸里去了。最后，三只老鼠都淹死在油缸里。

分析：

(1)三只老鼠为什么会淹死？

(2)团队合作有什么意义？

一、团队合作的内涵及意义

1. 团队合作的内涵

团队合作指的是一群有能力、有信念的人在特定的团队中，为了一个共同的目标相互支持合作奋斗的过程。它可以调动团队成员的所有资源和才智，产生一股强大而且持久的力量。一个人的智慧再高、能力再强，对于迅速膨胀的信息和海量知识，任何个人都无法全面掌握，因此，一味强调个人力量、个人作用已不符合时代的发展。

适合团队的能力包括工作能力、与人交流沟通的能力以及团队合作的能力，最突出的就是团队合作能力。所谓团队合作能力，是指建立在团队的基础之上，发挥团队精神、互补互助以达到团队最大工作效率的能力。对于团队的成员来说，不仅要有个人能力，更需要有在不同的位置上各尽所能、与其他成员协调合作的能力。

团队合作是一种为达既定目标所显现出来的自愿合作和协同努力的精神。它可以调动团队成员的所有资源和才智，并且能够自动减少不和谐、不公正现象，同时会给予那些诚心、大公无私的奉献者适当的回报。如果团队合作是出于自觉自愿，它必将会产生一股强大而且持久的力量。

2. 团队合作的重要性

1）团队协作，可以打造一个具有较强凝聚力的工作队伍

一个团队的力量远大于一个人的力量。团队不仅强调个人的工作成果，更强调团队的整体业绩。团队所依赖的不仅是集体讨论和决策，它同时也强调成员的共同贡献。但是，团队大于各部分之和。大家都知道一根筷子轻轻被折断，但把更多的筷子放在一起，想要折断是很困难的事。

2）能力互补，可以为团队成员提供一个较好的学习平台

当团队的每一个人都坦诚相待，都有一份奉献精神时，取长补短，个人的能力肯定会得到大大的提升，三人行，必有我师焉。如果大家把团队里面每一份子的优点长处都变为自己的，灵活运用，不仅团队的力量日益强大，自己的能力、潜力也慢慢得到升华。

3）共同奉献，可以有效地提高工作效率，营造一个相对和谐的工作环境

团队协作能激发出团队成员不可思议的潜力，让每个人都能发挥出最强的力量。但是，一加一的结果却是大于二，也就是说，团队工作成果往往能超过成员个人业绩的总和。

协同合作是任何一个团队不可或缺的精髓，是建立在相互信任基础上的无私奉献，团队成员因此而互补互助，并且会自动地驱除所有不和谐和不公正现象，同时会给予那些诚心、大公无私的奉献者适当的回报。这种共同奉献需要一个切实可行、具有挑战意义且让成员能够为之信服的目标。只有这样，才能激发团队的工作动力和奉献精神，不分彼此。在一个团队里面，只有大家不断地分享自己的长处优点，不断吸取其他成员的长处优点，遇到问题都及时交流，才能让团队的力量发挥得淋漓尽致。

一个好的团队并不是说每一份子各方面能力都特别棒，而是能够很好地借物使力，取团队其他成员的长处来补自己的短处，也把自己的长处优点分享给大家，互相学习交流，共同进步。

自我认知——三个臭皮匠，顶个诸葛亮

【案例】

有一个猎人在湖边张网捕鸟。不久，很多大鸟都飞入网中，猎人非常高兴，赶快收网准备把鸟抓出来，没想到鸟的力气很大，反而带着网一起飞走了，猎人只好跟在后面拼命地追。

一个农夫看到了，就笑话猎人："算了吧，不管你跑得多快，也追不上会飞的鸟呀。"

猎人却很坚定地说："如果网里只有一只鸟，我也许真追不上它，但现在有很多鸟在网里，我就一定能追到。"

果然，所有的鸟都朝着自己想去的地方飞，于是，那一大群鸟跟着网一起落地，被猎人追到了。

分析：

(1)猎人为什么能追到鸟？

(2)团队合作中，什么才是最重要的？

二、团队合作的基本要素

良好的团队合作包括四个基本要素：共同的目标、组织协调各类关系、明确制度规范管理与称职的团队领导。

1. 共同的目标

共同的目标是形成团队精神的核心动力，是建立良好团队合作的基础。因此，建立团队合作的首要要素，就是确立起共同的愿景与目的。目标是一个有意识的选择并能被表达出来的方向，要能够运用团队成员的才能促进组织的发展，使团队成员有一种成就感。但是由于团队成员的需求、思想、价值观等因素的不同，要想团队的每个成员都完全认同目标，也是不易的。

2. 组织协调各类关系

关系包括正式关系与非正式关系。例如，上级与下级，这是正式关系；他们两人恰好是同乡，这就是非正式关系。组织协调各类关系，则是要通过协调、沟通、安抚、调整、启发、教育等方法，让团队成员从生疏到熟悉、从戒备到融洽、从排斥到接纳、从怀疑到信任，团队中各类关系越稳定、越值得信赖，团队的内耗就越少，整个团队的效能就更大。

3. 明确制度规范管理

团队中如果缺乏制度规范会引起各种不同的问题。如果人事安排没有相应的制度、工作处理没有明确的流程，奖惩没有规范，不仅会造成困扰、混乱，也会引起团队成员间的猜测、不信任。所以,要制定出合理、规范的制度流程,把各项工作纳入制度化、规范化管理的轨道,并且使团队成员认同制度,遵守规范。

4. 称职的团队领导

团队领导的作用,在于运用自己调动资源的权力,调动团队成员的积极性,在团队成员的共同努力下实现工作目标。因此,团队领导要运用各种方式,以促使团队目标趋于一致、建立良好的团队关系及树立团队规范。团队领导在团队管理过程中,对有些不好把握、认识不清的问题,最有效的方法就是进行换位思考,把自己置身于被管理者的角度去感受成员的所思、所感、所需,将他人的需求和特性作为出发点制定出相应的管理办法和制度规范。

自我认知——命运迥异的马和驴

【案例】

清朝宰相张廷玉与一位叶姓侍郎都是安徽桐城人。两家毗邻而居,都要起屋造房,为争地皮,发生了争执。张老夫人便修书北京,要张宰相出面干预。没想到,这位宰相看罢来信,立即作诗劝导老妇人:"千里家书只为墙,让他三尺又何妨?万里长城今犹在,不见当年秦始皇。"张老夫人见书明理,立即主动把墙往后退了三尺。叶家见此情景,深感惭愧,也马上把墙让后三尺。这样,张叶两家的院墙之间,就形成了六尺宽的巷道,成了有名的"六尺巷"。

分析:

"六尺巷"的形成让我们看到了谦让的美德,人们总说"忍一时风平浪静,退一步海阔天空",你怎么理解?

三、团队合作的原则

(一)平等友善

与同事相处的第一原则便是平等。不管你是资深的老员工,还是新进的员工,都需要平等对待他人,无论是心存自大或心存自卑都是同事相处的大忌。同事之间相处具有相近性、长期性、固定性的特点,彼此都有较全面深刻的了解。要特别注意的是,真诚相待才可以赢得同事的信任。信任是联结同事间友谊的纽带,真诚是同事间相处共事的基础。即使你各方面都很优秀,即使你认为自己以一个人的力量就能解决眼前的工作,也不要显得太张狂。以后你并不一定能完成一切工作,还是要平等友善地对待同事。

(二)善于交流

同在一个公司工作,你与同事之间会存在某些差异,知识、能力、经历的差异造成你们在对待和处理工作时,会产生不同的想法。交流是协调的开始,把自己的想法说出来,同时倾听对方的想法。你要经常说这样一句话:"你看这事该怎么办,我想听听你的看法。"

(三)谦虚谨慎

法国哲学家罗西法古曾说过:"如果你要得到仇人,就表现得比你的朋友优越;如果你要得到朋友,就要让你的朋友表现得比你优越。"当我们让朋友表现得比我们还优越时,他们就会有一种被肯定的感觉;但是当我们表现得比他们还优越时,他们就会产生一种自卑感,甚至对我们产生敌视情绪,因为各自都在强烈维护着自己的形象和尊严。

所以,要学会谦虚谨慎,只有这样,我们才会永远受到别人的欢迎。为此,卡内基曾有过一番妙论:"你有什么可以值得炫耀的吗?你知道是什么原因使你成为白痴?其实不是什么了不起的东西,只不过是你甲状腺中的碘而已,价值并不高,才五分钱。如果别人割开你颈部的甲状腺,取出一点点的碘,你就变成一个白痴了。在药房中五分钱就可以买到这些碘,这就是使你没有住在疯人院的东西——价值五分钱的东西,有什么好谈的呢?"

(四)化解矛盾

一般而言,与同事有点小摩擦、小隔阂,是很正常的事。但千万不要把这种"小不快"演变成"大对立",甚至形成敌对关系。对别人的行动和成就表示真正的关心,是一种表达尊重与欣赏的方式,也是化敌为友的纽带。

(五)接受批评

如果同事对你的错误大加抨击,即使带有强烈的感情色彩,也不要与之争论不休,而是从积极方面来理解他的抨击。这样,不但对你改正错误有帮助,也避免了语言敌对场面的出现。

(六)具有创造能力

培养自己的创造能力,不要安于现状,试着发掘自己的潜力。一个有不凡表现的人除了能保持与人合作以外,还需要有人乐意与你合作。

总之,作为一名员工应该注重个人的思想感情、学识修养、道德品质、处世态度、举止风度,做到坦诚而不轻率、谨慎而不拘泥、活泼而不轻浮、豪爽而不粗俗,这样就一定可以和其他同事融洽相处,提高自己团队作战的能力。承担责任看似简单,但实施起来则很困难。领导纠正自己的伙伴做出的损害团队的行为是一件不容易的事情,但是,如果有清晰的团队目标,有损这些目标的行为就能够轻易地被纠正。

自我认知——按角色做事

【案例】

古代有两个侠客,他们从小一起拜师学艺,当他们学成以后就去参军报效自己的国家。

在去参军的路上，两个人遇到了一帮土匪。土匪将他们两个团团围住，两个人背靠背，拿着自己手中的剑，一次又一次地阻挡住了土匪的进攻，直到把土匪击退。

有一次，两人去刺探军情，结果被敌国发现，敌国的士兵将他们围在中间，希望能从他们的口中得到一些重要的情报，结果两个人宁死不屈，奋力抵抗。虽然都受了很重的伤，但他们没有放弃，始终坚持，始终为背后的人阻挡敌人。在两个人快要坚持不住的时候，他们的队伍及时赶到，两个人才得以获救。在以后的岁月中，两个人始终战斗在一起。

十年后，两个人解甲归田。村子里经常有年轻人来，问他们是如何在战场上杀敌的，是如何将敌人一次又一次击退的。两个人经常是笑一笑，然后将衣服脱下来，给这些年轻人看，他们发现两个人的胸前全是伤疤，但奇怪的是他们两个人的后背居然没有任何受伤的痕迹。一个人说："我们在战斗的时候，彼此信任对方，将后背交给对方，我们只管前面的敌人，不会顾及后面是否有敌人，因为后面有我最信任的人在保护我。"

两个人能在战斗中把后背交给对方，这就是最高的信任。

分析：

这个故事告诉我们在团队合作中信任的重要性，你认为作为团队的一员，除了信任之外，还应该做到哪些？

四、团队成员应具备的基本素质

一个优秀的团队离不开每个成员的努力，如果每个成员都能从大局出发，严格要求自己，多从其他成员的角度考虑问题，在团队合作中能尊重同伴、互相欣赏、宽容待人，那么一个优秀的团队就形成了。

（一）尊重

尊重没有高低之分、地位之差和资历之别，尊重只是团队成员在交往时的一种平等的态度。平等待人、有礼有节，既尊重他人，又尽量保持自我个性，这是团队合作能力之一。团队是由不同的人组成的，每一个团队成员首先是一个追求自我发展和自我实现的个人，然后才是一个从事工作、有着职业分工的职业人。虽然团队中的每一个人都有着在一定的生长环境、教育环境、工作环境中逐渐形成的与他人不同的自身价值观，但他们每个人不论其资历深浅、能力强弱，也都同样有渴望尊重的要求，都有一种被尊重的需要。

尊重，意味着尊重他人的个性和人格、尊重他人的兴趣和爱好、尊重他人的感觉和需求、尊重他人的态度和意见、尊重他人的权利和义务及尊重他人的成就和发展。尊重，还意味着不要求别人做你自己不愿意做或没有做过的事情。当你不能加班时，就没有权力要求其他团队成员继续"作战"。

尊重，还意味着尊重团队成员有跟你不一样的优先考虑，或许你喜欢工作到半夜，但其他团队成员也许有更好的安排。只有团队中的每一个成员都尊重彼此的意见和观点、尊重彼此的技术和能力、尊重彼此对团队的全部贡献，这个团队才会得到最大的发展，而这个团队中的成员也才会赢得最大的成功。尊重能为一个团队营造出和谐融洽的气氛，使团队资源形成最大程度的共享。

（二）欣赏

学会欣赏、懂得欣赏。很多时候，同处于一个团队中的工作伙伴常常会乱设“敌人”，尤其是大家因某事而分出高低时，落在后面的人的心里就会酸溜溜的。所以，每个人都要先把心态摆正，用客观的目光去看看“假想敌”到底有没有长处，哪怕是一点点比自己好的地方都是值得学习的。欣赏同一个团队的每一个成员，就是在为团队增加助力改掉自身的缺点，就是在消灭团队的弱点。

欣赏就是主动去寻找团队成员尤其是你的“敌人”的积极品质，然后，向他学习这些品质，并努力克服和改正自身的缺点和消极品质。这是培养团队合作能力的第一步。“三人行，必有我师焉。”每一个人的身上都会有闪光点，都值得我们去挖掘并学习。要想成功地融入团队之中，就要善于发现每个工作伙伴的优点，这是走近他们身边，走进他们之中的第一步。适度的谦虚并不会让你失去自信，只会让你正视自己的短处，看到他人的长处，从而赢得众人的喜爱。每个人都可能会觉得自己在某个方面比其他人强，但你更应该将自己的注意力放在他人的强项上，因为团队中的任何一位成员，都可能是某个领域的专家。因此，你必须保持足够的谦虚，这样会促使你在团队中不断进步，并真正看清自己的肤浅、缺点和无知。

总之，团队的效率在于成员之间配合的默契，而这种默契来自团队成员的互相欣赏和熟悉——欣赏长处、熟悉短处，最主要的是扬长避短。

（三）宽容

美国人崇尚团队精神，而宽容正是他们最推崇的一种合作基础，因为他们清楚这是一种真正的以退为进的团队策略。雨果曾经说过：“世界上最宽阔的是海洋，比海洋更宽阔的是天空，而比天空更宽阔的则是人的心灵。”这句话无论在何时何地都是适用的，即使是在角逐竞技的职场上，宽容仍是能让你尽快融入团队中的捷径。宽容是团队合作中最好的润滑剂，它能消除分歧和战争，使团队成员能够互敬互重、彼此包容、和谐相处，从而安心工作、体会到合作的快乐。试想一下，如果你冲别人大发雷霆，即使过错在于对方，谁也不能保证他不以同样的态度来回敬你。这样一来，矛盾自然也就不可避免。

相反，如果能够以宽容的胸襟包容同事的错误，驱散弥漫在你们之间的火药味，相信你们的合作关系将更上一层楼。团队成员间的相互宽容，是指容纳各自的差异性和独特性以及适当程度的包容，但并不是指无限制地纵容，一个成功的团队，只会允许宽容存在，不会让纵容有机可乘。

宽容，并不代表软弱。在团队合作中它体现出的是一种坚强的精神，是一种以退为进的团队战术，为的是整个团队的大发展，同时也为个人奠定了有利的提升基础。首先，团队成员要有较强的相容度，即要求其能够宽厚容忍、心胸宽广、忍耐力强。其次，要注意将心比心，即应尽量站在别人的立场上，衡量别人的意见、建议和感受，反思自己的态度和方法。

（四）平等

当每一个团队成员都处于相同的起跑线上时，他们之间就不会产生距离感，他们在合作时就会形成更加默契、紧密的关系，从而使团队效益达到最大化。

例如，宜家家居的平等团队文化（IKEA），与微软的团队特征截然不同，该公司的团队以家具的品类来分类，各团队共同负责同一家具部的工作（如办公家具、厨房用品、地毯部、沙发部）。

公司的低调平民文化不仅反映在其家具的价格上，而且表现在公司上层领导的个人风格上。宜家的创始人据说是世界首富，但他从不张扬，而且穿着朴素，生活简单。喝完饮料，一次性使用的塑料杯也舍不得扔掉。宜家的招牌广告语是："你不必富有，只需机灵（You don't have to be rich, just smart）。"它创造的团队文化也具有类似特征。

（五）信任

信任对于一个团队来说，具有化腐朽为神奇的力量。它能够使团队成员和谐共处，任何一个人都不是生来就有被别人信任的特质，一个人被信任是在现实生活中一点点积攒起来的。要想被人信任，你就应该积极地增加你的信用"额度"。一个人要想增加自己的信用"额度"，并非心里想着就能实现，只有用实际的行动才能消除他人的心理防备，使别人愿意真正相信你，这才是获得信任的必由之路。

美国管理者坚信这样一个简单的理念：如果连起码的信任都做不到，那么，团队协作就是一句空话，绝没有落实到位的可能。人们在遇到问题时，首先会相信物；其次是相信自己和自己的经验；最后，万不得已才相信他人。而这一点，在团队合作中则是大忌。团队是一个相互协作的群体，它需要团队成员之间建立相互信任的关系。信任是合作的基石，没有信任，就没有合作。信任是一种激励，信任更是一种力量。团队成员在承受压力和困惑时，要相互信赖，就像荡离了秋千的空中飞人一样，他必须知道在绳的另一端有人在抓着他。团队成员在面临危机与挑战时，也要相互信任，就像合作猎捕猛兽的猎人一样，必须不存私心，共同行动。否则，到最后，这个团队以及这个团队的成员只会一事无成、毫无建树。

高效团队的一个重要特征就是团队成员之间相互信任。也就是说，团队成员彼此相信各自的品格、个性、特点和工作能力。这种信任可以在团队内部创造高度互信的互动能量，这种信任将使团队成员乐于付出，相信团队的目标并为之付出自己的责任与激情。如果你不相信任何人，你也就不可能接纳任何人。根据团队交往的相互原则，你不信任别人，别人也就不会信任你。相反，你以坦诚友好的方式待人，对方也往往会以同样的方式对待你。信任是缔造团队向前的动力，它同时也是团队成员对自身能力的高度自信。正是基于这种自信，他才会将自己的信任和支持真正交付给自己的合作对象。所以，若想获得最大的成功，就必须让自己拥有这份自信。

（六）沟通

敢于沟通、勤于沟通、善于沟通，让所有人都了解你、欣赏你、喜欢你。从古至今，中国人一直将"少说话，多做事""沉默是金"奉为瑰宝，埋头苦干固然重要，可却忽略了良好的沟通是一种必备的能力。成员间的沟通能力是保持团队有效沟通和旺盛生命力的必要条件；作为个体，要想在团队中获得成功，沟通是最基本的要求。沟通是团队成员获得职位、有效管理、工作成功、事业有成的必备技能之一。持续的沟通，是使团队成员能够更好地发扬团队精神的最重要的能力。团队成员唯有从自身做起，秉持对话精神，有方法、有层次地对同事发表意见并探讨问题，汇集经验和知识，才能凝聚团队共识，激发自身和团队的力量。

建立团队精神时必须掌握沟通语言，最重要的八个字：我承认我犯过错误；最重要的七个字：你干了一件好事；最重要的六个字：你的看法如何；最重要的五个字：咱们一起干；最重要的四个字：不妨试试；最重要的三个字：谢谢您；最重要的两个字：我们；最重要的一个字：您。不是"他们""你们""你""我"，而是"我们"。如果你想成为一名合格的团队领导，甚或只是一名合格的团队成员，那么，你就必须努力养成不在团队中使用第一人称的习惯，因为你在团队中所做过的每一件事情，几乎都是与他人一起合作完成的，都是由“我们”共同来承担的。所以，当你又想说出“我”这个字的时候，请认真回想一下你所有的同事、伙伴和下属，以及那些你可能遗漏的人们……经常使用“你们”“他们”等人称，会被整个团队孤立起来，成为一个和谐团队中最不和谐的音符。

(七)负责

负责即敢于担当，对自己负责，更意味着对团队负责、对团队成员负责，并将这种负责精神落实到每一个工作的细节之中。团队在运作过程中，难免出现失误，若是每次出现错误都互相推卸责任，那么这个团队就没有存在的价值。并且一个对团队工作不负责任的人，往往是一个缺乏自信的人，也是一个无法体会快乐真谛的人。要知道，当你将责任推给他人时，实际上也是将自己的快乐和信息转移给了他人。任何有利团队荣誉、有损团队利益的事情，都与每一个团队成员息息相关，都有不可推卸的责任。

(八)节俭

节约是整个团队的事，而每一个细微之处的浪费都可能会被认为是一种品德上的缺陷。越是优秀的员工，越要懂得事事从小处着眼，因为很多细小的环节都与公司的前途休戚相关。正所谓细节决定命运，所以，为了团队的整体利益，所有的团队成员都应该养成节约成本的好习惯。

由俭入奢易，由奢入俭难，要想在短时间内就将浪费的习惯彻底改掉，确实有很大的难度。但只要你下定决心，从骨子里树立自己的节约思维与习惯，那么，你就一定会在最短的时间内完成由浪费到节约这个艰难的过程。

因此，当我们在工作中自主、自动和自发地极力减少不必要的浪费时，无形中就会使整个团队减少支出、降低成本，实际上也就等于为整个团队增加了利润。如果我们在工作中能够形成习惯性节俭，使它成为我们的第二天性，那么我们就会因为这些习惯而获益，并最终赢得辉煌的事业。

(九)诚信

古人说：人无信则不立。说的是为人处世若不诚实，不讲信用，就不能在社会上立足和建功立业。一个个体，如果不讲诚信，那么他在团队之中也将无法立足，最终会被淘汰出局。诚信，是做人的基本准则，也是作为一名团队成员所应具备的基本价值理念——它是高于一切的。没有良好的诚信精神，就不可能塑造出一个良好的个人形象，也就无法得到上司和团队伙伴的信赖，也就失去了与人竞争的资本。唯有诚信，才是让你在竞争中得到多助之地的重要条件。团队精神应该建立在团队成员之间相互信任的基础上。而只有当你做到了“言必信，行必果”时，你才能真正赢得同事的广泛信赖，同时也为自己的事业注入了活力。

(十)团队利益，至高无上

“皮之不存，毛将焉附”。团队精神不反对个性张扬，但个性必须与团队的行动一致，要有整体意识、全局观念，要考虑到整个团队的需要，并不遗余力地为整个团队的目标而共同努力。只有当团队成员自觉思考到团队的整体利益时，他才会在遇到让人不知所措的难题时，以让团队利益达到最大化为根本，义无反顾地去做，自然不会因为工作中跟相关部门的摩擦而耿耿于怀，也不会为同事之间意见的分歧而斤斤计较，更不会因为公司对自己的一时错待而怨恨于心。对上司和公司的决定需要保持高度的认同感,这也是全局意识的一种体现。因为上司或公司高层正是一支团队的指挥中枢,每位下属或员工都必须听命于他们,与他们精诚合作,这个团队才能保持旺盛而持久的战斗力,企业才能发展壮大。在团队中,一个人与整个团队相比是渺小的,太过计较个人得失的人,永远不会真正融入团队之中,而拥有极强全局意识的人,最终会是一个最大的受益者。

(十一)超越

强调团队合作,并不意味着否认个人智慧、个人价值,个人的聪明才智只有与团队的共同目标一致时,其价值才能得到最大化的体现。成功的团队提供给我们的是尝试积极开展合作的机会,而我们所要做的是,在其中寻找到我们生活中真正重要的东西——乐趣,工作的乐趣,合作的乐趣。团队成员只有对团队拥有强烈的归属感,强烈地感觉到自己是团队的一员,才会真正快乐地投身于团队的工作之中,体会到工作对于人生价值的重要性。

(十二)团队合作训练

积极运用思政课的实践环节进行团队训练,以提高学生的团队合作能力、规划能力和沟通能力。在训练中,团队成员加强彼此间的沟通和理解,相互协调和配合,只有形成合力,才能较好地完成共同的任务。由此提高学生相互关心、相互合作、相互信任、相互沟通的团队意识和能力。

自我认知——把信送给加西亚

【案例】

“我们虽然是打工的,但也是人,怎么能动不动就加班,连个慰问都没有?年终奖金也没有多少!”老刘出发前,义愤填膺地对同事说,“我要好好训训那位自以为是了不得的总经理。”

老刘来到总经理办公室外。

“我是老刘,”老刘对总经理的秘书说,“我约好的。”

“是的,是的。总经理在等您,不过不巧,有位同事临时有急件送进去,麻烦您稍等一下。”秘书客气地把老刘带到会客室,请老刘坐,又堆上一脸笑,“您是喝咖啡还是喝茶?”

“我什么都不喝。”老刘小心地坐进大沙发。

“总经理特别交代,如果您喝茶,一定要泡上好的冻顶茶。”

“那就茶吧!”

不一会儿,秘书小姐端进来一份盖碗茶,又送上一碟小点心:"您慢用,总经理马上出来。"

"我是老刘。"老刘接过茶,抬头盯着秘书小姐,"你没弄错吧!我是工友老刘。"

"当然没弄错,您是公司的元老,老同事了,总经理常说你们最辛苦了,一般同事加班到九点,你们得忙到十点,实在是心里过意不去。"

正说着,总经理已经大跨步地走进来,跟老刘握手:

"听说您有急事?"

"也……也,其实也没什么,几位工友同事叫我来看看您……"

不知为什么,老刘憋的那一肚子不吐不快的怨气,一下子全不见了。临走,还不断对总经理说:"您辛苦、您辛苦,大家都辛苦,打扰了!"

分析:

当团队中发生冲突矛盾应该怎么处理?

五、团队中的"不和谐"及处理技巧

(一)"不和谐"的表现

美国学者刘易斯·科塞在《社会冲突的功能》中指出:没有任何团体是能够完全和谐的,否则它就会无过程和结构。在团队中,个人之间的不和谐在一定程度上总是存在的,因为人与人之间存在各种差异:价值观、信仰、态度以及行为上的差异。差异必然会导致分歧,分歧发展到一定程度就会导致冲突。不和谐是永远存在、无法逃避的,我们应该接纳团队中的各种不和谐,有时它会对团队工作发挥有益的作用。

就团队而言,不和谐表现在以下几个方面:

(1)个人、团队、组织及其组成部门之间很少沟通。

(2)团队间不是在相互合作与相互尊重的基础上建立关系,而是基于对他人地位的羡慕、嫉妒和愤怒而产生不良的关系。

(3)团队成员之间的关系恶化,个人抵触增多。

(4)规章制度,尤其是牵涉生产中细微领域的规章制度增多。

(5)各种秘密和传闻不胫而走,小事情成了大事情,小问题成了大危机,很小的异议成了严重的争议。

(6)组织、部门、团队和团队成员的绩效下降。

(二)"不和谐"的原因

导致团队之间不和谐的原因有很多,从客观上来说,是资源的有限性所致。从主观上来说,是每个人的知识、精力、经验、性格、习惯、级别、价值观、目标、性别差异所致。归结起来,团队不和谐的原因有以下几点:

1. 资源竞争

团队在分配资金、人力、设备、时间等资源时,通常按照团队成员的工作性质、岗位职责、在团队中的地位以及团队目标等因素分配,不会绝对公平。此外,团队的公共资源在使用过程中也会出现谁先谁后、谁多谁少的矛盾,这些都会引发团队中的不和谐。

2. 目标冲突

每一个团队和团队成员都有自己的目标,每个团队成员都需要其他成员的协作。例如,市场营销部门要实现营销目标,就必须得到生产部门、财务部门、人事部门、研发部门的配合与支持。但现实情况是,各个团队的目标经常发生冲突。营销部门的目标是吸引客户,培养客户忠诚,这就要求生产部门生产出质优价廉的商品。而生产部门的目标是降低成本,减少开支,以尽可能少的资源生产尽可能多的商品,而这必然造成商品质量下降。

3. 相互依赖性

相互依赖性包括团队之间在前后相继、上下相连的环节上,一方的工作不当会造成另一方工作的不便、延滞,或者一方的工作质量和绩效影响另一方的工作质量和绩效。组织内的团队之间和团队中的每一个成员之间都是相互依赖的,它们在目标、优先性、人力资源方面越是多样化,越容易产生冲突。

4. 责任模糊

团队内有时会由于职责不明造成职责出现缺位,出现谁也不负责的管理"真空",造成团队之间的互相推诿甚至敌视,发生"有好处抢,没好处躲"的情况。

5. 地位斗争

团队中每个成员地位的不公平感也是造成不和谐的原因。当一个团队成员努力提高自己在团队中的地位,而另一个团队成员认为其对自己的地位造成威胁时,不和谐就会产生。

6. 沟通不畅

团队或团队成员之间的目标、观念、时间和资源利用等方面的差异是客观存在的,如果沟通不够或沟通不成功,就会加剧团队或团队成员之间的隔阂和误解,加深团队或团队成员之间的对立和矛盾,导致任务或目标失败。例如,美国在 1998 年发射火星气候探测器失败,是由于负责项目的两组科学家分别使用了公制单位和英制单位。

(三)团队"不和谐"的处理技巧

1. 及时反应

团队中出现"不和谐"后,久拖不决容易对双方造成长期伤害,对整个团队的效率产生不良影响。所以,反应及时是至关重要的,以免引起事态的恶化。团队内必须做到及时沟通,积极引导,求同存异,把握时机,适时协调,求得共识,保持信息的畅通,而不至于导致信息不畅,矛盾积累。

2. 坦诚沟通

首先确定不和谐的问题是什么,然后了解问题背后的原因。沟通不畅是引起团队不和谐的重要原因。沟通不畅往往表现在如下几个方面:信息的不对称、评价指标的差异、倾听技巧的缺乏、言语理解的偏差、沟通过程的干扰、团队成员之间的误会等。团队成员彼此间的差异,如果能够顺利交流,相互了解,那么发生不和谐的可能性就会大大降低。所以要解决团队中的不和谐,应彻底沟通,弄清冲突双方的需求,再从中找到双方的交集,这样才有助于问题的解决。

3. 换位思考

不和谐的双方往往是从自身的角度出发来考虑事态的演变和事件的结果,这就导致双方的矛盾不可调和,双方就没有交集出现。如果不和谐的一方能够站在对方立场上从对方的角度来考虑问题,体验对方不同角色的内心感受和情绪变化,事情往往就会好办得多。但换位思考不是人人都能做到,这种能力需要有意识地培养,养成关心他人的习惯之后才可能有这种体验。

4. 冷静决策

团队发生不和谐,甚至发生冲突时往往是成员不够冷静,没有全局观念,决策时的信息依据也容易丢失,决策往往考虑不够周全,此时的决策通常令人后悔不已。

5. 宽容错误

常言道:忍一时风平浪静,退一步海阔天空。职场中的不和谐大多都是工作、性格、质量、言语、习惯等小冲突引起的,不是什么生死存亡的大事。当不和谐音符出现时,我们不妨表现得大度一些,得饶人处且饶人。高尚宽容的人能将大事化小、小事化了。不和谐的双方不妨尝试和颜悦色地说一些宽容忍让对方的话,往往能收到一些意想不到的效果。宽容不仅能消除对方的敌意,还能给自己减轻压力,对一个团队来说,它是处理团队关系的润滑剂。

6. 控制情绪

在负面情绪中做出的判断往往是不正确的或是错误的。在负面情绪下,暴怒的人智商最低。负面情绪中的协调沟通常常没有逻辑,既理不清,也讲不明,很容易让人变得冲动而失去理性。尤其不能在负面情绪中做出错误的判断,以免让事情变得不可挽回。

团队中的不和谐是正常的,团队中的“战争”与“和平”也是可以共存的,你中有我,我中有你。我们要在合作中竞争:团队的通力合作鼓励各个成员间相互竞争,成员间相互竞争可以促进团队竞争力的提高;在合作中竞争,要尊重竞争对手,向竞争对手学习。合作的过程是互帮互学、相互提高的过程,取长补短、携手共进是我们在合作中竞争的目标。我们还要在竞争中合作。竞争本身并不是目的,而是达到更高的目标的手段;在竞争中合作,应体现“双赢”原则,竞争对手不能相互排斥,造成两败俱伤的局面,而要相互促进,共同提高。

自我认知——自大的小盂

团队合作十分重要,作为一名新员工应如何妥善处理与同事的关系?

第四节 团队精神

(1)了解团队精神的内涵。

(2)掌握培养团队精神的重要性和作用。

(3)思政育人,培养团队协作精神。

【案例】

爱迪生从拥有18名员工的小企业主成长为美国东部的工业巨头,他的个人协作能力起到了很大的作用。他是一个实干型的企业家,他的协作魅力主要体现在,用巨大的工作热情感染员工。他干起活来废寝忘食,员工们也和他一样,不知道什么时候该下班,这不仅因为有公正的加班费和慷慨的奖励,而且最重要的是大家都热爱自己的工作。没有一个人感到自己在为老板卖命,看起来老板比谁都拼命,大家到这儿来,就是和他一起干活。他是公认的天才,但他没有把自己供起来,他就在车间里,在"乒乒乓乓"的敲打声和刺耳的电锯声中开动他那非凡的大脑,成功后还跳非洲舞。他和工人们保持着交流,让他们参与每一项创造发明,人人都有机会展露自己的聪明才智,自我价值得到肯定,这往往比领薪水还快乐。这股干劲使企业生机勃勃,而企业蒸蒸日上的好形势又加倍激励着他们,爱迪生就是这个迅速扩张的良性循环的原动力。他的话不多,他从小就不是一个善于辞令的人,但他凭借协作能力征服了趣味相投的人们。他并不只是工作,他常常在车间开宴会,或者带着员工们去钓鱼。

分析:

(1)爱迪生为什么会有那么大的感染力?

(2)你认为感染力是怎么形成的?

一、团队精神的内涵

所谓团队精神,简单来说就是大局意识、协作精神和服务精神的集中体现。也就是一种集体意识,是团队所有成员都认可的一种集体意识。团队精神的基础是尊重个人的兴趣和成就,其核心是协同合作,最高境界是全体成员的向心力、凝聚力,反映的是个体利益和整体利益的统一,进而保证组织的高效率运转。

团队精神是团队文化的一部分,良好的管理可以通过合适的团队形态将每个人安排至合适的岗位,充分发挥集体的潜能。如果没有正确的管理文化,没有良好的从业心态和奉献精神,就不会有团队精神。

团队精神的形成并不要求团队成员牺牲自我,相反,挥洒个性、表现特长保证了成员能够共同完成任务目标,而明确的协作意愿和协作方式则产生了真正的内心动力。它包括以下三方面的内涵:

(一)团队精神的基础是彰显个性

团队精神的形成,其基础是尊重个人的兴趣和成就。设置不同的岗位,选拔不同的人才,给予不同的待遇、培养和肯定,让每一个成员都拥有特长,都表现特长,而这样的氛围越是浓厚就越能形成团队精神。

当然,在团队中我们所讲的个性,与当前一些年轻人所推崇的"个性"并非一个意思。现代社会，很多青年学生以穿奇装异服、写“火星文”、说格格不入的语言等行为视为“个性”，甚至形成一个“亚文化”群体。殊不知这种“个性”并不是一个人良好文化修养的体现，也是与大的社会文化背景不相容和相违背的，更不符合企业对人才的要求，会给青年学生的健康成长和发展带来极大的阻碍。

（二）团队精神的核心是协同合作

团队的根本功能在于提高组织整体的业务表现。无论是强化个人的工作标准还是帮助每一个成员更好地实现成就，其目的就是为了使团队的工作业绩超过成员个人的工作业绩，让团队的工作业绩由各部分组成而又大于各部分之和。每年在美国篮球大赛结束后，常会从各个优胜队中挑出最优秀的队员，组成一支“梦之队”赴各地比赛，以制造新一轮高潮，但结果总是令球迷失望——胜少负多。其原因在于他们不是真正意义上的团队，虽然他们都是最顶尖的篮球种子选手，但是由于他们平时分属不同的球队，沟通较少，无法培养团队精神，难以实现优势互补，不能形成有效的团队出击。

（三）团队精神的最高境界是凝聚力

凝聚力是团队精神的最高境界，这是从松散的个人集合走向团队的最重要的标志。它是来自于团队成员自觉的内心动力，来自于共同的价值观。

拥有团队精神的企业有这样一种氛围，能够不断地释放团队成员潜在的潜能和技巧；能够让员工深感自己被尊重和被重视；鼓励坦诚交流，避免恶性竞争；利用岗位寻找最佳的协作方式；为了统一的目标，大家自觉地认同必须负担的责任并愿意为此而共同奉献；当需要大家一起工作时，每个人能够相互配合，从整体角度来工作，彼此之间紧密合作。

自我认知——海尔精神

【案例】

蚂蚁可以搬运相当于它体重的100到400倍的重量，能拉动的是相当于自己重量1 700倍的物体。

一只蚂蚁你可能发现不了它、不在意它，但如果是成群的蚂蚁军团，不仅人会害怕，就连狮子、大象都会为之而逃之夭夭，这就是团队的力量。圣地亚那大森林里流传着这样一首歌谣：“羚羊在奔跑，因为狮子来了；狮子在躲闪，因为大象发怒了；成群的狮子和大象在集体逃命，那是蚂蚁军团来啦。”

遇到危急的时候，无论是大火还是猛水肆虐，蚂蚁都会抱成团。例如遇到海啸这种情况，蚂蚁会立即抱成团，数万亿的蚂蚁迅速聚集在一起，有篮球那么大，然后随波逐流，一直到被海水打到岸上去。外层一部分蚂蚁有可能被洪水打散、打死，但是多数都能够保住生命。这是一种特殊情况，但它也把团队精神推向了极致。

有一位英国科学家把一盘点燃的蚊香放进了蚁巢里。

开始，巢中的蚂蚁惊恐万状，过了十几分钟后，便有蚂蚁向火冲去，对着点燃的蚊香，喷射自己的蚁酸。由于一只蚂蚁能射出的蚁酸量十分有限，所以很多“勇士”葬身火海。但是，“勇士”们的牺牲并没有吓退蚁群，相反，又有更多的蚂蚁投入“战斗”之中，它们前仆后继，几分钟便将火扑灭了。

过了一段时间，这位科学家又将一支点燃的蜡烛放到了那个蚁巢里。虽然这一次的“火灾”更大，但是蚂蚁已经有了上一次的经验，它们很快便协同在一起，有条不紊地作战，不到一分钟，烛火便被扑灭了，而蚂蚁无一殉难。

分析：

(1)是什么使蚂蚁军团如此强大？

(2)你认为一个集体如果拥有像蚂蚁军团这样的团队会如何？

二、团队精神的作用

(一)目标导向

一滴水只有放进大海里才永远不会干涸，个体的力量是很有限的，一个人只有当他把自己和集体事业融合在一起时才能最有力量，而团队的力量则可以实现个人难以达成的目标。

团队精神能够使团队成员齐心协力，拧成一股绳，朝着一个目标努力。对团队的个人来说，团队要达到的目标就是自己必须努力的方向，从而使团队的整体目际分解成各个小目标，在每个队员身上都得到落实。

(二)凝聚力

任何组织群体都需要一种凝聚力，传统的管理方法是通过组织系统自上而下的行政指令，淡化了个人感情和社会心理等方面的需求，团队精神则通过对群体意识的培养，通过队员在长期的实践中形成的习惯、信仰、动机、兴趣、爱好等文化心理，来沟通人的思想，引导人们产生共同的使命感、归属感和认同感，逐渐强化团队精神，产生一种强大的凝聚力。

(三)促进激励

团队精神要靠每一个队员自觉地向团队中最优秀的员工看齐，通过队员之间正常的竞争达到督促和提醒的目的。这种激励不是单纯停留在物质的基础上，而是要能得到团队的认可，获得团队中其他队员的认可。

(四)约束规范

在团队中，不仅队员的个体行为需要规范，群体行为也需要协调。团队精神所产生的控制功能，是通过团队内部所形成的一种观念的力量、氛围的影响，约束、规范、监管团队的个体行为。这种控制不是自上而下的硬性强制力量，而是由硬性控制转向软性内化控制；由控制个人行为，转向控制个人的意识；由控制个人的短期行为，转向对其价值观和长期目标的控制。因此，这种控制更为持久且更有意义，而且容易深入人心。

三、培养团队精神的重要性

(一)团队精神是进入团队的重要考核标准

几乎所有大公司在招聘新人时，都非常留意人才的团队合作精神，他们认为一个人能否和别人相处与协作，要比他个人的能力重要得多。

（二）团队精神直接关系到个人的工作业绩和团队的业绩

一个没有团队精神的人，即便个人工作干得再好，也无济于事。由于在这个讲究合作的年代，真正优秀的员工不仅要有超人的能力、骄人的业绩，更要具备团队精神，为团队全体业绩的提升作出贡献。一个人的成功是建立在团队成功的基础上的，只要团队的绩效获得了提升，个人才会得到嘉奖。

（三）团队精神决定个人能否自我超越、达到完美

认清团队精神，完成自我超越。个人不可能完美，但团队可以。在知识经济时代，竞争已不再是单独的个体之间的斗争，而是团队与团队的竞争、组织与组织的竞争，任何困难的克服和波折的平复，都不能仅凭一个人的英勇和力量，而必须依托整个团队。对每个人来讲，你做得再好，团队垮了，你也是失败者。21 世纪最成功的生存法则，就是抱团打天下，必须有团队精神。所以作为团队的一员，只要把本人融入整个团队之中，凭借整个团队的力量，才能把本人所不能完成的棘手的问题处理好。明智且能获得成功的捷径就是充分利用团队的力量。

有位专家指出："如今年轻人在职场中普遍表现出的自大与自傲，使他们在融入工作环境方面表现得缓慢和困难。这是由于他们缺乏团队合作精神，项目都是本人做，不愿和同事共想办法，每个人都会做出不同的结果，最后对公司一点用也没有，而那些人也不可能做出好的成绩来。"

（四）团队精神能推动团队运作和发展

在团队精神的指引下，团队成员产生了互相关心、互相帮助的交互行为，显示出关心团队的主人翁责任感，并努力自觉地维护团队的集体荣誉，自觉地以团队的整体荣誉感来约束自己的行为，从而使团队精神成为公司自由而全面发展的动力。

（五）团队精神能培养成员之间的亲和力

一个具有团队精神的团队，有利于激发成员工作的主动性，由此而形成集体意识、共同的价值观、高涨的士气、团结友爱的氛围，团队成员才会自愿地将自己的聪明才智贡献给团队，与其他成员积极主动沟通，同时也使自己得到更全面的发展。

（六）团队精神有利于提高组织整体效能

通过发扬团队精神，加强建设团队精神，能进一步节省内耗。如果总是把时间花在如何界定责任、应该找谁处理这些问题上，让客户、员工团团转，这样就会减少企业成员的亲和力，损伤企业的凝聚力。

自我认知——三十年铸就航天精神时代丰碑

【案例】

两个年轻人刚进公司不久,被同时派遣到丁家大型连锁店做一线销售员。一天,这家店在清查账目时发现所缴纳的营业税比以前多了好多。仔细检查发现,原来是两个年轻人负责的店面将营业税多打了一个零。面对这样的事情,当经理问到他们时,两人开始都面面相觑,但账单就在面前,证据确凿。在一阵沉默之后,两个年轻人分别开口了,其中一个解释说自己刚开始上岗,所以有些紧张,再加上对公司的财务方案还不是很熟,所以……而在这时,另一个年轻人却没有多说什么,他只是对经理说,这的确是他们的过失,他愿意用两个月的奖金来补偿,同时他保证以后再也不会犯同样的错误。走出经理室,先说话的那个员工对后者说:"你也太傻了吧,两个月的奖金,那岂不是白干了?这种事情,咱们新手说说就行了。"后者却仅仅是笑了笑,没有说什么。在这以后,公司里有好几次培训的机会,每次都是勇于承担责任的年轻人能够获得这样的机会。另一个年轻人坐不住了,他质问经理为什么这么不公平。经理只对他说:"一个事后不愿承担责任的人,不值得团队的信任与培养。"

分析:

(1)两个年轻人的做法你赞同哪一个,为什么?

(2)你认为如何才能让自己成为团队中受欢迎的人?

四、团队精神的培养

(1)团队成员要有基本一致的价值观。"物以类聚,人以群分",具有相近价值观的人容易走到一起,沟通合作也会顺畅得多。让价值观不同的人一起共事,肯定会有很多矛盾和问题。

(2)要有主动适应并融入团队的核心精神。每个成熟的团队,都有其独特的团队文化和核心价值观,作为团队成员要主动与之协调、融合。

(3)个人要服从团队。判断一个人有没有团队精神,往往看其能否顾全大局。当个人利益与团队利益出现矛盾或当个人意见与团队意见不一致时,个人必须服从团队。

(4)处处维护团队的声誉。团队有共同的目标和利益,作为团队成员,即使团队出现了一些问题,也要保持对团队的热爱,而不是抱怨和诋毁。

(5)加强团队协作。通过教学活动、思想政治讲座、座谈会、社会实践等,使团队成员自愿主动与其他成员积极协作,使奉献精神和协作精神有机统一起来。

五、如何使自己成为团队中最受欢迎的人

要想成为优秀团队的优秀人物,就要成为团队中最受欢迎的人。

(一)出于真心,主动关心帮助别人

一个人可以去拒绝别人的销售、拒绝别人的领导,却无法拒绝别人对他出于真心的关心。大多数人都在期望别人对自己的关心,所以你要做到别人做不到的事情,如果别人不肯去关心其他人,那你要付出更多去关心他们。每一个职场人士都希望与同事融洽相处,团结互助。因为人们深知,同事是和自己朝夕相处的人,彼此和睦融洽,工作气氛好,工作效率自然也就会更好。反之,同事关系紧张、相互拆台、发生摩擦,工作和生活不但会受到影响,就连事业发展也

会受到阻碍。

(二)要谈论别人感兴趣的话题

每个人一生中都在寻找一种感觉,就是重要感。在和别人沟通时,你是一直不断地在讲还是认真地在听别人讲?如果你认真地在听别人讲,同时你又再问一些别人感兴趣的话题,别人就会对你非常有好感,因为人们都喜欢谈论自己。如果你愿意拿出时间来关心他人,谈论感兴趣的话题,你愿意了解他人所讲出来的他非常感兴趣的话题,那你一定会成为一个非常受欢迎的人。

(三)赞美你周围的同事

赞美被称为语言的钻石,每个人一生都在寻找重要感,所以人们都希望得到别人的赞美。人们希望获得很大的成长和成就感,如果团队能为成员提供空间,使他们很好地获得成长感,大多数情况下团员都会留在团队,而且全力以赴,认真地为之付出。

不断地赞美、支持、鼓励周围的朋友和同事是使自己成为团队中受欢迎的人的有效办法。每一个人都有优点和独特性,所以要找到每个人独特的优点去赞美他。比如,一个成员取得了一些绩效,当你希望这种绩效再一次被延伸时,就要去赞美他,然后这种结果就会再一次地发生,受赞美的行为也会持续不断地出现。如果有一个销售人员刚刚签了一个很大的合同,团队中的每一个成员都应去赞美他、都应该认为他是团队中的英雄,因为只有当他受到了这种赞美和鼓励,才会愿意下一次再去采取同样的行为,为这个团队付出。

1. 不要批评,要提醒

团队成员可以去提醒别人而不是批评别人。比如说你觉得他哪里不够好,可以说我想提醒你一下,你哪里还可以更好,因为你是非常有潜质的,所以我才拿出时间来跟你沟通,你介意吗?他当然会说我不会介意。这个时候你就可以开始去关心他。

2. 不要总提意见,要多提建议

意见是一种对现实的不满,可能会带有一点点抱怨。建议也是一种不满,但它是将不满转化为可以达到满意结果的过程。当你养成一个提建议而不是提意见的习惯时,你会发现,团队中的人都愿意贡献出更多的建议,这种建议对团队帮助是非常大的。

3. 不要抱怨,要采取行动

抱怨不会解决任何问题,只有采取行动,才会产生结果。不要抱怨任何一个结果,因为抱怨会让这个结果在团队变得夸大,使每一个人都注意到这种事实,然后影响到每一个人的心情。同时,受抱怨影响最大的是自己,越抱怨,情绪越不好;情绪越不好,产生的绩效越不好。

(四)对别人的成就感到高兴,并真心地予以祝贺

如果真心地祝福获得财富的人,你也会慢慢地获得财富。如果你忌妒别人或者说你为别人取得成就而感到不舒服,那是因为你的心胸不够宽广。如果你的心胸宽广,你会为别人取得的成就而感到高兴,并且替他祝贺,因为你是个对自己非常有自信的人。做一个能够为别人取得成就而祝福的人,你就会取得跟他一样的成就。

(五)激发别人的梦想

人最重要的一个能力就是使别人拥有能力,所以人际关系中最重要的就是要敢于去激发别人的梦想。当你激发了别人的梦想,别人通过你的激发和鼓励取得成就时,他就会衷心感谢你。每一个人都期望别人给他十足的动力,帮他做出人生的决定,所以你要去激发别人,使他产生梦想,让他拥有应该拥有的"企图心"和上进心,激发他去获得最想要的结果。

六、培养提升团队精神的方法途径

(一)培养勇于奉献的精神

具备团队精神,首先就要检视本人的灵魂,只有高尚的、无私的、乐于奉献的、勇于担当的灵魂,才可能具备这种优点。

最能表现团队精神真正内涵的莫过于登山运动。在登山的过程中,登山运动员之间都以绳索相连,假如其中一个人失足了,其他队员就会全力援救。否则,整个团队便无法继续前进。但当队员绞尽脑汁,试了一切的办法仍不能使失足的队员脱险时,只有割断绳索,让那个队员坠入深谷,只有这样,才能保住其他队员的性命。而此时,割断绳索的常常是那名失足的队员,这就是团队精神。

(二)培养大局意识

培养以实现团队目标为己任的主动性和大局意识。团队精神尊重每个成员的兴趣和成就,要求团队的每一个成员,都以提高自身素质和实现团队目标为己任。团队精神的核心是合作协同,目的是最大限度地发挥团队的潜在能量。新一代的优秀员工必须树立以大局为重的全局观念,不斤斤计较个人利益和局部利益,将个人的追求融入团队的总体目标中去,从自发地服从到自觉地去执行,最终完成团队的全体效益。

(三)培养团队角色意识

与人合作的前提是找准本人的地位,扮演好本人的角色,这样才能保证团队工作的顺利进行。若站错位置,乱干工作,不但不会推进团队的工作进程,还会使整个团队陷入混乱。要想创造并维持高绩效,员工能否扮演好本人的角色是关键也是根本,有时它甚至比专业知识更为重要。

(四)培养宽容与合作的品质

应该时常反思自己的缺点。比如,自己是否对人冷漠,或者言辞锋利。团队工作需要成员之间不断地进行互动和交流,如果你固执己见,总与别人有分歧,你的努力就得不到其他成员的理解和支持,这时,即便你的能力出类拔萃,也无法促使团队创造出更高的业绩。如果你认识到了这些缺点,不妨经过交流,坦诚地讲出来,承认缺点,让大家共同协助你改进。培养宽容与合作的品质,不必担心别人的嘲笑,你得到的只会是理解和协助。

(五)培养虚心请教的素质

向专业人士请教本人不懂的问题是一种非常宝贵的素质,它可以提升我们的能力,拓展我们的知识面,使我们的工作能力变得更强,更重要的是,请教别人还有利于我们获得良好的人际关系。

有时,我们并未自动请教,别人也会对我们的工作发表一些意见。千万不要对这种意见产生反感,不管意见是对是错,我们都要真诚地向对方道谢,并客观地评价这些建议。这些建议通常都极其有价值,可以为我们提供一个崭新的工作思绪或为我们开辟出一段崭新的职业生涯。

团队精神是一种精神力量,是一种信念,是一个团队不可或缺的精神灵魂。它反映团队成员的士气,是团队所有成员价值观与理想信念的基石,是凝聚团队力量、促进团队进步的内在力量。

(六)忌个人英雄主义

个人英雄主义是团队合作的大敌。如果你从不承认团队对自己有协助,即便接受协助也认为这是团队的义务，你必须抛弃这一愚笨的态度，否则只会使自己的事业受阻。

自我认知——猴子给我们带来的启示

拓展延伸

“众人拾柴火焰高”，通过本节的学习，你感悟到了什么，对你未来的工作有何启示？

第七章 沟通能力素养

沟通与表达紧密相连，有效的沟通离不开良好的表达。表达就是人们为了某种目的，在一定的环境中以口头形式运用语言的一种活动。综合表达能力是指人们用有声语言、无声语言来综合表述个人的见解、主张、思想和观点，充分展示个人形象、风格、个性和思想内涵，形成与外在进行良性沟通与交流的一种能力，是个人综合素质的重要组成部分。掌握沟通的技巧并形成自身的能力，是职场人获得成功的关键。

第一节 沟通概述

学习目标

(1)了解沟通的概念、沟通的类型、沟通的过程。

(2)掌握有效沟通的意义、沟通的种类及不同沟通类型的特点。

(3)掌握沟通的技巧,解决人际沟通和交往障碍。

(4)掌握职场沟通的策略与方法。

(5)理解冲突情境下的沟通方法。

知识学习

【案例】

小贾是某铁路局机务段的一名员工,为人比较随和,不喜争执,和同事的关系处得都比较好。但是,前一段时间,不知道为什么,同一段的小李老是处处和他过不去,有时候还故意在别人面前指桑骂槐,对跟他合作的工作任务都有意让小贾做得多。起初,小贾觉得都是同事,没什么大不了的,忍一忍就算了。但是,看到小李越来越嚣张,小贾一赌气,告到了值班段长那儿。值班段长把小李批评了一通,从此,小贾和小李成了真正的冤家。

分析:

(1)小贾在工作中遇到了什么?

(2)小贾、小李、值班段长三人处理这件事时存在什么问题?

一、了解沟通

(一)沟通与人际沟通

沟通就是"沟"通,把不通的管道打通,让"死水"成为"活水",彼此能对流、能了解、能产生共同意识。沟通是一个将事实、思想、观念、感情、价值、态度,传给另一个人或团体的过程。沟通的目的是相互的理解和认同,使人或群体之间互相认识、相互适应。人类社会的一切活动,都是信息制造、传递、搜集的过程,因而沟通是无时无刻不在进行着的事情。

沟通具有随时性、双向性、情绪性、互赖性的特点。人际沟通是指人与人之间在共同的社会生活中彼此之间交流思想、感情和知识等信息的过程,主要是通过语言和非语言符号系统来实现的,其目的更侧重于人们之间思想与情感的协调和统一。人际沟通是一种本能,但更是一种能力,要靠有意识地培养和训练而不断提升,它是形成良好人际关系的重要保障。

（二）沟通的重要性

在人们的生活和工作中，需要依靠个人独立完成的情况所占的比例已经慢慢在减少，许多事情基本上都是依靠彼此的协作和配合来共同完成的。这些复杂事情能够做好的一般步骤是：先要统一思想，理清解决思路，然后将大家组织起来，形成一个有效协作体系，最后是发挥体系作用，共同配合实施完成。这三个过程都离不开成员之间有效的沟通。

沟通三大要素：有一个明确的目标，达成共同的协议，沟通信息、思想和情感。

沟通在管理上的重要性表现在：统一团体内成员的想法，产生共识，以达成团体目标；提供资料，以掌握工作的过程与结果，使管理工作更顺利；相互交换意见，使“知”的范围扩大，“不知”的部分缩小，以利问题的解决；强化人际关系，鼓动工作情绪。

（三）人际沟通的作用

人际沟通在日常生活、工作中均具有重大意义。人们只有通过相互的沟通，才能相互了解，达到行动上的协调一致，实现共同的活动目标。它的作用主要体现在以下几个方面：

首先，人际沟通是人们适应环境、适应社会的必要条件。沟通是人与人之间发生相互联系的最主要的形式。通过沟通，可以了解许多情况，哪些是有利的，哪些是不利的，从而及时调整行为，使目标得以实现。

其次，人际沟通具有保健功能，有助于人们的心理健康。人际沟通是人类最基本的社会需要之一，良好的人际沟通，有助于保持人与人之间充分的情感交流，能使人心情舒畅，起到保健的作用；而与他人沟通不充分的人，往往有更多的烦恼和难以排除的苦闷。

最后，人际沟通还是心理发展的动力，它提供了人们身心发展所必需的信息资源。通过人际沟通，人与人之间交流各种各样的信息、知识、经验、思想和情感等，为个体提供了大量的社会性刺激，从而保证了个体社会性意识的形成与发展。婴儿一出生就通过与父母的沟通获得生理和心理的满足，随着年龄的增长，与他人沟通的范围日益扩大，接受各种社会思想，形成一定的道德体系，社会意识由低级向高级迈进，形成健全的人格特征以适应复杂的社会生活。

（四）沟通的原则

如同做好任何一项工作都要遵循相应的原则一样，人与人之间的沟通也要遵循一定的原则。

1. 尊重原则

相互尊重是有效沟通的前提。在沟通的过程中盛气凌人、刚愎自用等，都是缺乏尊重人的表现。在讨论问题时，坚持并保留自己的意见，这是十分正常的，但沟通的双方应相互尊重，如尊重人格、尊重不同观点等。

2. 坦诚原则

在沟通过程中，坦率、真诚，有不同的意见和建议就直言相告，开诚布公，更有利于提高沟通的效果。反之，如果沟通双方缺乏坦诚态度，相互指责、攻击，不仅无助于问题的解决，而且还会扩大乃至激化矛盾。

3. 平等原则

在沟通过程中，要遵守平等原则。尤其是管理者，要克服地位、职务的障碍，如果以权势压制不同的意见，就很难进行有效的沟通。

4. 开放原则

沟通者双方要以开放的心态同他人沟通,乐于接受新观念,在沟通过程中不隐瞒个人思想和观点;反之,抱有自以为是、故步自封的心态,就会失去与他人交流的机会。

5. 真实原则

沟通是传递信息的过程,虚假的信息不仅严重制约沟通的质量,而且还会导致决策失误。因此,在沟通过程中,传递的信息真实有效,才更易达到沟通的目的。

自我认知——失去理想的工作

【案例】

"都是刘经理,好好的业务订单全让他给弄黄了""这种管理方式太落伍了",在吃午餐的快餐店或者下班后的公车上,经常能听到同事之间的牢骚。但是没有不透风的墙,说出去的话就收不回来。

卫晨是一家文化公司的策划,颇有创意,但他的不足之处就是自视清高,常常对老板的一些方案颇有微词。但碍于情面,他从来不当面向老板提出自己建设性的意见,而总是在老板背后嘀嘀咕咕。这种情况很快被老板知道得一清二楚,还专门和他谈了一次话,客气而委婉地让他不妨直言。这时,他又支支吾吾、躲躲闪闪,说老板的创意尽善尽美,老板终于不客气地说:"我请你来是做策划的,不是听你在背后指指点点的。"

分析:

(1)你认为卫晨的问题出在哪儿?

(2)你知道职场沟通应遵守的基本原则是什么?

(3)怎样才能做到有效沟通?

二、选择适合的沟通渠道

(一)沟通的类型

1. 依据沟通的中介或手段进行划分

1)口头沟通

口头沟通,又称语言沟通,这是最基本、最重要的沟通方式,是人与人之间使用语言进行沟通,表现为演讲、交谈、会议、面试、谈判、命令以及小道消息的传播等形式。口头沟通在一般情况下都是双向交流的,信息交流充分,反馈速度快,实时性强,信息量大。但是由于个人理解、记忆、表达的差异,可能会造成信息内容的严重扭曲与失真,导致检查困难。因此,在组织中传达重要的信息时慎用口头沟通这种方式。

2）书面沟通

书面沟通，又称文字沟通，这是指以文字、符号等书面语言沟通信息的方式。信函、报告、备忘录、计划书、合同协议、总结报告等都属于这一类。书面沟通传递的信息准确、持久、可核查，适用于比较重要的信息的传递与交流。但是在传递过程中耗时太多，传递效率远逊于口头沟通，而且形式单调，一般缺乏实时反馈的机制，信息发出者往往无法确认接收者是否收到信息，是否理解正确。

3）非语言沟通

人的面部表情、眼神、眉毛、嘴角等的变化和手势动作、身体姿势的变化都可以传达丰富的信息，这种传递信息的方式称为非语言沟通。非语言沟通中信息意义十分明确，内涵丰富，但是传递距离有限，界限模糊，只能意会，不能言传。一般情况下，非语言沟通与口头沟通结合进行，在沟通中对语言表达起到补充、解释说明和加强感情色彩的作用。

2. 按沟通中信息的传播方向划分

1）上行沟通

上行沟通是指下级的意见向上级反映，即自下而上的沟通。下属人员获取的信息及掌握的有关工作的进展、出现的问题，通常需要上报给上级领导。通过上行沟通，管理者能够了解下属人员对他们的工作及整个组织的看法。下属提交的工作报告、合理化建议、员工意见调查表、上下级讨论等都属于上行沟通。

2）下行沟通

下行沟通是指领导者对员工进行的自上而下的信息沟通。上级将信息传递给下级，通常表现为通知、命令、协调和评价下属。

3）平行沟通

平行沟通是指组织中各平行部门之间的信息交流。保证平行部门之间的沟通渠道畅通，是减少部门之间冲突的一项重要措施，跨职能团队就急需通过这种沟通方式形成互动。

3. 根据沟通的对象划分

1）自我沟通

自我沟通也称内向沟通，即信息发送者和信息接收者为同一行为主体，自行发出信息，自行传递，自我接收和理解。自我沟通过程是一切沟通的基础。事实上，人们在对别人说出一句话或做出一个动作前，就已经经历了复杂的自我沟通过程。国学家翟鸿燊曾说："一个会沟通的人，一定很会和自己沟通。"自我沟通的过程是其他形式的人与人之间沟通成功的基础。

2）人际沟通

人际沟通特指两个人或多个人之间的信息交流过程。这是一种与人们日常生活关系最为密切的沟通。与别人建立关系，都必须通过这种沟通来实现。本书所涉及的沟通问题，主要是以人际沟通为核心的。

（二）沟通渠道的选择

在沟通方式上，信息丰富度由强到弱是：面谈——电子邮件、即时通信和备忘录——公告和普通报告。

通常，人们选择何种沟通渠道取决于信息是常规的还是非常规的。常规信息简单直接，模糊度低，非常规信息比较复杂，有可能被误解。所以非常规信息的传送要选择信息丰富度强的沟通方式。

电子邮件、即时通信和视频会议给工作环境带来了新的冲击。由于看不见谈话者的面部表情或肢体语言，也没有抑扬顿挫——这些能传达谈话者感情的因素，容易令人产生误解。一些人为了让自己的电子邮件读起来更加中性，不惜过于简单。另外，有些电子邮件的作者为了强调一些情感，不惜在正文中多处使用惊叹号、问号和大写字母。需要指出的是，这一方式也有其危险的一面，尤其是当想表达一种幽默或讽刺意味时，往往会弄巧成拙。

人们要学会在工作环境下合理使用电子邮件。如果事关重大，最好拿起电话，不要盲目崇拜电子邮件。当电话也不能表达清楚时，需要亲自跑过去和沟通对象面对面地交换信息。面对面谈话在渠道丰富度上最高，表现在：

(1)能同时处理多路信号，语言、姿势、表情、手势、语调等。

(2)便于及时反馈，包括语言形式和非语言形式。

(3)非常个人化。

面对面的交流是最亲切、最有效的交流方式，通过面对面的交流，你可以直接感受到对方的心理变化，在第一时间正确地了解对方的真实想法，从而达到快速有效的沟通。

自我认知——让地三尺

【案例】

达纳公司是一家生产诸如铜制螺旋桨叶片和齿轮箱的普通产品，主要满足汽车和拖拉机行业普通二级市场的需要，拥有30亿美元的企业。麦斐逊接任公司总经理后，他做的第一件事就是废除原来厚达57 cm的政策指南，代之而用的是只有一页篇幅的宗旨陈述。其中有一项是：面对面的交流是联系员工、保持信任和激发热情的最有效的手段。关键是要让员工们知道并与之讨论企业的全部经营状况。

麦斐逊非常注重面对面的交流，强调同一切人讨论一切问题。他要求各部门的管理机构和本部门的所有成员之间每月举行一次面对面的会议，直接而具体地讨论公司每一项细节情况。麦斐逊非常注重培训工作，仅达纳大学就有他的数千名员工在那里学习。他们的课程都是务实的，但同时也强调人的信念，许多课程都由资深的公司总经理讲授。

分析：

麦斐逊为什么把面对面的交流作为重要的关键？

【案例】

很多人学开车时因操作不当被教练师傅批评得狼狈不堪、尊严尽失。甚至有人受不了“刺激”,一气之下“我不学了”!而我认识的一位博士,在学车第一天,就被教练连骂三次:“你怎么这么笨?我就没见过比你笨的人。”一般人在这种情况下,反应是心情不悦、怒气冲冲,甚至反唇相讥,但这位博士笑着对司机教练说:“是啊,我就是够笨的,但您再教教我,到底这个油门该怎么踩啊?”

讨论:

(1)一时情绪失控,纠结于情绪之中,会对达成目标造成什么影响?

(2)怎么理解“沟通不是为了证明自己,而是为了实现目标”这句话。

三、有效沟通对建立良好人际关系的重要意义

人际关系与人际沟通密不可分。人际沟通是人际交往的起点,是建立人际关系的基础,沟通良好,会促进人际关系更加和谐,同时,人际关系良好,会促使沟通更加顺畅。反过来沟通不良,就会使人际关系紧张甚至恶化人际关系;不良的人际关系也会增加沟通的困难,形成沟通障碍。

(一)人际沟通是人际关系发展和形成的基础

如果人类社会是网,那每个人就是网的结点,人们之间必须有线。如果人和人之间没有线的连接,那么社会就不再是网,而是一堆的点,社会也就不能成为组织,不能成为社会。人和人之间的连接,就是沟通。人际关系是在人际沟通的过程中形成和发展起来的,离开了人与人之间交往的沟通行为,人际关系就不能建立和发展。事实上,任何性质、任何类型的人际关系的建立,都是人与人之间相互沟通的结果;人际关系的发展与恶化,也同样是相互交往的结果。沟通是一切人际关系赖以建立和发展的前提,是形成、发展人际关系的根本途径。

(二)人际沟通状况决定人际关系状况

并不是所有的问题都能通过沟通交流来解决。但是,现实中的许多问题,却是由糟糕的人际沟通造成的。美国国家通信协会的一项全国性调查指出,缺乏有效的沟通是人际关系(包括婚姻)最终破裂的最重要的原因。所以,提高人际沟通的技能,能够帮助人们改善人际关系。更重要的是,这一研究结果不仅适用于亲密关系,有效的沟通还能改善友谊关系、亲子关系、老板与员工的关系等。在社会生活中,一个人不可能脱离他人而独立存在,总是要与他人建立一定的人际关系。假如人们在思想感情上存在广泛的沟通联系,就标志着他们之间已经建立起较为密切的人际关系。假如两个人感情上对立,行为上疏远,平时缺乏沟通,则表明他们之间心理不相容,彼此间的关系紧张。

(三)有效沟通是建立良好人际关系的重要保障

有效沟通是建立良好人际关系的重要保障。有效的人际沟通可以把沟通双方的思想、情感、信息进行充分的、全方位的交换,达到消除误解与隔阂、增加共识、增进了解、联络感情的效果。和谐、团结、融洽、友爱的人际关系能够使人们在工作中互相尊重、互相关照、互相体贴、互相帮助,充满友情与温暖。在教学中,专业课教师通过讲授教学法、主题辩论教学法和实践教学法,做到与时俱进,深入学生内心,帮助学生解决人际沟通和交往障碍。

自我认知——表达目标很重要

谈谈沟通在职业发展中的作用，影响沟通的因素有哪些？

第二节 巧用沟通技巧——倾听

学习目标

（1）了解倾听的含义和意义。

（2）掌握倾听的障碍及倾听过程中的禁忌。

（3）能够运用倾听技巧并学会有效倾听。

【案例】

一个农场主在巡视谷仓时，不慎将一只名贵的金表遗失在谷仓里，他遍寻不着，便在农场的门口贴了一张告示要人们帮忙，并悬赏 2 000 美元，人们面对重赏的诱惑，无不卖力地四处寻找。无奈，谷仓内谷粒成山，还有成捆的稻草，要想在其中找寻一块金表就如同大海捞针，人们忙到太阳下山也没有找到金表。他们不是抱怨金表太小，就是抱怨谷仓太大，稻草太多。他们一个个放弃了获得 2 000 美元奖金的机会。只有一个穿着破衣的小男孩在众人离开后仍不死心，他并没有像别人那样在稻草中翻找，而是放缓脚步仔细倾听。突然，他听到一个奇特的东西在“滴答滴答……”地不停响着，他意识到这就是要找的金表。于是他连忙循声翻找，终于找到了金表，并得到了奖金。

分析：

（1）面对同样的问题，小男孩的做法与大家有什么不同？

（2）小男孩是如何找到金表的？

一、倾听的含义

倾听不单纯是凭借听觉器官接受语言信息的过程，还包括借助思维达到认知、理解事物的全过程。国际倾听协会对倾听的定义是：“接受口头信息和非语言信息，确定其含义并对其做出反应的过程。”

(一)倾听的三个层次

(1)听见。听见是最低层次的听,也就是当别人说话时,我们听见了声音、听清楚字句并理解其语言的字面含义,实现对语言信息的理解。听见忽略了大量的非语言行为因素,因此听见有时是一知半解的,是没有抓住关键信息的。

(2)听记。听记是中级阶段的倾听,是在听的过程中记忆或者记录有关关键信息,它实现了对附加语言信息的把握。听记过程中通过对语气、态势语言的把握和观察,掌握说话者的附加含义和真实语义,能够听懂说话者的言外之意和真实意图。

(3)听辨。听辨是最高阶段的倾听。倾听者通过积极的态度和正确的倾听方法,对说话者进行全方位的观察分析,进而把握和理解其观点与态度的主客观成因,实现对话语的综合理解。听辨达到了倾听的最佳境界。

(二)倾听的意义

谈到沟通,许多人很快想到的是如何说、怎样表达,很少有人想到倾听。从小到大,我们有不少机会去练习如何去说、如何去写,却很少有时间来学习如何去倾听。有些人认为,倾听能力与生俱来,长着耳朵就会倾听,实际上并非如此。

倾听并不是与生俱来、不学就会的。实际上,倾听不仅是一种生理活动,更是一种情感活动,需要我们真正理解沟通对象所说的话。

具体来说,倾听的重要价值主要体现在以下五个方面:

1. 倾听可以获取重要的信息

有人说,一个随时都在认真倾听他人讲话的人,在与别人的闲谈中就可能成为一个信息的富翁。此外,通过倾听我们可以了解对方要传达的信息,同时感受到对方的感情。

2. 倾听可以掩盖自身的弱点

俗话说“言多必失”,意思是话讲多了往往会有失误,容易弄巧成拙。对于善言者如此,对于不善表达者更是如此。所以,当我们对事件、情况不了解、不熟悉、不明白时,或者当我们自知自己的表达能力有所欠缺时,适时地保持沉默、多听多想不失为一个明智的选择。

3. 倾听可以激发对方谈话的欲望

我们在日常交往中都有这样的感受,当我们兴致勃勃地向某个人做表达时,如果对方意兴阑珊,你立刻就会发现自己表达的欲望迅速下降,甚至完全失去继续交流的兴趣,反之,如果对方非常认真地倾听,你会感觉到对方很重视自己、对自己的话题很感兴趣,这种感觉会促使你进一步表达和交流。当然,好的倾听者还能激发和启发谈话者更多、更敏捷的思考和表达,双方都会获益良多,并且心情愉快。

4. 会倾听的人才能更会表达

我们只有从倾听中捕捉到表达者要传达的重要信息,才能在接下来的表达中言之有物、言之有益;在认真倾听的过程中,我们也能学到什么样的表达是更能让人接受和认同的。

5. 倾听可以使倾听者获得友谊和信任

个人在表达时被别人认真倾听,会让表达者感受到被尊重、被接受、被喜爱,这些感受都会使我们更愿意靠近那个给予我们这种感受的个体。如果还能被深深地理解的话,还会带来“酒逢知己千杯少”般的快乐和满足。在这个强调自我和个性的时代,在很多人都用说话来体现自己独特的部分时,学会倾听,可让我们有能力给别人搭建起一个自我展示的舞台,这更容易得到别人的好感和认同,获得友谊和信任。

自我认知——“听”的意义

【案例】

巴顿将军为了显示他对部下生活的关心,搞了一次参观士兵食堂的突然袭击。在食堂,他看到两个士兵站在一个大汤锅前。

“让我尝尝这汤!”巴顿将军向士兵命令道。

“可是,将军……”士兵正准备解释。

“没什么‘可是’,给我勺子!”巴顿将军拿过勺子喝了一大口,怒斥道,“大不像话了,怎么能给战士喝这个?这简直就是“刷锅水!”

“我正想告诉您这是刷锅水,没想到您已经尝出来了。”士兵答道。

分析:

这个故事告诉我们一个什么道理?

二、倾听的障碍与禁忌

(一)倾听的障碍

要想真正做到有效倾听,就要先了解哪些因素会干扰倾听,进而找出解决的办法。影响倾听的因素很多,按其来源可以分为主观障碍和客观障碍。

1. 主观障碍

倾听的主观障碍具体表现为:随意打断对方讲话,以便讲自己的故事或提出意见;没有和对方进行目光交流;任意终止对方的思路,或者问了太多的细节问题;催促对方,同时接打电话、写字、发电子邮件等。

研究发现,在沟通过程中,造成沟通效率低下的最大原因在于倾听者本身。研究表明,信息的失真主要是在理解和传播阶段,容易导致倾听障碍的主观因素具体如下:

首先是倾听者过于自我。人们习惯于关注自我,总认为自己是对的;其次是倾听者已有的偏见。先入为主有巨大的影响力;再次是倾听者急于表达自己,说服对方。许多人认为只有说话才是表达自己、说服对方的唯一有效方式,若要占据主动便只有说服对方。在这种思维指导下,人们容易在他人还未说完时,就迫不及待地打断对方。

2. 客观障碍

主观因素会对倾听产生障碍,客观因素也会对倾听有影响。倾听中的客观障碍如

表 7－17 所示。

表 7－1　倾听中的客观障碍

环境因素	封闭性	氛　围	主观障碍源
办公室	封闭	严肃认真	心理负担、紧张、电话干扰
会议室	一般	严肃认真	对他人顾忌、时间限制
现场	开放	较认真	外界干扰、事前准备不足
谈判	封闭	紧张投入	对抗心理、想说服对方
讨论会	封闭	轻松投入	缺乏洞察力
非正式场所	开放	轻松散漫	外界干扰、易走题

（二）倾听的禁忌

1. 不要假装在听

与人沟通时不要假装在听，要真正做到耳到、眼到和心到。有些人在听时，看起来在听，实际上并没有集中注意力倾听；或者以沉默代替倾听，尽管保持了安静，但是并没有听到说话人的意思。倾听是"hear"，不是"listen"。光听是不够的，听见更重要。

2. 不要以高高在上的态度去倾听

职场中经常会出现不平等的沟通，有些人喜欢摆架子，喜欢以自己的经验给对方提供忠告。很多上司在与下属沟通时，最容易出现这个问题。本来上司和下属之间就存在地位、身份上的差距，有些做上司的还有意无意地扩大这种差距效应，导致下属在上司面前唯唯诺诺，有话不敢讲影响了上下级之间的顺畅沟通。

3. 不要自以为是或者先入为主

先入为主也是偏见思维。沟通的一方如果对另一方有成见，就无法实现顺利沟通。比如，上级先入为主地认定一个下属的能力不足，即使这位下属有一个很不错的想法也很难被上司听进去。

4. 避免做价值判断

倾听是获取信息的重要方式，也是赢得友谊和信任的途径，不是每一次倾听都要做出价值判断，有时我们的倾听只是为了给他人提供一个倾诉的机会，并不一定要对对方的倾诉内容做出价值判断。

自我认知——魏征劝太宗

【案例】

传说曾经有个小国的人来到中国，进贡了三个一模一样的金人，把皇帝高兴坏了。可是这小国的人不厚道,同时出一道题目:这三个金人哪个最有价值,皇帝想了许多办法,请来珠宝匠检查,称重量,看做工,都是一模一样的。怎么办?使者还等着回去汇报呢。泱泱大国,不会连这件小事都不懂吧?最后,有一位退位的老大臣说他有办法。皇帝将使者请到大殿,老臣胸有成竹,拿着三根稻草,插入第一个金人的耳朵里,这稻草从另一边耳朵出来了;插入第二个金人耳朵里的稻草直接从嘴里掉出来;插入第三个金人耳朵里的稻草进去后掉进了肚里,什么响动也没有。老臣说:第三个金人最有价值!使者默默无语,答案正确。

分析:

(1)这个故事告诉我们一个什么样的道理?

(2)积极倾听有什么作用?

三、倾听的技巧

1. 营造轻松、舒适的沟通氛围

倾听需要一个轻松、舒适的环境,在这样的环境里,倾诉者和倾听者都能保持良好的沟通状态。相反,人在不舒服的环境里,很难把内心的真实想法、困扰、烦恼等毫无顾虑地说出来,同样,倾听者也很难在不舒适的环境里静心倾听。因此,沟通时最好选择一个安静的场所,消除环境因素造成的干扰,保证沟通的顺利进行。

2. 保持礼貌,鼓励对方先开口

首先,倾听是一种礼貌,愿意倾听别人说话的倾听者乐于接受别人的观点和看法,这会让说话者有一种备受尊重的感觉,有助于建立和谐、融洽的人际关系。其次,鼓励对方先开口可以有效降低交谈中的竞争意味,因为倾听可以培养开放融洽的沟通氛围,有助于双方友好地交换意见。最后,对倾听者来说,鼓励对方先开口,就有机会在表达自己的意见之前,掌握双方意见一致之处,为进一步建立和谐融洽的沟通氛围奠定基础。

3. 适时引导并做出回应

在沟通过程中,倾听者可以说一些简短的鼓励性的话语,如"哦""嗯""我明白了"等,表示自己正在专注地听对方说话,并鼓励他继续说下去。也可以重申对方的观点,例如以"你觉得……""你认为……""你的想法似乎是……""听起来好像……"等做引导语对对方的观点进行重述。当沟通出现冷场时,也可以通过适当的提问引导对方说下去。例如,"后来又发生了什么""你对此有什么感觉"等。而对于对方说出的精辟见解、有意义的陈述或有价值的信息,也要及时予以真诚的赞美,例如"这个故事真棒""你这个想法真好"等,这种良好的回应可以有效地激发对方的谈话兴致。

4. 通过提问来确保理解正确

虽然打断别人谈话是一种很不礼貌的行为,但"乒乓效应"则是例外。所谓"乒乓效应",是指在倾听过程中要适时地提出一些切中要点的问题或发表一些意见和看法,来响应对方的谈话。例如,如果有听漏的、不确定的或不懂的地方,要在对方的谈话暂告一段落时,简短地提出自己的疑问之处,及时求证以便正确理解对方的意思。

5. 恰当运用肢体语言

倾听时还应恰当运用肢体语言,在与人交谈时,即使我们还没有开口,我们内心的真实情

绪已经通过肢体语言清楚地展现在对方眼前。倾听者在倾听时态度开放、充满热情,对对方的谈话内容很感兴趣,对方就会备受鼓舞,从而谈兴大发。正确地运用肢体语言,首先要在倾听中保持目光接触。通常情况下,目光接触是判断倾听者是否在认真倾听的依据,因此在倾听时切勿眼睛盯着别处,或者眼睛不离手机。其次要保持积极的倾听姿势,自然微笑,身体略微前倾,不要双臂交叉抱于前胸,也不要把手放在脸上。

6. 养成记录并整理重点的习惯

倾听别人谈话时,要养成记笔记的习惯,用笔记写下关键字句以增强记忆。在记录的过程中还可以提炼和整理出重点。倾听的同时可以在心里回顾一下对方的谈话内容,分析总结出其中的重点并记录下来。在倾听过程中,只有删除那些无关紧要的细节,把注意力集中在对方说话内容的重点上,并且在心中牢记这些重点,才能在适当的时机给予对方清晰的反馈,以确认自己所理解的意思和对方一致。俗话说"好记性不如烂笔头",要养成记笔记的习惯。

自我认知——高山流水遇知音的故事

拓展延伸

如何理解倾听在沟通中的作用?如何倾听?倾听中要注意哪些问题?

第三节 巧用沟通技巧——表达

学习目标

(1)了解表达在沟通中的重要性。
(2)有效表达塑造完美沟通。
(3)了解正确的人际沟通观,掌握有效表达的技巧。

知识学习

【案例】

古代有位国王,一天晚上做了一个梦,梦见自己满嘴的牙都掉了,于是,他找了两位解梦的人。国王问他们:“为什么我会梦见自己满口的牙全掉了呢?”第一个解梦的人说:“大王,梦的意思是说在您所有的亲属都死去以后,您才能死,一个都不剩。”大王一听,非常生气,把他关进大牢。第二个解梦的人说:“至高无上的王,梦的意思是,您将是您所有亲属当中最长寿的一位呀!”国王听了非常高兴,便拿出百枚金币,赏给了第二个解梦的人。同样的事情,同样的内容和意思,为什么第一个解梦的人会被关进大牢,第二个解梦的人却可以得到奖赏?不过是表达不同而已。俗话说:“一句话说得人笑,一句话说得人跳。”由此可见,表达是多么的重要。

分析:

如何进行有效的表达?

一、表达与沟通

表达是沟通最重要的核心技能之一。良好的表达能力有助于顺利达成目标。现代职场中几乎所有的职业都需要和他人进行合作,共同完成工作任务,因此,准确清晰地表达个人见解,有策略地与他人进行沟通,不仅是职场人士的必备技能,也是职业素养的体现。

表达就是人们为了某种目的,在一定的环境中以口头形式运用语言的一种活动。综合表达能力是指人们用有声语言、无声语言来综合表述个人的见解、主张、思想和观点,充分展示个人形象、风格、个性和思想内涵,形成与他人良性沟通与交流的一种能力,是个人综合素质的重要组成部分。表达得“巧”,首先在于用得“恰到好处”。

在职场中人们用语言进行交流,表达思想,沟通信息。优雅礼貌的表达可以更好地协调人际关系,促进人们和睦相处。俗话说“言为心声”,有效的表达和沟通不仅能够帮助人们增进了解,加深认识,还能反映一个人的内心世界、文化水平、社会阅历、品德修养。不管他是态度严谨还是做事马虎,不管他思维敏捷、条理清楚,还是精神涣散、不求上进,都可以从他的语言中看出来。现代社会的发展,对人的表达能力提出了越来越高的要求。

良好的表达能力可以创造自己的机遇,可以影响他人的行动,激发他人的勇气。别人对你的问题是否能够理解,对你的想法是否能够接受,这完全取决于表达和沟通能力。因此,只有提高表达能力,才能更好地适应社会的需要。

自我认知——安妮的故事

【案例】

著名人际关系专家卡内基租用纽约某饭店的大舞厅用来举办每季度一系列的讲课。

即将开课之际，他收到饭店通知，租金将涨 300%，卡内基不想付超出的那部分租金，于是第二天他去见经理，对他说："收到信我很吃惊，但我根本不怪你，如果我是你，我也会发出一封类似这样的信。你身为饭店的经理，有责任尽可能地使收入增加。如果你不这样做，你将丢掉现在的饭碗。现在我们拿出笔和纸来，把你因此可能得到的利弊列出来。利：舞厅空出来，给别人开舞会或开大会，类似活动比租给人家当课堂能增加不少收入。坏的一面：如果坚持增加租金，你会减少收入，事实上你一点收入都没有，因为我租不起。还有一个损失，这些课程会吸引不少受过教育、修养高的人到你的饭店来，对你是个很好的宣传，事实上如果你花费 5 000 元在报纸上登广告，也无法像我的这些课程这样吸引这么多的人来你的饭店。我希望你好好考虑你可能得到的利，然后告诉我你的决定。"第二天卡内基收到一封信通知他租金只涨 50% 而不是 300%。

分析：

每个追求成功的人都要具有说服别人的能力。作为一名求职者，你所面临的问题是如何差异化地推销自己，说服招聘单位录用你而不是别人。

二、表达注意的内容

（一）表达要注意语言内容

1. 有效的表达要简洁明了、重点突出、饱满有力

表达的精髓，在精而不在多。喋喋不休，不但惹人厌烦，也让人感觉不知所谓。诚如西方的谚语所云："话犹如树叶，在树叶茂盛的地方，很难见到智慧的果实。"所以，进行表达一定要想办法让听众在最短的时间内最准确地理解自己的意思。而要达到这样的效果绝非易事。这就需要我们能够清楚地了解自己想要表达的主旨，并抓住关键点。但同时又不能为简而简，以简代精，这样反而会得不偿失。

2. 要对表达的内容进行适当"包装"

这里的"包装"不是伪装，更不是弄虚作假、无中生有、歪曲编造，而是在真诚的基础上为了增强表达的效果进行一些打磨，注意一些措辞，选择一些方式。

3. 表达的内容要因人而异

有效的表达，需要我们根据表达对象的不同在内容上进行调整。一方面，因人而异的表达可以让不同的对象听得更加清晰明白；另一方面，所谓众口难调，因人而异的表达也更容易符合不同听众的口味，使他们都对表达感兴趣。所以，因人而异的表达要根据倾听者的性别、受教育程度、性格特点、身份特征、年龄特征、心理需求等的不同而有所变化。此外，我们在表达时还要注意投对方所好、谈论对方感兴趣的话题，也就是俗语所说的"到什么山头唱什么歌"。

（二）表达要注意非言语内容

1. 良好的表达要注意语音语调

同一个意思，甚至完全相同的内容，用不同的语音语调进行表达，就会产生不同的意思和感觉。比如，"我讨厌你！"可以是表达真正的厌恶，也可以是情人之间的打情骂俏。所以，要使表达更有效，我们需要注意表达时的语音语调。通常，语音语调要根据表达的内容、情境、对象而有所变化。一般来说，场面越大，越要适当提高声音、放慢语速，把握语势上扬的幅度，以突出重点；反之，场面越小，越要适当降低声音，适当紧凑词语密度，并把握语势的下降趋势，追求自然。

2. 良好的表达要学会微笑

进行高效的沟通和表达，当然要配以恰如其分的神态和表情。这样讲并非让大家像演员一样去表演，而是试图说明表达时表达者是一个整体，倾听者感受到的，不仅是语言表达的内容，还包括表达者的神情体态等，倾听者最后理解到的是表达者的语言表达内容、神情体态等整体所传递出来的信息。但在这些神情语态中，可能最需要表达者注意的是微笑。

微笑被看成是没有国界的语言。一个真诚、友好的微笑是捕获人心最有效的方法，它能消除人与人之间的隔阂和疏离，拉近人们之间的界限和距离，甚至，当我们与他人处在紧张和有些敌意的氛围中时，一个友善、由衷的微笑，也能瞬间让我们周遭的氛围变得不同。微笑不但能保持我们自身良好的形象，也能有效地影响他人。所以，在与别人进行沟通交流时，学会微笑吧。甚至有人认为，哪怕是在不能面对面的电话过程中，也要试着在讲话时保持微笑，因为通过微笑所传达出来的善意和真诚，是可以让对方通过电话感受到的。学会把微笑运用到日常生活和工作中去，也许会有意想不到的收获。

自我认知——打猎

【案例】

林琳进公司不久，总经理的秘书就出国了，由于她谦虚、勤奋和聪明，总经理秘书这个空缺就被她填补了。随着地位的变化，她开始有些飘飘然了。不久，同事们能从她说话的语气中感受到她那种无形的优越感。一天，市场部张经理打电话找总经理，林琳回答："总经理出去了，等他回来我马上与您联络。"林琳的回答让张经理感觉怪怪的，心里很不舒服。没过几天，总经理就提醒林琳要摆正自己的位置，为人要低调一些。显然，张经理在总经理那里说了对林琳不满的话。张经理为何对林琳的应答感觉怪怪的？因为林琳的答语给张经理一种感觉：总经理似乎只属于她一个人，我张经理只是个外人。

讨论：

林琳应该如何答复张经理？

三、有效表达塑造完美沟通

表达、沟通本身没有对错之分，只有有效和无效之别。要想获得有效表达就要具备明确的表达目标，在表达、沟通过程中注意细节，能根据表达的进程自我调整，表达的结果至少要达到一个目标。

1. 与上表达

职场生活中经常需要向上级领导汇报、请示、建议,甚至犯错误以后要解释,属于与上表达。在面临这些情况时,应该谨记"上"的观念,不可以下犯上,也不必卑躬屈膝。最好的表达态度是不卑不亢。

在职场中,你接受了一项工作,可能有很多因素,你对领导安排的工作理解有误差,甚至有时和领导的计划南辕北辙。这就表明,如果表达不好,工作就不可能顺利完成。如果是一个较为宽容的领导,你犯这样的错误他可以笑一笑就过去了;如果是一位苛刻的领导,你的职业生涯很可能因此而受到不好的影响。

想要提高工作效率,表现出你的办事能力,就应该主动把事情做对。因此,工作中与领导和同事的表达、沟通必不可少。在接受一项工作任务时,无论多么简单,也要进行详细的表达与沟通,避免出现工作漏洞。

2. 平等表达

在所有的人际交往的范畴之内,"平等表达"都是相当重要的,而团队内部的沟通也不例外。在很多时候,当你给团队伙伴提出建议尤其是你们并不存在上下级关系时,对方很可能不会理睬。这是因为每个人最需要的其实是顾问和支持者,并不是给他进行纠正的分歧者。当知道同事的某些决定必然会引起错误后,重要的不是急切地提出批评,而是帮助他把事情弄明白,让对方知道错在哪里,今后该怎么办。只有做到平等表达,才能真正提高沟通的效率,才能让你在团队中通过沟通获取有用的资源和帮助。

自我认知——邓芳的故事

【案例】

小军,男,某高职院校新生。这个孩子成绩不好,且不能挨批评,只要你说的话他认为重了一些,他就立即翻脸。一开始,他就很沉默,很内向,很自卑。第一次数学考试,他只考了15分,特别是进校的第一次考试,他的成绩排在班里最后,这使他更加自卑。他甚至曾经说,他可能是班里的累赘,是班主任的眼中钉。几周下来,他很少和班里的其他同学交流。其实他的表现也说明他是很自卑的:不太说话,不太合群。比如,上课时他不太抬头看黑板……学习习惯也不好,作业经常应付了事,如果遇到不会做的题目,他不会去问同学和老师,就空在那里直接交上来。他的父母也说:"他对新环境恐惧,经常在家里发泄。"他母亲甚至不敢督促他学习,更不敢批评他,怕他发火。

分析：

(1)小军内向、自卑成绩不好的原因是什么？

(2)如何才能帮助小军提高成绩？

四、表达的技巧

1. 角色互调，适当反馈

人们在交谈过程中往往受到自身主观态度的影响，容易以自我为中心，只注意了解自己想要知道的，应从对方的立场考虑，倾听对方所要表达的所有信息和思想。不要口若悬河地垄断所有谈话，要给对方发表意见的机会。要仔细聆听对方的讲话，不要轻易打断对方的谈话，这是彼此尊重的重要表现。通过辩论教学法、问卷调查和访谈的方式，从立德树人的高度，向学生传播正确的人际沟通观，使学生能更好地表达自己，提高人际沟通的效果。

2. 耐心、虚心、会心

出于对彼此的尊重，交谈全过程都应表现出良好的耐心，绝不能显露出不耐烦的神色，要保持饱满的精神状态，微笑着注视对方，不可装腔作势、心不在焉，否则不利于交谈的延续。记住，巧妙地转移话题也是一种能力。交谈的目的在于沟通感情、交流思想、获取信息，所以应用虚心的态度注意听。当出现不同观点时，应委婉地表达。例如，"我对这个问题很感兴趣，但有一点不同看法，我记得书上好像不是这么说的。"切不可断然打断，激情愤然。

在交谈中我们也可以借助体态语气来表现你在注意听。例如，专注的眼神、微微前倾的身体、自然下垂的双臂。这些都可以让人觉得很亲切，从而产生"遇到知己"的感受，真正达成良好的沟通愿望。

3. 以赞美和表扬赢得人心

哲学家詹姆士曾精辟地指出："人类本质中最殷切的要求是渴望被肯定。"赞美是阳光、空气和水，是学生成长不可缺少的养料；赞美是一座桥，能沟通人们之间的心灵之河；赞美是一种无形的催化剂，能增强人们的自尊、自信、自强。

4. 学会幽默

交谈是一个双方寻求产生共鸣的过程。在这个过程中，难免会因意见不一致而产生分歧，这就要求交谈者随机应变，机智地消除障碍。恩格斯说过："幽默是具有智慧、教养和道德的优越感的表现。"在交谈过程中适当运用幽默能使人感到智慧的潇洒，情致的深邃，精神的博大。

有一位女政治家因为肥胖常遭到对手的讥笑，她在一次竞选演讲中却主动说："有一次我穿上灰色的泳装在大海里游泳，结果引来了轰炸机，以为发现了敌国的潜艇。"结果在笑声中选民反而不在意她肥胖了。

言谈要有幽默感。幽默的语言极易迅速打开交际局面，使气氛轻松、活跃、融洽。幽默、诙谐也可以成为紧张情景中的缓冲剂，使朋友、同事摆脱窘境或消除敌意。平时应多积攒一些妙趣横生的幽默故事。幽默也是开自己的玩笑，和别人共享欢乐，能使人在有压力的生活中充满欢愉。

5. 适当地暴露自己，取得对方信任

每个人最熟悉的莫过于自己的事情，所以与人沟通的关键是要使对方自然而然地谈论自己。谁都不必煞费苦心地去寻找特殊的话题，只需以自身为话题即可，这样也会很容易让对方开口，从而使人们会向自己敞开心扉。

6. 有时也要"随声附和"

谈话时若能谈谈与对方相同的意见,对方自然会对你感兴趣,而且产生好感。谁都会把赞同自己意见的人看作是一个有助于提高自身价值和增强自尊心的人,进而表示接纳和亲近。假如我们非得反对某人的观点,也一定要找出某些可以赞同的部分,为继续对话创造条件。此外,还应该开动脑筋进行愉快的谈话。除非是知心朋友,否则不要谈论那些不愉快的伤心事。

7. 说服他人的技巧

在职场中也是一样,当你面对领导或是同事的那些最棘手的问题时,你是否有能力准备出有说服力的答案?越是想要成功,说服能力越要优秀。说服他人的目的,有时是为了推销自己,有时是为了推销产品或服务,能够说服别人就能够影响别人,也就能够使人家顺着我们的意念行事。卡内基认为,不论你用什么方式指责别人,如用一个眼神;一种声调、一个手势,或者你告诉他错了,你以为他会同意你吗?绝不会!因为你直接打击了他的智慧、判断力、荣耀和自尊心,这反而会使他想着反击你,即使你搬出所有柏拉图或康德的逻辑,也改变不了他的意见,因为你伤了他的感情。

8. 批评的艺术

在表达过程中,如果不得不提出批评,一定要委婉地提出来。要注意:

(1)不要当着别人的面批评。

(2)在进行批评之前应说一些亲切和赞赏的话,然后再以"不过"等转折词引出批评的方面,即用委婉的方式。

(3)批评对方的行为而不是对方的人格。用询问的口吻而不是命令的语气批评别人。

(4)就事论事。

自我认知——就算被人误会,不要急着立刻反驳

拓展延伸

谈谈表达在沟通中的重要性;如何有效表达才能塑造完美沟通?你掌握了哪些表达的技巧?

第四节 学会有效沟通

学习目标

(1)了解有效沟通的重义。

(2)了解有效沟通的重要性。

(3)掌握有效沟通的技巧和方法。

【案例】

公司为了奖励市场部的员工,制定了一项海南旅游计划,名额限定为10人。可是13名员工都想去,部门经理需要再向上级领导申请3个名额,如果你是部门经理,你会如何与上级领导沟通?

部门经理向上级领导说:"朱总,我们部门13个人都想去海南,可只有10个名额,剩余的3个人会有意见,能不能再给3个名额?"

朱总说:"筛选一下不就完了吗?公司能拿出10个名额就花费不少了,你们怎么不多为公司考虑?你们呀,就是得寸进尺,不让你们去旅游就好了,谁也没意见。我看这样吧,你们3个做部门经理的,姿态高一点,明年再去,这不就解决了吗?"

分析:

本案例中的部门经理只顾表达自己的意志和愿望,而忽视公司老总的心理反应。通过此案例提醒大家在以后的工作、学习、生活中切不可以自我为中心,更忌讳出言不逊,不尊重对方。

一、有效沟通

有效沟通越来越多地被应用在企业管理上,并把它作为管理者必备的一项素质要求。有效沟通主要指组织内人员的沟通,尤其是管理者与被管理者之间的沟通。沟通是企业管理的有效工具。沟通还是一种技能,是一个人对本身知识能力、表达能力、行为能力的发挥。无论是企业管理者还是普通的职工,都是企业竞争力的核心要素,做好沟通工作,无疑是企业各项工作顺利进行的前提。

(一)有效沟通的含义

所谓有效的沟通,就是通过听、说、读、写等载体,通过演讲、会见、对话、讨论、信件等方式将思维准确、恰当地表达出来,以促使对方接受。有效沟通必须具备两个必要条件:首先,信息发送者清晰地表达信息的内涵,以便信息接收者能确切理解;其次,信息发送者重视信息接收者的反应并根据其反应及时修正信息的传递,免除不必要的误解。有效沟通主要指组织内人员的沟通,尤其是管理者与被管理者之间的沟通。有效沟通能否成立关键在于信息的有效性,信息的有效程度决定了沟通的有效程度。信息的有效程度又主要取决于以下几个方面:

1. 信息的透明程度

信息必须是公开的。公开的信息并不意味着简单的信息传递,而要确保信息接收者能理解信息的内涵。如果以一种模棱两可的、含糊不清的文字语言传递一种不清晰的,难以使人理解的信息,对于信息接收者而言没有任何意义。另一方面,信息接收者也有权获得与自身利益相关的信息内涵,否则有可能导致信息接收者对信息发送者的行为动机产生怀疑。

2. 信息的反馈程度

有效沟通是一种动态的双向行为,而双向的沟通对信息发送者来说应得到充分的反馈。

只有沟通的主、客体双方都充分表达了对某一问题的看法，才真正具备有效沟通的意义。

（二）有效沟通的重要性

1. 提高工作效率，化解管理矛盾

公司决策需要一个有效的沟通过程才能施行，沟通的过程就是对决策的理解传达的过程。决策表达得准确、清晰、简洁是进行有效沟通的前提，而对决策的正确理解是实施有效沟通的目的。在决策下达时，决策者要和执行者进行必要的沟通，以对决策达成共识，使执行者准确无误地按照决策执行，避免因为对决策的曲解而造成执行失误。

2. 从表象问题过渡到实质问题的手段

企业管理讲求实效，只有从问题的实际出发，实事求是才能解决问题。而在沟通中获得的信息是最及时、最前沿、最实际、最能反映当前工作情况的。在企业的经营管理中出现的各种各样的问题，如果单纯从事物的表面现象来解决问题，不深入了解情况，接触问题本质，会给企业带来灾难性的损失。

3. 形成健康、积极的企业文化

每个人都希望得到别人的尊重、社会的认可和自我价值的实现。一个优秀的管理者，就要通过有效的沟通影响甚至改变职员对工作的态度、对生活的态度。把那些视工作为负担，对工作三心二意的员工转变为对工作非常投入，工作中积极主动，表现出超群的自发性、创造性。在有效沟通中，企业管理者要对职工按不同的情况划分为不同的群体，从而采取不同的沟通方式。

自我认知——“化干戈为玉帛”的语言艺术

【案例】

王平是新上任的经理助理，平时工作主动积极，且效率高，很受上司的器重。那天早晨小王刚上班，电话铃就响了。为了抓紧时间，她边接电话，边整理有关文件。这时，有位姓李的员工来找小王。他看见小王正忙着，就站在桌前等着。只见小王一个电话接着一个电话。最后，他终于等到可以与她说话了，可小王头也不抬地问他有什么事，并且一脸的严肃。然而，当他正要回答时，小王又突然想到什么事，与同室的小张交代了几句，这时的老李已是忍无可忍了，他发怒道：“难道你们这些领导就是这样对待下属的吗？”说完，他愤然离去。

分析：

（1）这一案例的问题主要出在谁的身上？为什么？

（2）如何改进非语言沟通技巧？

（3）假如你是小王，你会怎样做？

二、有效沟通的技巧

从沟通的组成看，一般包括三个方面：沟通的内容，即文字；沟通的语调和语速，即声音；沟通中的行为姿态，即肢体语言。这三者的比例为文字占7%，声音占38%，行为姿态占55%。同样的文字，在不同的声音和行为下，表现出的效果截然不同。所以有效的沟通应该是更好地融合好这三者。从心理学角度看，沟通中包括意识和潜意识层面，而且意识只占1%，潜意识占99%。

1. 认真倾听

1)倾听的作用

认真的倾听不仅能捕捉完整的信息，还能真实全面地理解讲话者的意见和需要，感受讲话者所表达的情感。

(1)通过倾听获取重要信息。信息不但包括内容，还包括对方的情感，有时脱离了情感，只听取内容便会造成曲解。不仅要听到对方所说的内容，还要听清楚对方所讲的中心思想。

(2)通过倾听可以获得友谊和信任。大多数的人都希望有人能够倾听自己的心声，如果你愿意给他们一个机会，你就会获得意想不到的收获，比如信任和友谊。

(3)倾听是最好的销售手段。在销售中倾听技巧的运用也是很重要的。在和顾客沟通时，对方出现沉默时，千万不要急着说话，要给顾客足够的时间去思考和做决定。

2)倾听的技巧

(1)鼓励对方先开口。首先，倾听是一种礼貌，愿意倾听别人说话表示我们乐于接受别人的观点和看法，这会让说话者有一种备受尊重的感觉，有助于我们建立和谐、融洽的人际关系。其次，鼓励对方先开口可以有效降低交谈中的竞争意味，因为倾听可以培养开放融洽的沟通气氛，有助于双方友好地交换意见。最后，鼓励对方先开口说出他的看法，我们就有机会在表达自己的意见之前，掌握双方意见的一致之处。这样一来，就可以使对方更愿意接纳我们的意见，从而使沟通变得更和谐、更融洽。

(2)营造轻松、舒畅的谈话氛围。倾听需要营造一个轻松、舒适的环境，这样，说话者才能放松心情，把内心的真实想法、困扰、烦恼等毫无顾虑地说出来。因此，在与人交谈时，最好选择一个安静的场所，不要有噪声的干扰。如果有必要，最好将手机关掉，以免干扰谈话。

(3)控制好自己的情绪。在交谈过程中，可能会涉及一些与自身利益有关的问题，或者谈到一些能引起共鸣的话题，这时要切记，对方才是交谈的主角，即使你有不同观点或很强烈的情绪体验，也不要随便表达出来，更不要与对方发生争执。否则很可能会引入很多无关的细节，从而冲淡交谈的真正主题或导致交谈中断。

(4)懂得与对方共鸣。有效的倾听还要做到设身处地，即站在说话者的立场和角度看问题。要努力领会对方所说的题中之意和言辞所要传达的情绪与感受。有时候，说话者不一定会直接把他的真实情感告诉我们，这就需要我们从他的说话内容、语调或肢体语言中获得线索。如果无法准确判断他的情感，也可以直接问："那么你感觉如何？"询问对方的情感体验不但可以更明确地把握对方的情绪，也容易引发更多的相关话题，避免冷场。当我们真正理解了对方当时的情绪后，应该给予对方肯定和认同："那的确很让人生气""真是太不应该了"等，让对方感觉我们能够体会他的感受并与他产生共鸣。

(5)善于引导对方。在交谈过程中,我们可以说一些鼓励性的话语,如"哦""嗯""我明白了"等,以向对方表示我们正在专注地听他说话,并鼓励他继续说下去。当谈话出现冷场时,也可以通过适当的提问引导对方说下去。例如,"你对此有什么感觉""后来又发生了什么"等。

(6)与对方保持视线接触。倾听时,我们应该注视着对方的眼睛。通常情况下,对方判断我们是否在认真倾听他说话,是根据我们是否看着他来判断的。如果在对方说话时我们的眼睛盯着别处,对方就会认为我们对他的谈话不感兴趣,从而打击他谈话的积极性。

(7)恰当运用肢体语言。在与人交谈时,即便我们还没有开口,我们内心的真实情绪和感觉就已经通过肢体语言清楚地展现在对方眼前。如果我们在倾听时态度比较封闭或冷淡,对方自然就会特别注意自己的一言一行,比较不容易敞开心胸。反之,如果我们倾听时态度开放、充满热情,对对方的谈话内容很感兴趣,对方就会备受鼓舞,从而谈兴大发。激发对方谈话的肢体语言主要包括:自然微笑、不要双臂交叉抱于前胸、不要把手放在脸上、身体略微前倾、时常看对方的眼睛、微微点头等。

2. 清楚表达

表达是将思维所得的成果用语言、语音、语调、表情、行为等方式反映出来的一种行为。表达以交际、传播为目的,以物、事、情、理为内容,以语言为工具,以听者、读者为接收对象。

1)提高语言表达能力的方法

(1)多听。是在与别人交流时多听别人的说话方式,从中学习其好的说话技巧,从而提高自己的语言表达能力,也是为多说做准备。另一方面,听的时候要有侧重点。例如,听新闻联播,学习其对时事的报导性、概括性、新闻性的语言。

(2)多读。是多读好书,培养好的阅读习惯,从书中汲取语言表达的方式方法和技巧,知识会增加语言的素材,增加一个人的气质涵养,而多读也是为多写做准备。而读的时候也和听的时候一样,一方面增加素材,另一方面读的时候要有侧重点。

(3)多说。并不是想起什么说什么,而是要有准备、有计划、有条理地去说,或者是介绍,或者是演讲,要说得好、说得精彩,必须有充分的准备,而这一准备过程和实际说的过程,也是在练习语言表达的过程。

(4)多写。平日养成多动笔的习惯,把日常的观察、心得以各种形式记录下来,定期进行思维加工和整理,日积月累提高写作技巧,在平时的写作练习过程中,也可以同时养成好的习惯。

2)非语言表达技巧

非语言表达在我们平时的交流中也是十分重要的,例如,身体姿势、面部表情、衣着仪表等。

(1)眼神的交流。诚恳而礼貌地注视着对方。和一个人谈话时,要有 5 ~ 15 min 的目光接触。为了避免直视给对方带来的紧张感,我们也可以将眼光放在对方的眉宇间,这样也不会太尴尬。

(2)姿势与动作。站立时要抬头、挺胸、收腹,自然而轻松地移动。切记不要双臂环绕、双手交叉,这些都是封闭和防御的肢体语言。最自然的方式是两手自然下垂。坐立时要保持良好的坐姿,身体稍微前倾,坐椅子的三分之一到三分之二处,切记躺在椅子上。

(3)保持微笑。谈话时要轻松自然,记得要保持微笑。微笑是世界上最美的无声语言,表示礼貌、友善。

(4)衣着与仪表。穿衣打扮要简洁大方、舒适得体。衣着要遵循 TPO 原则,即时间(Time)、地点(Place)、目的(Object)。男士一般选择西装,女士一般选择职业裙装。

3. 书面沟通

书面沟通是以文字为媒体的信息传递,形式主要包括文件、报告、信件、书面合同等。书面沟通是一种比较经济的沟通方式,沟通的时间一般不长,沟通成本也比较低。这种沟通方式一般不受场地的限制,因此被我们广泛采用。这种方式一般在解决较简单的问题或发布信息时采用。

1)书面沟通的优点

(1)书面沟通所传递的信息更便于储存和斟酌。

(2)书面沟通可以更加畅所欲言,把见面不好意思或者不能说的话语,全部表达出来。

(3)书面沟通可以拉近人与人之间的距离。

(4)书面沟通可以较好地记录沟通时的具体情况并保存下来,它很容易成为正式的文件,甚至具有法律效力。

2)应用文书的写作

应用文书常用于公司内部的联络以及与外部人员的联系沟通,是商务交往中常用的重要沟通方式。

(1)常见应用文书的写作格式:一般由开头、正文、结尾、署名、日期五部分组成。

开头写收信人或收信单位的称呼,称呼另起一行单独顶格书写,称呼后用冒号。正文是书信的主要部分,叙述业务往来联系的实际问题。结尾一般用简单的一两句话,写明希望对方答复的要求,也可写祝福的话语。如"此致敬礼""敬祝健康"等。署名即写信人签名,通常写在结尾处另起一行的右下方位置。以单位名称发起的商业信函,署名时可写单位名称或单位内具体部门名称,也可同时署写信人的姓名。重要的商业信函,为表示重视,可加盖单位公章。写信日期一般写在署名的下一行或同一行偏右下方位置。商业信函的日期很重要,不要遗漏。

(2)个人求职简历的写作方法及要求。求职信的写作要求:称呼要准确、得体;问候要真诚;内容需清楚、准确;"包装"要讲究。

求职信写作技巧:自我推销与谦虚应适当有度;少用简写词语,慎重使用"我"的字句;建立联系,争取面试,莫提薪水;以情动人,以诚感人;稳重中体现个性;文字通顺,简明扼要,有条理;客观地确定求职目标,摆正心态。

自我认知——上下级沟通失败的案例

你知道有效沟通的含义吗？谈谈有效沟通的重要性？你掌握有效沟通的技巧和方法了吗？

第五节 冲突情境下的沟通

学习目标

(1)了解冲突产生的原因。

(2)掌握化解冲突的方法。

(3)掌握冲突情境下的沟通方法。

【案例】

小张和小刘是同室好友，关系十分密切。小张家境不太好，在学习的同时，每天早晨不到5点就要到一家餐厅打工。随着学习压力的增大，期末考试期间两人之间出现矛盾关系出现了裂痕，请看下面的对话：

刘：你上班就非得把全宿舍的人都闹醒啊？

张：你以为我愿意起这么早？我得自己挣钱养活自己。不像你，靠家里供养。你自己最清楚，你是我认识的人中最懒的一个。

刘：别来这一套！难道你就不能轻一点吗？怎么那么自私呢，从来就不稍稍考虑一下别人！

分析：

(1)两人在言语表达上有何失误？

(2)如果你是小张或者小刘，你会如何表达？

一、冲突

(一)冲突产生的原因

冲突指的是表现在满足个人或群体需要的过程中遇到阻力或障碍，使双方在观点、需要、欲望、利益上发生矛盾，又因不相容、不相让而引发情感上的激烈争斗。

在人们共同生活的世界里，除了平静、和谐，还时常有冲突发生，大到国与国之间，小到人与人之间。实际上，冲突是无处不在的，无论是在个人争论还是代表国家谈判，都应该学会体恤别人、聆听别人以及与别人和谐相处，同时，应用理性的思考来平衡情感。使一方获利、一方受损的方法是不能解决冲突的，可能赢了争吵，但同时也丧失了友谊；也有可能现在赢了,将来则会失利。所以,明智的做法是首先要尽量了解冲突,然后考虑解决或合理利用它的方式。

人们都会坚持自己的意见,而常常又以为自己的看法是最客观、最合情合理,于是就会引起争论。总体来说,冲突的成因有以下几种:组织和个人对目标的理解、看法不同,实现目标的途径、方法不同;个体之间性格、脾气、习惯不同;资源分配和利用上发生矛盾;社会角色不同,任务、职责、利益、追求不同;信息渠道不畅,产生误解;不会协调组织和群众的关系;缺乏情绪宣泄场所,情绪长久积压;分配不当,不公平不公正;帮派意识,小团体狭隘利益等。

(二)化解冲突的技巧

1. 协调沟通要及时、双向

组织内必须做到及时沟通,积极引导,求同存异,把握时机,适时协调。唯有做到及时,才能最快求得共识,保持信息的畅通,而不至于由于信息不畅积累矛盾。

协调沟通一定是双向的,必须能够保证信息被接收者接到和理解,所以,组织内部的所有沟通方式必须要有回馈机制。比如,电子邮件进行协调沟通,无论是接收者简单回复“已收到”“OK”等,还是电话回答收到,都必须保证接收者收到信息。建立良好的回馈机制,不仅让团队养成良好的回馈工作习惯,还可以增进团队每个人的执行力,也就保证了整个团队拥有良好的执行力。

2. 控制情绪,冷静思考

面对他人的冒犯、攻击,应保持头脑冷静,不急、不气、不发火、不冲动、不感情用事。当出现负面情绪时,不要急于去协调沟通,尤其是在不能做决定时。因为在负面情绪中,沟通常常说不清、道不明,而且还很容易因冲动而失去理性。尤其是不能在负面情绪中做出冲动性的决定,冲动性决定很容易让事情不可挽回,令人后悔。

不管赞同与否都让对方把话说完,要弄清对方到底为什么要冒犯你,你可以用温和的态度提问,以确认对方冒犯你的真正原因,努力理解对方,体谅对方的情感。仔细分析矛盾和纠纷产生的原因,查清问题的来龙去脉,这就便于摆事实、讲道理,消除对方的怒气,使冲突获得缓解。

3. 善于倾听,合理疏导

保持开放的姿态。说话的声音要诚恳、清晰、平稳、坚定,不要大喊大叫。面部表情要开朗,目光要亲切,这样可以使对方放松下来。

拒绝争辩,不要下判断、提建议。也可能你的观点完全正确,但对方正在冲动情绪控制下,难免强词夺理和你争辩,所以冷静地告诉对方你的感受或者走开。遇到对方蛮横无理、不依不饶的情况,你可以清楚地告诉对方,这样的局面不利于问题的解决,还是双方平静地沟通为好。如果对方还是不能平静下来,暂时不再同他讨论这个问题,等到双方恢复平静,再进行解决。

4. 开阔心胸,学会忍让

有时冲突的原因并非是很重要的原则性问题,甚至只是些鸡毛蒜皮的小事;有时虽然事关个人的切身利益,但是从长远来看,如果你暂时做了让步,得到的也许是更好的结

果,而争下去只会导致两败俱伤。这时就该采取妥协的态度来化解矛盾,正所谓“化干戈为玉帛”。

总之,冲突出现,不要恐慌和害怕,只要找到合适的解决方法,不但能使冲突得到有效解决,而且也有利于职场的沟通。

自我认知——亚通网络公司

【案例】

杰夫异常好胜。他当销售代表时,什么事都想赢。在这种不夺第一死不休的欲望推动下,杰夫年复一年取得佳绩。杰夫成为经理后,他全力推动部下力争第一。表面看来,这无可厚非。然而,作为经理,杰夫不仅与其他地区竞争,而且与自己手下的销售代表竞争。他始终要超过他们。遇到大客户,他总要争做主讲人;他无法忍受当旁观者。每次他与员工谈话,总要压倒对方。本来是与员工谈个人发展,他却忍不住吹嘘自己如何技压群芳。结果,这种盛气凌人的言行气走了许多销售高手。

分析:

(1)杰夫的争强好胜在工作中造成了什么样的影响?

(2)杰夫应如何化解这种人际冲突,更好地开展工作?

二、管理冲突的方法

专家根据武断性程度和合作性程度做了一个矩阵,这就是“托马斯—基尔曼”模型。从这个模型可以看出,团队冲突有五种处理方式。

1. 竞争

竞争是由于团队冲突的双方都采取武断行为所造成的。冲突双方都站在各自的立场上,各不相让,一定要分出胜负和是非曲直,这样冲突也就在所难免。

2. 回避

双方都想合作,但既不采取合作性行动,也不采取武断性行动。“你不找我,我不找你”,双方回避这件事。回避是日常工作中最常用的一种解决冲突的方法。但采用回避的方式,会有更多的工作被耽误,更多的问题被积压,更多的矛盾被激发,问题更得不到解决。

3. 迁就

团队冲突的双方有一方高度合作、不武断,也就是说,只考虑对方的要求和利益,不考虑或牺牲自己的要求和利益;而另一方则是高度武断的,不合作的,也就是只考虑自己的利益,不考虑对方的要求和利益。这种状态下,有一些问题就被积压下来,会导致再次发生冲突。

4. 妥协

冲突双方既有部分合作,但又都很武断。这种情形下双方都让出一部分要求和利益,但同时又保存了一部分要求和利益。这是很多职场人士与同事打交道时常用的方式。

5. 合作

冲突双方高度合作,并且高度武断。就是说冲突双方既考虑和维护自己的要求和利益,又充分考虑和维护对方的要求和利益,并最终达成共识。合作是一种理想的解决冲突的方法,最后可以达到双赢的结果,但不容易做到。

三、处理冲突的注意事项

冲突出现后,不能让冲突久拖不决,这样容易对冲突双方造成长期的伤害,对整个团队的效率产生不良影响。所以当冲突出现时,反应的敏捷是至关重要的,以免引起事态的恶化。团队内必须做到及时沟通,积极引导,求同存异,把握时机,适时协调。唯有做到及时,才能最快求得共识,保持信息的畅通,而不至于导致信息不畅、矛盾积累。

1. 沟通要彻底

首先确定冲突的问题是什么,然后要了解问题背后的原因。沟通不畅是引起团队冲突的重要原因。沟通不良往往表现在如下几个方面:信息的不对称、评价指标的差异、倾听技巧的缺乏、言语理解的偏差、沟通过程的干扰、团队成员的误会等。团队成员彼此之间,如果能够顺利交流、相互了解,那么发生冲突的可能性就会大为减少。所以要解决冲突就要彻底沟通,弄清冲突双方的需求,这将非常有助于冲突的解决。

2. 能够换位思考

当出现冲突时,冲突双方往往从自身的角度出发来考虑事态的演变和事件的结果,这就导致冲突双方的矛盾不可调和。如果冲突双方能站在对方立场上从对方的角度来考虑一下问题,体验一下不同角色的内心感受和情绪变化,事情往往就会好办得多。但换位思考不是人人都能做到的,这种能力需要有意识地进行培养,养成关心他人的习惯之后才可能有这种体验。

3. 面对冲突时要冷静决策

人们在遇到冲突时,往往不够冷静、考虑不够周全,此时的人们在思考问题时容易缺乏全局观念,决策时的信息依据也容易丢失。因此,在不冷静时做出的决策经常会令人后悔不已,应尽量避免在不冷静的状态下做出决策。

4. 以"宽恕"之心处理冲突

常言道:忍一时风平浪静,退一步海阔天空。职场中的冲突大多都是工作、性格、质量、言语、习惯等小冲突,不是什么事关生死存亡的冲突。当冲突出现,我们不妨表现得大度一些,得饶人处且饶人。宽容的人能将大事化小、小事化了。冲突双方不妨尝试和颜悦色地说一些宽恕容忍对方的话,往往能收到一些意想不到的效果。宽恕不仅能消除对方的敌意,还能给自己减轻不少压力。对一个团队来说,它是处理团队关系的润滑剂,不妨去试一试。

5. 以正面情绪处理冲突

在负面情绪中做出的判断往往是不正确的。在负面情绪或暴怒下的人智商是最低的，人们往往表现得没有智慧。负面情绪中的协调沟通常常没有逻辑，既理不清，也讲不明，还很容易因冲动而失去理性。尤其要注意不能在负面情绪中做出错误的判断，以免让事情变得不可挽回。

6. 以坦诚的态度处理冲突

在解决冲突时，除了要有一个坦诚的态度外，还要有博大的胸襟，做到相互包容，以自己希望被对待的方式对待他人。胸宽则能容，能容则众归。如果处处工于心计、气量狭小，不但不会取得任何真正的成功，而且也体会不到团队合作的满足与快乐，更不能建设性地解决冲突。

自我认知——特洛依

【案例】

从前，有个脾气很坏的小男孩。一天，他父亲给了他一大包钉子，要求他每发一次脾气，就必须用铁锤在后院的栅栏上钉上一颗钉子。第一天，小男孩在栅栏上钉了37颗钉子。过了几个星期，由于学会了控制自己的愤怒，小男孩每天在栅栏上钉钉子的数目逐渐减少。他发现控制自己的坏脾气，比往栅栏上钉钉子要容易多了。最后，小男孩变得不爱发脾气了。他把自己的转变告诉了父亲。他父亲又建议说："如果你能坚持一整天不发脾气。就从栅栏上拔下一颗钉子。"经过一段时间，小男孩终于把栅栏上所有的钉子都拔掉了。

父亲来到栅栏边，对男孩说："儿子，你做得很好！但是，你看钉子在栅栏上留下那么多小孔，栅栏再也不是原来的样子了。当你向别人发脾气之后，人们的心灵上就会留下疤痕。无论你说多少次对不起，那伤口都会永远存在。所以，口头上的伤害与肉体上的伤害没什么两样。"

分析：

(1)小男孩为什么发脾气？

(2)父亲是如何帮助孩子的？

四、冲突情境下的沟通

1. 处理好自己的负性情绪

在冲突的情境中，当事人往往都带有比较强烈的负性情绪和对彼此的消极感受，如果不能很好地控制自己的情绪，当事人的言行举止很容易过激。而且负性情绪有很大的传染性，会激发彼此用更消极的方式处理问题。所以，我们要学会控制自己的不良情绪。为了不让消极的情绪进一步给彼此的关系带来伤害，发生冲突时可以通过暂时停止接触、离开冲突情境、稍候再进行沟通等方式来处理自己的情绪，增加冲突被化解和修复的可能性。再次沟通之前，一定要先对自己的情绪做一些处理，力争在心平气和的状态下进行进一步沟通。

2. 牢记沟通目的，对事不对人

为了解决冲突而进行沟通时，一定要提醒自己牢记沟通的目的：我们的沟通，是为了解决问题，而非宣泄情绪。所以在接下来的沟通过程中，要理性从容、目的明确，用恰当的方式客观地进行表达，描述事情的经过，表达自己的感受，尽量少判断、少评定，做到对事不对人、不扩大、不泛化。因为冲突情境下，双方的情绪感受都比较消极、敏感性都会增强，所以此种情境下的表达就更加要慎重、谨慎。为了使自己的表达更能让对方所接受，我们要进行换位思考，在表达给对方之前，不妨先说给自己听听，看看自己能否接受、是否认同。

3. 要表达自己真正的需求，不要口不对心

人在冲突情境下往往受到强烈情绪的支配，容易口不择言，怎么畅快怎么来，有时说出来的话、表达出来的情绪，未必是个体内心真正的想法和感受。比如，一对情侣约会，一向不迟到的男方在毫无预兆的情况下迟到了，并且联系不上，女方在约会地等了很久，当终于看到姗姗来迟的男友时，女孩会做怎样的表达？也许是发火来表达自己的不满、愤怒和埋怨，但实际上，这可能就掩盖了女生对男友更真实、更深层的担忧和见到对方安全无恙时的释然。但很显然，如果只是表达前者，很容易激起另一方的消极感受，而忽略这浓烈火药味的背后所掩盖的表达者对所爱之人的牵挂和在意。所以在冲突情境下进行沟通，就要更加清楚自己内心真正想要的是什么，切勿口不对心，让自己事后追悔莫及。

4. 尊重不同，悦纳多样

有时候，即便我们努力沟通，但仍没有办法让别人认同我们的建议、听从我们的劝告，也无法消解彼此的差异和分歧。这个时候，我们要能够尊重彼此的独特性和差异性。实际上，正是有这样多的差异和分歧，世界才丰富多彩，我们的生活才不至于单调乏味。而当我们能够真正悦纳这些分歧、求同存异时，也许我们就会发现，冲突就这样在不知不觉中消失于无形。

良好的沟通能力是建立和谐、深入的人际关系必不可少的条件，也是让我们的工作和事业顺利发展必须具备的基本能力，前者满足我们的情感需求，后者有利于我们的价值追求，所以我们每一个个体都需要具备良好的沟通能力。而沟通能力中最基本的技巧是倾听和表达。无论是倾听还是表达，都需要我们从语言内容和非语言的内容等方面加以注意和训练，这样我们才能逐渐成为一个合格的倾听者和一个高效的表达者。职场环境中的沟通则需要我们根据不同的沟通对象和情境灵活变化，遵循不同规则，选用恰当的方法，成为一个在职业发展中游刃

有余的沟通高手。

自我认知——学生和学生食堂冲突

拓展延伸

化解冲突应注意哪些问题？冲突情境下的沟通方法有哪些？

第八章 创新能力素养

创新能力不是一种单一的能力，而是由多种要素有机结合而构成的一种综合能力。创新能力由创新意识、创新思维、创新技能三大要素构成。

第一节 追求创新能力

学习目标

(1)了解创新及创新能力的定义。

(2)了解创新能力的特征及构成。

(3)了解创新能力形成的基本原理。

知识学习

【案例】

蒙牛在2005年底推出特仑苏牛奶,经历短短的1年时间,其在上海一个市场的销售量就达到日均1万箱,而在其市场运作强势的北方地区,这个数字更高。2006年3月底,特仑苏OMP奶高调上市,以增加品种的方式进一步巩固和细分市场。进入2007年,国内各大乳品品牌纷纷推出高端液态奶产品,而特仑苏依然保持强劲的增长势头,并以开拓者的身份引领着高端液态奶市场。据北京物美超市市场部经理左英杰介绍,特仑苏在高端牛奶中是销售最好的,其余各品牌的高端产品占据着相对低一些的市场份额,总体市场处于向上发展的势头。

特仑苏为什么会如此成功?它有哪些创新的地方?特仑苏牛奶采取整箱不拆零的终端销售方式,其奶蛋白含量超过3.3%,超出国家标准13.8%。在营养成分上优于普通产品。蒙牛在特仑苏纯牛奶包装盒上将"3.3"做了放大处理,此举对普通纯牛奶产生了极大的杀伤力,吸引了大批关注营养和健康的消费者。随后蒙牛又推出OMP"造骨蛋白"概念,以高科技突出品牌的技术优势,从而烘托出品牌价值。

2006年10月22日IDF国际乳品联合会主席Jim Begg在第27届IDF世界乳业大会上宣布,蒙牛"特仑苏"获得IDF全球乳业"新产品开发"奖。这个奖项的获得展示了一个年轻的乳品企业战胜百年巨头的传奇,这也是中国企业代表首次登上全球乳业领奖台。

分析:

(1)你如何看待案例所反映出的问题?

(2)分析蒙牛特伦苏牛奶为什么销售得如此成功?

一、创新的起源和定义

(一)创新的起源

现代"创新"概念的提出源于美籍奥地利经济学家约瑟夫·熊彼特,1912年在他的著作《经济发展理论》中,首次提出了创新的概念。在该书中他将创新定义为"生产要素和生产条件的一种从未有过的新的组合"。熊彼特主要从经济学角度研究创新理论,被公认为是创新理论研究的鼻祖。

20 世纪 80 年代,我国开展了技术创新方面的研究,清华大学傅家骥教授对技术创新的定义:企业家抓住市场的潜在盈利机会,以获取商业利益为目标,重新组织生产条件和要素,建立起效能更强、效率更高和费用更低的生产经营方法,从而推出新的产品,新的生产(工艺)方法、开辟新的市场,获得新的材料或半成品供给来源或建立企业新的组织,它包括科技、组织、商业和金融等一系列活动的综合过程,这个定义是从企业的角度给出的。现在"创新"两个字扩展到了社会的方方面面,包括理论创新、制度创新、经营创新、技术创新、教育创新、分配创新。

(二)创新的定义

"创新"一词的提出在我国出现较早,如《魏书》(北齐)卷六十二中记载:"革弊创新者,先皇之志也。"《南史》(唐)卷十一中记载:"今贵妃盖天秩之崇班,理应创新。"这里的"创新"词意与现代不同,大抵与"革新"同义,主要是指制度方面的改革、变革、革新和改造,并不包括科学技术的创新。

《现代汉语词典》对"创新"解释为"抛开旧的,创造新的"。《辞海》里解释"创"是"始造之也",是首创、创始之义;"新"指初次出现,与旧相对。"创新"有三层含义:一是抛开旧的,创造新的;二是在现有的基础上改进、更新;三是指创造性、新意。

综合各方面的理论,完整地给创新下一个定义,可以这样概括:创新指人类为了满足自身的需要,不断拓展对客观世界及其自身的认知与行为的过程和结果的活动。或具体讲,创新是指人为了一定的目的,遵循事物发展的规律,对事物的整体或其中某些部分进行变革,从而使其得以更新与发展的活动。

二、创新的特征

创新具有以下几个方面的特征:

(1)价值性。创新是人类社会不断向前发展的不竭动力,使人类造就出崭新的物质成果和认识成果,推动人类社会由低级向高级不断演进。创新有明显、具体的价值,对社会具有一定的效益,而这种效益一旦表现在经济上,其价值是难以估量的。

(2)风险性。在创新活动中,由于对客观因素认识不足或无法适应,或对创新过程难以有效控制而造成失败的现象经常发生,这种不确定性就使创新活动成为一种高风险活动。无数次的失败才能换来成功,而失败不但表现为精神上的挫败感,更多的是带来难以估量的损失,无论是巨额财产的损失还是人员伤亡的损失,都会对创新活动予以重创。

(3)新颖性。创新是解决前人没有解决的问题,不是模仿、再造,而是面向未来、研究未来、创造未来,这种创造必然打破常规,探索新路,必然具有与众不同、新颖独特之处。新颖性是创新的必然要求,也是创新成果的必然表现。

(4)目的性。创新的目的性是回答"为什么创新?""创新结果能否解决问题?"等。任何创新活动都有一定的目的,这个特性贯穿于创新过程的始终。

(5)动态性。创新是一个动态的过程,创新价值的实现就贯穿于整个创新活动之中。一切都在变化着,创新不可能一劳永逸,而要在其过程中不断创造和革新。

(6)先进性。创新是引领社会发展的活动,它以求新为灵魂,具有不容忽视的超前性、前瞻性、先进性。纵观历史上每一次伟大的创新,都会成为社会进步的催化剂。

三、创新能力的概念

创新能力,又称创新才能,是创新人才的智慧资源,也是创新学研究的重要问题之一。创新能力与创造力是两个既紧密联系又相互区别的概念,二者都是推动社会进步和经济发展的强大动力。但两者的侧重点不同,创造力侧重于创造活动的独创性、新颖性,追求与众不同、标新立异;创新能力则更侧重于创新结果的实现,追求创新活动的价值,包括经济价值、艺术价值及理论价值。为什么牛顿看到苹果落地的现象就启发了万有引力观念,并进而发现了万有引力定律?为什么哥白尼能够否定在西方统治达1 000多年的以地球为中心的地静学说(地心说),而创立了以太阳为中心的地动学说(日心说)?为什么爱因斯坦年仅26岁时就能够完整地提出"狭义相对论"?为什么马克思能够引发世界思想史的革命?为什么爱迪生一生能有2 000多项发明,其中申请专利的就达1 328项?这是因为他们能够发现人之所未发现,具有创造性的思维能力。

创新能力是指人在顺利完成以原有的知识、经验为基础的创建新事物的活动过程中表现出来的潜在的心理品质。具体来说,创新能力就是个体运用已有的基础知识和可以利用的材料,并掌握相关学科的前沿知识,产生某种新颖、独特的有社会价值或个人价值的思想、观点、方法和产品的能力。

四、创新能力的特征

创新能力是人的能力中最重要、最核心、层次最高的一种能力,是创新人才实现创新的基础和必备条件,具有非常突出的特征。创新能力的特征主要包括以下两点:

(1)综合独特性。观察创新人物的能力构成时,会发现没有一个是单一的,都是几种能力的综合,这种综合是独特的,具有鲜明的个性色彩。

(2)结构优化性。创新人物能力在构成上呈现出明显的结构优化特征,而这种结构不是几种能力的简单组合,而是一种深层或深度的有机结合,这样才能发挥出意想不到的创新功能。

作为创新人物典型的孙正义,他在读大学时就有250多项发明,这说明他有极强的创新意识。他通过改造日本的旧游戏机放到休息室、饭厅,就赚100亿元,反映了他出色的商业能力。后来他又把36亿元投给一家一点利润都没有的互联网,几年后,他的总资产已达1.17万亿元。他说"他是这个星球上从互联网经济上拿到最大份额的公司",这说明他的预测能力极强,统观孙正义各种创业轨迹,正是他身上的感悟预测能力、深刻的分析能力、准确的判断能力、果敢的执行能力、综合的协调能力、全面驾驭能力的深度有机结合以及最大效能的充分发挥,使其走上了辉煌的创新人生之路。

五、创新能力的构成

通过以上分析可以看出,创新能力不是一种单一的能力,而是由多种要素有机结合而构成的一种综合能力。创新能力由创新意识、创新思维、创新技能三大要素构成。

(一)创新意识

创新意识是个体对客观世界的事物和现象,持有的一种推崇创新、追求创新、以创新为荣的观念和意识。原教育部副部长韦钰指出,创新是产生于激情驱动下的自觉思维,创新思维是由于爱、追求、奋斗和奉献所形成的精神境界高度集中，浸沉于那种环境里所产生的自觉思维。有了强烈的创新意识的引导，个体才可能产生强烈的创新动机，树立创新目标，充分发挥创新潜力和聪明才智，释放创新激情，才会最大限度地实现创新。创新意识强的人对已形成的思想、观点、方法及事物保持着总想有所发现、有所改进的思维警觉，大都好奇心强、敢想、善疑。欧洲中世纪伟大的天文学家哥白尼正是因为具有强烈的创新意识，才有了伟大的发现。

可见，正是在这样强烈的创新意识的鼓舞和推动下，哥白尼投入了常人难以想象的精力和热情，才取得了丰硕的成果。这个案例也告诉人们，强烈的创新意识是推动人们不断追求创新和努力实现创新的持久动力，因此，要想不断提升自己的创新能力，有所创造，有所成就，就要自觉培养自己的创新意识。

(二)创新思维

创新思维不同于常规思维，它常常被运用于人们的创新活动过程之中，是指发明或发现一种新方式用以处理某种事情或某种事物的思维过程，它要求重新组织观念，以便产生某种新的产品。创新思维是整个创新活动的智能结构的关键，是创新能力的核心，是创新人才创造性解决问题的基础。

(三)创新技能

创新技能是创新人才在“发现—发明—应用”的整个创新过程中正确处理个人与社会之间关系的方式、方法的讲求，它是智力技巧、情感技巧和行为技能的综合。这里的创新技能，除了一定的操作能力、完成能力外，更重要的是学习应用新知识、新技术的学习能力、发现问题的问题能力、借得他人优势的借力能力以及观察能力、抓机遇能力、获取信息能力等。创新技能同样是创新能力构成的核心要素，是创新人才实现创新的必备要素，创新人才只有具备一定的创新技能并正确运用于社会实践，才能促使创新价值得以实现。

六、创新能力的作用

创新能力具有以下三个方面的作用：

(1)教人学会创新思维。一个具备相应的创新能力的人，面对问题时就会试图用创新的思维方式去思考问题，希望找到一个新的思路或解决途径。

(2)教人如何进行创新实践。具备创新能力的人不但会用创新的思维方式去思考问题，还会努力将创新思路付诸实践，久而久之，其创新实践能力就会大大增强。

(3)教人解决遇到各种现实问题。人在现实生活中经常会遇到这样或那样的问题，不具备创新能力或创新能力差的人只会叹息或等待，而创新能力较强的人则会通过努力创造性地解决其面临的现实问题。

自我认知——为何要创新

【案例】

生于1930年的中国工程院院士袁隆平是一位视科学为生命的科学家。为了杂交水稻事业,他几十年如一日,矢志不移,默默奉献。研究条件的简陋艰苦、滇南育种遭遇大地震的威胁、上千次的实验失败,都动摇不了袁隆平研究杂交水稻的决心。

袁隆平注重实践。他说,书本上、电脑里种不出水稻,他始终坚信真正的权威来自实践。袁隆平经常是头顶烈日、脚踩烂泥、驼背弯腰、一穗一穗地观察寻找。“我不在家,就在试验田;不在试验田,就在去试验田的路上。”

袁隆平永不满足。从“三系法”到“两系法”,从一般杂交稻的成功到超级杂交稻一期、二期再到三期,他将水稻产量从平均亩产300 kg左右先后提高到500 kg、700 kg、800 kg。袁隆平的愿望是把杂交水稻推向全世界。

袁隆平致力研究杂交水稻几十年,取得了一项又一项的研究成果,摘取了多项国内和国际大奖。袁隆平的成功在于身体力行,把创新意识、精神、能力,通过实践活动这一渠道变成了现实。因此,形成人的创新能力的因素除了人的身心素质、社会环境之外,还有一个至关重要的因素,就是人的实践。人改造世界的活动也就是创新活动。因此,一切新的认识、新的知识都来源于人的实践。而这种获取新知识的能力——创新能力,则必须通过实践才能完成。一个人的天赋再高,环境条件再优越,但如果不亲身参加现实中的实践活动,也是无法实现创新的。

分析:

袁隆平为什么会取得一项又一项的研究成果?

七、创新能力形成的基本原理

(1)遗传素质是形成人类创新能力的生理基础和必要的物质前提,它潜在决定着个体创新能力未来发展的类型、速度和水平。遗传素质,又称禀赋、天赋或天资,是个体先天继承下来的,与生俱来的解剖生理特点,包括脑和神经系统的结构、机能特性,感觉器官和运动器官的机能、身体的结构和机能等。

人与人之间有遗传差异是正常的,有的有绘画天赋,有的有音乐天赋,还有的有体育天赋等,人类创新能力的形成首先要遵循遗传规律。

承认天赋,但不能把它当作唯一。美国天才儿童研究工作的先驱、心理学家特曼曾对1 528名智力超常的学生进行长达几十年的追踪研究,结果表明智商高的不一定能成为创造卓著的杰出人才。这说明:天赋优越只是提供了发展优秀人才的基础。人才的成长除了要具备一定的生理素质的基础(智力因素)之外,还与教育和环境对其影响的强弱、自身的后天学习和社会实践的勤奋与否等客观因素和主观因素(非智力因素)有关。

(2)环境是人的创新能力形成和提高的重要条件,环境优劣影响着个体创新能力发展的速度和水平。创新能力的形成,从人类整体来看,是因为人的本质特性是人的“社会性”。社会环境包括家庭、学校和社会。人才的成长与家庭的培养、学校的教育、社会的影响有着密不可分的关系。

人与环境的关系是对立统一的辩证关系,同时又是互动的。人受环境的制约,“人是环境中的人”，处在一定的环境中的人，很难摆脱环境的影响，环境对人有塑造作用；同时，人可以能动地改造环境，让环境朝着有利于人的方向，尤其是有利于人的创新能力形成、提高的方向发展。当然，这种改造作用是逐渐显现和起作用的，而且是由千千万万的个人所构成的社会人共同来实现的。

（3）实践是人创新能力形成的唯一途径，也是检验创新能力水平和创新活动成果的尺度标准。实践是指人类改造世界的活动。人的实践是人所独有的特性，与其他动物的行为具有本质的区别。自然界不能“自动地”“天然地”满足人的自上而下的需要，因而，原始人类在与大自然作斗争中，逐渐学会了改造世界，即学会了实践。人依靠自己的实践，从自然界获取了生活资料和生产资料；依靠自己的实践，来满足自己的需要。人的创新能力也需要在实践中培养和磨炼，并通过实践活动转化为成果。

（4）创新思维是人的创新能力形成的核心与关键。自拍杆的新产品开发过程，很好地诠释了创新思维。这一风靡世界的自拍神器能够在20～120 cm长度间任意伸缩，使用者只需将手机固定在伸缩杆上，通过遥控器就能实现多角度自拍。这一产品的原始创意来自日本美能达工程师上田弘（Hiroshi Ueda）在20世纪80年代的一次欧洲旅行，他在旅游中看到很多美丽的风景，于是产生了一个灵感，要发明一种能帮助人们方便地用照相机进行自拍的工具。后来他申请了相关的专利，发明了能连接某种特定型号相机的自拍杆。然而，这项专利一直都没有得到重视，还被人们嘲笑为最没有用的发明之一。一直到2003年专利到期失效，他的发明都乏人问津。随后，加拿大发明家维恩·弗洛姆（Wayne Fromm）预见了自拍杆的大规模流行，他设计了可以连接各种相机和手机的自拍杆，不仅能支持各种拍照设备，也便于携带。2005年，弗洛姆申请了名为“支撑照相机的装置以及使用这种装置的方法”的美国专利。随后，他在市场上推出了产品，即Quik Pod。自2006年以来，该产品已演化出了多种款式。弗洛姆已经售出了100万个Quik Pod，开拓了42个国家的市场，并成为百万富翁。敏锐地捕捉潜在的消费需求，将以往创意与当下需求进行组合，成为自拍杆产品创新成功的关键。

创新能力与创新思维休戚相关。没有创新思维，就没有创新活动。创新思维是人的创新活动的灵魂和核心。

自我认知——3年造了十几个机器人，宁波一中职生受邀参加今年的云栖大会

拓展延伸

新时代需要创新型的专业技术人员，作为要成为优秀电梯专业技术人才的中职学生该如何提升自身的创新能力？

第二节 创新思维训练

学习目标

(1)了解创新思维的定义。

(2)了解思维障碍的含义与常见思维障碍的种类。

(3)在实践过程中,掌握突破思维障碍的办法。

(4)掌握创新思维的训练方法与提升方法。

知识学习

【案例】

多年以前,在奥斯维辛集中营里,一个犹太人对他的儿子说:现在我们唯一的财富就是智慧,当别人说一加一等于二的时候,你应该想到大于二。纳粹在奥斯维辛毒死了几十万人,父子俩却活了下来。

1946 年,他们来到美国,在休斯敦做铜器生意。一天,父亲问儿子 1 磅铜价格是多少?儿子回答 35 美分。父亲说:“对,整个得克萨斯州都知道每磅铜的价格是 35 美分,但作为犹太人的儿子,应该说 3.5 美元。你试着把 1 磅铜做成门把手看看。”20 年后,父亲死了,儿子独自经营铜器店。他做过铜鼓,做过瑞士钟表上的簧片,做过奥运会的奖牌。他曾把 1 磅铜卖到 3 500 美元,这时他已是麦考尔公司的董事长。然而,真正使他扬名的,是纽约州的一堆垃圾。

1974 年,美国政府为清理给自由女神像翻新扔下的废料,向社会广泛招标。但好几个月过去了,没人应标。正在法国旅行的他听说后,立即飞往纽约,看过自由女神下堆积如山的铜块、螺丝和木料后,未提任何条件,当即就签了字。纽约许多运输公司对他的这一愚蠢举动暗自发笑。因为在纽约州,垃圾处理有严格规定,弄不好会受到环保组织的起诉。就在一些人要看这个犹太人的笑话时,他开始组织工人对废料进行分类。他让人把废铜熔化,铸成小自由女神;把水泥块和木头加工成底座;把废铅、废铝做成纽约广场的钥匙。最后,他甚至把从自由女神身上扫下的灰包装起来,出售给花店。不到 3 个月的时间,他让这堆废料变成了 350 万美元现金,每磅铜的价格整整翻了 1 万倍。

分析:

案例中犹太人的智慧体现在哪里?

一、创新思维含义及常见思维障碍

(一)创新思维含义

所谓思维,是指人脑利用已有的知识,对记忆中的信息进行分析、计算、比较、判断、推理、决策的动态活动过程。

惟创新者进,惟创新者强,惟创新者胜。从创新人才培养的时代要求出发,在教学中,加强学生的民族责任感,厚植爱国主义情怀,深化创新思维的培养。

创新思维是指以新颖独创的方法解决问题的思维过程,通过这种思维能突破常规思维的界限,以超常规甚至反常规的方法、视角去思考问题,提出与众不同的解决方案,从而产生新颖的、独到的、有社会意义的思维成果。创新思维是引发创新活动的源泉和核心,是一切创新活动的开始。

(二)常见思维障碍概述

客观事物是纷繁复杂的,而人的大脑思维却相对简单,其特点就是一旦长时间沿着一定方向、按照一定次序进行思考后,就会形成一种习惯或惯性。也就是说,当人在某一次成功地解决了一个问题后,下次遇到类似的问题或表面看起来相同的问题时,就会不由自主地沿着上次思考的方向或次序并采用同样的办法去解决。这种情况称为"思维惯性"。

如果对于自己长期从事的事情或日常生活中经常发生的事物产生了思维惯性,并多次以这种惯性思维来对待客观事物,就形成了非常固定的思维模式,即人们常说的"思维定式"。

思维惯性和思维定式合起来,就称为"思维障碍"。显然,思维障碍阻碍了我们创造性地解决问题,对于创新是非常不利的。我们要进行创新思维,就必须突破思维障碍。

1. 经验型思维障碍

经验型(习惯型)思维障碍就是前面说过的思维惯性,是人们经常犯的一种错误,无论是古人还是现代人都不可避免地会犯这种错误。因为,习惯思维省时、省力,这在讲究效率的社会里,无异于用最小的投入,取得最大的产出,自然是人们求之不得的。然而,这种思维障碍实际上是把经验夸大化、绝对化,没有注意经验的相对性与片面性。

2. 直线型思维障碍

直线型思维障碍是指人在面对复杂或多变的事物时,仍用简单的非黑即白、非此即彼的观念和方式去思考问题,认为事情只有唯一的正确答案和解决办法。

我们在学习时,虽然也遇到过稍微复杂的数学问题、物理问题,但多数情况下是把类似的例题拿来照搬;甚至在对待需要认真分析、全面考虑的社会问题、历史问题或文学艺术方面的问题,也经常采取死记硬背现成答案的办法去解决问题。

3. 权威型思维障碍

我们在长期的学习、工作和生活中,逐渐形成了对权威的尊敬甚至崇拜。这是因为这些权威们或是领导,或是长辈,或是专家,经常被社会舆论作为有学问、有经验的人广为宣传,使他们有了很高的名望。尊重权威当然没有什么错,但是,在思维领域,习惯于盲目地引用权威的观点来为自己的观点论证,为自己辩护,处理一切问题都以权威作为判断是非的唯一标准,对权威迷信、崇拜和神化,这就形成了思维的权威型思维障碍。

4. 从众型思维障碍

"从众"也称随大流,是一种广泛存在的心理现象。从众型思维障碍,是指在思维过程中不敢坚持自己的看法与意见,盲目地顺从众人的意志。在从众心理的影响下,很多人不敢带头,不敢冒尖,一切随大流,人云亦云。这种心理在我国是根深蒂固的,并且人们还会用一些所谓的"经典"言论来作为自己从众的依据,比如"树大招风""枪打出头鸟""人怕出名猪怕壮"等。

因为在群体中跟随大多数人的意志会比较安全,风险较小,所以从众思维在群众中有很强的心理基础,要想破除从众定势并不容易。因此,从众心理也是创新思维的一大障碍。

5. 书本型思维障碍

书本型思维障碍就是认为书本上的都是正确的,必须严格按书本上要求的去做,是对书本知识的完全认同与盲从。这种思想就是对书本知识夸大化与绝对化,这对人们的创新思维是不利的。例如,大家所熟知的寓言故事"纸上谈兵"就非常形象地说明了这个道理。

6. 自我中心型思维障碍

自我中心型思维障碍是指人们在思考问题、做事情时总是以自我为中心,按照自己的观念、站在自己的立场、用自己的标准去分析问题,完全不顾别人的存在和感觉。

当一个人经常以自我为中心来考虑问题时,就容易忽视别人的建议、想法和感受。每个人的知识、能力和经历不同,看问题的角度也不同,在思考问题时如果能够集思广益,多采纳群众的意见,就能打开思路,拓展思维空间,也更有利于创新思维。

7. 其他类型的思维障碍

1)突破视角障碍

突破视角障碍就是变换视角使问题迎刃而解,这种方法改变人们通常的做法,变堵塞为疏导,这样会轻而易举地达到目的,解决问题。

2)突破方向障碍

萧伯纳是英国著名的戏剧作家,擅长讽刺。他长得很瘦,一次宴会中,一位"大腹便便"的资本家嘲笑他说:"萧伯纳先生,一见到您,我就知道世界上正在闹饥荒!"萧伯纳不仅不生气,反而笑着说:"哦,先生,我一见到你,就知道闹饥荒的原因了。"

萧伯纳的聪明之处就在于巧妙地改变了话题所讽刺的对象,并没有按对方的思路去争辩和解释,因为那样会让自己更尴尬,而转换话题的方向则取得了更好的效果。

3)突破位置障碍

"不识庐山真面目,只缘身在此山中"。也就是俗语所说:当局者迷,旁观者清。有时身处事中,就会迷失方向,看不到问题的本质,所以要跳出问题的圈子和限制,突破位置障碍。

4)突破文化障碍

不同国家和民族之间存在明显的较大的文化差异,在看待问题的角度、立场以及解决问题的方法上不可避免地打上文化、宗教、习俗的烙印。对于同样的问题往往会有不同的态度,也会在相互交往中产生矛盾,这就需要在与人交往的过程中,应注意一些文化差异,多增进了解和交流。

二、创新思维培养

创新思维是提高人们创新能力的起点和关键。一个人要想创新,首先要有创新意识,要敢于创新,这就需要努力突破自己的思维障碍,只有突破了以往老的条条框框,不拘泥于某种结论和形式,从实际出发,与时俱进,才能发现创新点,才能萌发创新思路,才能提出创新方案,才能有所发现、有所发明、有所创造、有所创新。

(一)扩展思维视角

思维障碍是妨碍思维创新的拦路石。那么,如何突破思维障碍?这就需要努力扩展思维的视角。

1. 什么是思维视角

思维视角就是指思维开始时的切入角度。通俗地讲,就是指人们思考问题的角度和立场。对于同样一个问题,站在不同的角度和立场去思考、分析,就会得出不同的结论。

匈牙利的诺贝尔奖得主桑得尔盖说:“看人人熟视无睹的东西,想人人未曾想过的问题,将二者结合起来就是创新。”所以,要想创新,就必须从新的视角切入,才能有所发现,有所发明,有所创造,有所前进。

2. 扩展思维视角的方法

1)从对立的角度去思考

从对立的角度去思考问题,也就是常说的逆向思维,这样反其道而行之,往往会有意想不到的收获。逆向思维能够突破常规,超越传统,是对事物进行批判性的思考,体现一种叛逆精神。

逆向思维就是不采用常规的思考问题的方法和思路,而是从对立的、完全相反的角度去思考问题。这样往往能出奇制胜,最终获得创造性的成果。

2)从“无序视角”去思考

规则是人们工作和生活中不可缺少的行为规范,它能够保证工作和活动的顺利进行。但是在人们心中所形成的规则会渐渐成为思考问题的固有模式,往往会成为束缚人们创新思维的障碍。所以思维创新的过程,就是向规则挑战,破除和超越习惯思维的过程。

打破规则和常规,就是要从“无序视角”入手。“无序视角”的意思是说,在创意思维时,特别是在思维的初级阶段,应该尽可能地打破头脑中的所有条条框框,包括那些“法则”“规律”“定理”“守则”“常识”之类的东西,进行一番“混沌型”的无序思考。

3)转换问题获得新视角

在人们的生活中,每天都要解决各种各样的问题。有复杂的,有简单的,有熟悉的,有生疏的,有些事情是很容易办到的,有些事情却是难以解决的。面对种种问题,人们要学会融会贯通,举一反三,对陌生的、困难的问题要用熟悉的简单的方法来解决。

(二)培养发散思维

发散思维也称扩散思维、辐射思维、多向思维,是指人在思维过程中,无拘无束地将思路由一个点向四面八方展开,从而获得众多解决问题的设想、方案和办法的思维过程。

发散思维是一种重要的创新思维方式,在创造发明过程中起着十分重要的作用,它能够使人们摆脱思维定式的束缚,是启发大家从尽可能多的角度观察同一个问题,在思考问题时不落俗套、不拘一格,充分发挥大脑的想象力,通过新知识、新观念的重新组合,往往能产生更多、更新的设想、答案或解决问题的方法。

1. 发散思维训练的要点

(1)把握好发散思维和想象思维的关系。在做发散思维训练时,应尽量摆脱逻辑思维的束缚,大胆想象,而不必担心其结果是否合理,是否有实用价值。

(2)要注意流畅性、变通性和独特性的要求,在训练中要尽量追求独特性。当然,如果一开始产生不了独特性的思维结果也不要着急。从流畅性到变通性,再到独特性,循序渐进,就可以逐渐进入较高水平的发散思维状态。

(3)注意跳出逻辑思维的圈子。由于习惯,人们一开始可能避免不了逻辑思维,这不要紧,只要注意有意识地提醒自己,并尽量做到一旦进去便能立刻跳出来,就同样能进入发散思维状态。

2. 发散思维的训练

(1)如果你是服装设计师,你将设计出哪些新颖的裤腿的形状?

(2)如果可以不计算成本,还可以用哪些材料做镜子?

(3)要研制新的香皂,你还可以设计出哪些香型?

(4)请你设计出一些形状、大小不同的手表。

(5)根据不同的年龄段,设计出不同的足球场的大小(包括球门)。

(6)你能设计出漂亮新颖的伞的形状吗?

(7)对一门课程来说,你认为可以有哪些考试方法?

(8)为了调动企业员工发明创造的积极性,可以采取哪些奖励办法?

(9)如果你来到一个从未到过的城市,把朋友的地址和电话号码丢了,你有哪些办法可以找到他?

(三)培养收敛思维

收敛思维又称集中思维、辐集思维、聚合思维,是一种寻求唯一答案的思维,其思维方向总是指向问题中心。收敛思维是创新及其思维活动中,与发散思维相辅相成的一种思维形式。如同“一个钱币的两面”,是对立的统一,具有互补性,不可偏废。在教学中,只有既重视培养学生的发散思维,又重视收敛思维的培养,才能较好地促进学生的思维发展,提高学生的学习能力,培养高素质人才。

1. 收敛思维训练的注意事项

(1)注意使用收敛思维的恰当时机。

(2)把握好收敛思维的度。

(3)在收敛思维和发散思维之间保持适度的张力。

(4)善于积累和运用知识和经验。

(5)熟练掌握逻辑思维的方法。

2. 收敛思维训练

做下列练习时要注意:尽可能多地写出可能的方案,然后运用收敛思维,确定最佳方案,必须考虑到经济性、可行性,并说明为什么你的方案是最佳的。

(1)汽车用的油泵上的喷嘴是精度要求很高的铸钢件,你能选择一种好的加工方法吗?

(2)老牛肉很难炖烂,你有什么好办法吗?

(3)假如你家在西藏,寒假回家路途很远,你将选择何种省钱省时还不太累的交通方式?

(4)你想经常练习使用计算机,但自己资金有限,购买有困难,有什么比较经济实惠的办法?

(5)如果你计划30岁前硕士毕业,却又经济困难,该如何设计一个切合实际的方案呢?

(6)假如你是一个钟表店的经理,门前要挂两个大的钟表模型,你认为时针和分针在什么位置上最好?

(7)假如你是某南方乡镇企业的厂长,在东北买了两车皮木材,准备运回去制造纺织用的木梭子,但因运输紧张,等了1个月后,连回去的路费都不够了,你会怎么办?

(8)在西方某国,两个盗窃犯被捕,被分别关押。如果两人都不坦白,就查不出来证据,也就可能不能判刑;如果两人都坦白,每人可判6年;如果1人坦白,将被判2年,而另一个拒不坦白者将被判10年。你认为最可能的结果是怎样的?

(四)培养想象思维

爱因斯坦说过,一切创造都是从创造性的想象中开始的。想象思维是人类进行创新及其活动的又一重要的思维形式。想象思维是人脑通过形象化的概括作用,对脑内已有的记忆表象进行加工、改造或重组的思维活动。想象思维可以说是形象思维的具体化,是人脑借助表象进行加工操作的最主要形式,所以,历来倍受创造学家的重视。想象力是否丰富,也就是想象思维能力是强还是弱,已成为判断一个人创新能力的重要依据。

1. 想象思维训练需注意的事项

(1)想象思维是以已有信息、形象、经验为基础的,这就需要在平时多接触、多积累。

(2)克服抑制想象思维的障碍。想象思维的障碍主要包括心理障碍和内部智能障碍。

(3)想象思维的操作应在精神放松和注意力集中的条件下进行,尤其是无意思维,更需要彻底的精神放松。

(4)进入想象状态几分钟后,停止下来,立即把头脑里想象的东西记录下来。训练可以采取教师指导和几个人相互训练的方式进行。

2. 想象思维的训练

(1)如果我国西北地区的沙漠和黄土高原被茂盛的植被覆盖,那是怎样的情景?生态环境将有怎样的变化?

(2)听一位朋友描述他去过而你没有去过的旅游地景色,想象那里的情景,用文章或画图再现出来。

(3)你能提出防止假冒伪劣商品的几条新措施吗?

(4)想象可能存在的外星人的外表和动作特征。

(5)先想想你家现在的居住条件和环境,你对于未来的住房在舒适程度、节约能源方面有什么更完美的想法?

(6)正在研制一种可以进入人体施行手术的微型机器人,你能想象它的工作状态吗?

(7)如果你想学习一门艺课程,如美术或声乐,在家里自学是否可以实现?应当怎样实现?

(8)在你的想象中,未来的学校应该是怎样的?

(9)你能想象原始社会人类"茹毛饮血、钻木取火"的情景吗?

(10)你能想象50年后你的家乡会变成什么样子吗?

（五）培养联想思维

联想思维意指人脑记忆表象系统中，由于某种诱因导致不同表象之间发生联系的一种没有固定思维方向和方法的自由思维活动。联想就是从甲想到乙、由此想到彼，由一种联想到另一种与之相似、相关的事物，通过联想甚至可以使看上去毫不相干的事物之间发生联系。它是通过对两种以上事物之间存在的关联性与可比性，去扩展人脑中固有的思维，使其由旧见新，由已知推未知，从而获得更多的设想、预见和推测。联想往往能够给人们带来创造性的构思，从而实现创新。

1. 联想思维训练的注意事项

（1）训练过程中，一个联想题目可能会出现多步自由联想，甚至在某一步分出叉枝，都属正常。

（2）读完题目后，要立即强迫自己进入题目情境，设身处地地进行联想，要虚拟情景，越逼真越好。

（3）联想到的事物，要用笔记在题目后面的空格处。尽量多步联想。

2. 联想思维训练

（1）在自然博物馆里，看到恐龙的化石，会引起哪些联想？

（2）“九一八”三个字，能引起你哪些联想？

（3）遥望星空，你将产生怎样的联想？

（4）走到故宫太和殿前，你可能联想到哪些建筑物？

（5）看到“网络”二字，你会产生哪些联想？

（6）住在狭小拥挤的房子里，是否会从相反的意义上产生联想？

（7）在电视上看到了干旱的沙漠，你通过对比能联想到什么？

（8）给定两个词或两个物，然后通过联想在最短的时间里由一个词或物想到另一个词或物。例如，钢笔—月亮可以写为钢笔—书桌—窗帘—月亮。

训练题：电视机—老鼠、小草—沙发。

（9）将每对概念联系起来，看能不能产生好的创意。

训练题：钢笔—大象、香蕉—电视机。

（六）培养逻辑思维

逻辑思维是指大脑思维活动依据逻辑的规律和形式进行的思维，是人类认识世界的最基本的思维工具。只有经过逻辑思维，人们才能达到对具体对象本质规律和事物间的因果关系的把握，进而认识客观世界。它是人的认识的高级阶段，即理性认识阶段。同形象思维不同，它以抽象为特征，通过对感性材料的分析思考，撇开事物的具体形象和个别属性，揭示出物质的本质特征，形成概念并运用概念进行判断和推理来概括地、间接地反映现实世界。

1. 逻辑思维训练的注意事项

（1）训练要独立完成，在完成后可以与他人讨论。

（2）解题过程包括对题目的理解、分析过程，可以用箭头图、计算式、简单表格等形式表现出来。

（3）要认真总结，体会训练题的意图，加深对逻辑思维基本规律的认识。

（4）不要急于看参考答案，在看过参考答案后要对照自己的解题思路和结果，反思自己的思维过程,看有哪些进步和不足。

2. 逻辑思维的训练

(1)形式逻辑思维训练(下面的判断是否正确,为什么?)。

顾客:你们这儿是怎么搞的?啤酒里有苍蝇!服务生:啊!不要紧,我们这儿苍蝇不会喝很多啤酒。(应用同一律)

(2)在抽屉里有10只黑袜子和20只红袜子,如果在黑暗中取袜子,至少要摸出多少只袜子才能找到一双颜色相同的袜子?

(3)鲸不是鱼,海豚不是鲸,所以海豚是鱼。

(4)三角形分为锐角三角形、直角三角形、钝角三角形,通过完全归纳推理法,证明三角形的两条特征。

(5)举出1~2个著名旅游景点的情况,归纳出好的旅游景点的特点。

(6)运用科学归纳推理法,说明沙尘暴现象。

(7)比较真币和假币有哪些不同,总结出鉴别假币的方法。

(七)培养辩证思维

辩证思维,也称矛盾思维,实际上是指按照辩证逻辑的规律,即唯物辩证法的规律进行的思维活动。

辩证思维对创新活动的作用非常重要。可以说,辩证思维是在较高层次上统帅着整个创造性思维。我们之所以说要在发散思维和收敛思维之间保持适当的张力,就是为了能恰到好处地运用发散和收敛两种思维方式,处理好两者之间的辩证关系,这就是辩证思维的作用。实际上我们每个人每天差不多都在运用辩证思维的方法,只不过不够自觉,水平也不够高而已。要达到高水平的辩证思维水平,就要不断地学习、思考和训练。

1. 辩证思维训练时应注意的事项

(1)正确处理辩证与逻辑的关系。

(2)立意要高远,视角要新颖。

(3)不断解放思想,总结提高。

2. 辩证思维训练

(1)怎样才能让老太太快乐起来?

老太太有两个女儿都先后出嫁了。大女儿嫁给了做雨伞的,小女儿嫁给了做布鞋的,从此老太太天天牵挂着她们。天晴时,老太太发愁,大女儿的伞没人要,日子怎么过?下雨时,老太太也发愁,小女儿的布鞋没人要,一家子怎么活?这天空不是晴就是雨,老太太就天天愁,月月愁,年年愁。

请问:你有什么好办法能帮助老太太快乐起来?

(2)期末考试成绩不理想,原因在哪里?

(3)明朝末年开始,中国的科学技术落后于西方国家,原因在哪里?

(4)求职的同学回来说,招聘单位对学历要求越来越高,中专、技校的毕业生真的"没戏"了,你同意他的说法吗?

(5)某同学特别爱吃肉,但并没有发胖;另一女生吃肉不多,却有些胖。前者于是照旧猛吃,后者一点也不敢吃了,他们的做法对吗?

(6)某职工收入不高,并有下岗的可能,保险公司派人动员他买保险,他爱人不同意,你能给他出些主意吗？

（7）假期回家，遇到未考上大学的同学做生意发了财，并有炫耀之意，你是否羡慕他？

（8）有的农民看别人种什么来钱也跟着种什么，结果却没有致富，为什么？

（9）有的学生听说网络时代到来了，便沉迷于“上网”，其他功课也不愿意学了，这样做对吗？

【案例】

截至2010年7月30日，苹果公司的市值接近2 500亿美元，超越了微软公司，成为全球最具价值的科技公司。但是早在2003年初，苹果公司的市值也不过60亿美元左右，一家大公司，在短短7年之内，市值增加了40倍，这可以说是一个企业史上的奇迹。苹果公司可以从之前的烂苹果变成现在的金苹果，其成功主要源于不断创新。

1. 产品方面创新

从1998年到2010年，苹果公司陆续推出以i为前缀的iMac、iPod、iTunes、iPhone、iPad等创新产品。受到了“苹果粉”的狂热拥护。

2. 理念的创新

1）根据用户需要为非技术需求设计新产品

在产品的设计上，首先考虑用户的个性化需求以及操作的简便性。比如iPod的开发首先就定位在大容量播放器上，在设计上为了使用户能更方便地操控，一切和音乐无关的硬件尽量避免。此外，iPod还有一些附加的功能，如录音功能、数码相机伴侣、可以像移动硬盘一样存储非音频格式的数据文件等。方便了用户的工作和生活需求。

2）超越顾客的需求

不仅满足顾客的需求，而且要给他们必定想要的但还没有想到的。iPhone不仅仅取得了自身的成功，还将手机市场引入了另一个境界，智能、触控、大屏幕、应用程序，在传统手机市场还没有反应过来时，它已经成为新一代手机市场的领军者。

3. 商业模式的创新

iTunes Music Store就是这样一种成功的商业模式。苹果真正的创新不是硬件层面的，而是让数字音乐下载变得更加简单易行。利用iTunes iPod的组合，苹果开创了一个全新的商业模式——将硬件、软件和服务融为一体。对于苹果公司而言，盈利路径主要有两个：一个是靠卖硬件产品来获得一次性的高额利润，二是靠卖音乐和应用程序来获得重复性购买的持续利润。

4. 创新的方法

苹果公司每周有两次会议，这两次会议分别运用两种不同的创新方法，第一次为头脑风暴法，第二次为黑帽子思维方法。

分析：

从案例中你知道了什么？你认为决定一个公司成败的关键是什么？

三、常见的创新思维提升方法

一项研究发现72%的培训项目是成功的，而综合性的项目，如创造性问题解决、创造性思维项目等被证明尤为有效。研究表明,有关社会问题解决、计划和创意任务的训练,对发散性思维的提升作用在两年之后依然有效。一些创新思维的培训方法已经得到了开发并被广泛使用,以下介绍七类主要的创新思维训练方法。

(一)头脑风暴法

头脑风暴法是美国创造学家亚历克斯·奥斯本(Alex F. Osborn)于1963年发明的一种创造性技法,它是众多创意生成方法的鼻祖(Osborn, Rona, Dupont & Armand, 1971)。头脑风暴法提倡在不加评价的氛围下分享创意,促使短时间内形成大量的创新想法。这一方法在硅谷的IDEO工业设计公司得到出神入化的应用。头脑风暴法被广泛应用于组织的创造力培训中。头脑风暴法旨在打破头脑中的封闭局面,掀起思考的风暴,帮助个体避免在解决具体问题时遭遇自我责备和受到他人评价的影响,从而产生尽可能多的想法。

奥斯本提出了使用头脑风暴法的四条规则:

(1)自由畅谈,允许异想天开的意见,设想看起来越荒唐就越有价值。参与者不受任何条条框框的限制,放松思想,从不同角度大胆地展开想象,尽可能标新立异地提出独创性的想法。

(2)禁止批评。所有提出来的设想都不允许进行评论,禁止挖苦和表现出相关的肢体语言,发言人的自我批评也在禁止之列。

(3)追求数量。头脑风暴会议的目标是获得尽可能多的设想,追求数量是它的首要任务。它认为创意的质量和数量密切相关,产生的设想越多,其中的创造性设想就可能越多。

(4)对设想进行组合与改进。除了与会者本人提出的设想之外,要求与会人员提出改进他人设想的建议并进行综合。

(二)综摄法

综摄法是由美国麻省理工学院教授威廉·戈登(Willian Gordon)于1944年提出的一种利用外部事物启发思考、开发创造潜力的方法。戈登发现,当人们看到一件外部事物时,往往会得到暗示,这将有助于启发类比思考。类比思考会被日常生活中的各种事物激发。

综摄法的两大思考原则是:使陌生的熟悉起来;使熟悉的陌生起来。综摄法提出了两种方法。第一种是人物模拟法,即一种感情移入式的思考方法,先假设自己变成他人,再考虑自己会有什么感觉,如何去行动,然后再寻找解决问题的方案。第二种是非人物模拟法,即用想象能力通过童话、小说、谚语、物体等寻找灵感。综摄法的主要步骤如下:第一步,对关心领域开展讨论,直到有人提及议题,着力激发与会者的灵感;第二步,不追求创意的数量,追求创意的质量和可行性;第三步,开展各种类比思考。

(三)KJ法

KJ法也称"纸片法",它的创始人是东京工业大学教授、人文学家川喜田二郎,KJ是他的英文名字 *Jiro Kawakita* 的缩写。1954年,川喜田二郎整理他在喜马拉雅探险中所获得的资料时发明了这种方法。KJ法将未知的问题、未曾涉及领域的问题的相关事实、意见或设想之类的语言文字资料收集起来,并利用其内在的相互关系归类合并制作成图,以便从复杂的现象中整理出思路,抓住实质,找出解决问题的途径。KJ法先收集某一特定主题的大量事实、意见或构思语言资料,根据它们的关系进行分类综合。然后利用这些资料间相互关系的归类整理,打破现状,采取协同行动,求得问题的解决。

KJ法的流程如下:第一步,制作纸片。把事实要素分别书写在卡片上,每张写一个信息,要尽可能地写得具体、简洁。第二步,卡片分组。反复阅读这些卡片,附上标签,避免过分抽象和只进行简单的加总。第三步，编制小卡片群，思考并标出卡片群之间的关系。第四步，阅读，抓取关键要素并形成创新思路，用文字表达出来。

（四）SCAMPER 和十二聪明法

SCAMPER 方法是美国教育管理者罗伯特·艾伯尔（Robert Eberle）于 1971 年提出的一种综合性思维策略。SCAMPER 是 substitute（替换）、combine（组合）、adapt（调整）、modify/magnify/minimize（修改/放大/缩小）、put to other uses（用作他途）、eliminate（排除）、reverse/rearrange（颠倒/重新排列）的首字母缩写。相似地，上海创造学会研究出十二聪明法，也称思路提示法，共 12 句话 36 个字。该法已被日本创造学会和美国创造教育基金会承认，并译成日文、英文在世界各国流传和使用。十二聪明法的具体内容包括：

（1）加一加。考虑能在这件东西上添加些什么吗？需要加上更多时间或次数吗？把它加高一些、加厚一些行不行？把这样东西跟其他东西组合在一起会有什么结果？汇集建议，开讨论会，集思广益一下如何？

（2）减一减。考虑可在这件东西上减去些什么吗？可以减少些时间或次数吗？把它降低一点、减轻一点行不行？可否省略、取消什么东西？

（3）扩一扩。考虑把这件东西放大、扩展会怎样？加长一些、增强一些能不能提高速度？

（4）缩一缩。考虑把这件东西压缩、缩小会怎样？拆下一些、做薄一些、降低一些、缩短一些、减轻一些、再分割得小一些行不行？

（5）变一变。改变一下形状、颜色、音响、味道、运动、气味、型号、姿态会怎样？改变一下次序会怎样？

（6）改一改。这件东西还存在什么缺点？还有什么不足之处需要加以改进？它在使用时是否给人们带来不便和麻烦？有解决这些问题的办法吗？这件东西可否挪作他用？或保持现状，做稍许改变？

（7）联一联。某个事物的结果跟它的起因有什么联系？能从中找到解决问题的办法吗？把某些东西或事情联系起来，能帮助我们达到目的吗？

（8）学一学。有什么事物和情形可以让自己模仿、学习一下吗？模仿它的形状、结构、功能会有什么结果？学习它的原理、技术又会有什么结果？

（9）代一代。这件东西能代替另一样东西吗？如果用别的材料、零件、方法行不行？换个人做、使用其他动力、换个结构、换个音色行不行？换个要素、模型、布局、顺序、日程行不行？

（10）搬一搬。把这件东西搬到别的地方，还能有别的用处吗？这个想法、道理、技术搬到别的地方，也能用得上吗？可否从别处听取到意见、建议？可否借用他人的智慧？

（11）反一反。如果把一件东西、一个事物的正反、上下、左右、前后、横竖、里外颠倒一下，会有什么结果？世界上很多的发明都是通过反向思维而获得的灵感。

（12）定一定。为了解决某个问题或改进某样东西，为了提高学习、工作效率和防止可能发生的事故或疏漏，需要规定些什么吗？

（五）水平思维训练

1967 年，爱德华·德·波诺认为创新思维要打乱原来明显的思维顺序，从另一个角度找到解决问题的方法，即水平思维。水平思维打破了我们常规的思考习惯，它不过多地考虑事物的确定性，而是考虑多种选择的可能性。水平思维强调结果，强调创意的推进，而不是一味地追求决策的正确性或评价。水平思维方式不是关心如何完善旧观点，而是在意如何提出新观点,关注价值重整、模式创新、理念突破、重新定位。波诺认为思维最大的敌人是混乱,因此要对思维进行分解,知晓思维的运行方式。20 世纪 70 年代初,波诺创立了柯尔特思维训练课程,被美、日、英、澳等五十多个国家在学校教育领域内设为教学课程,他还开发了六顶思考帽这一有助于创造力思维提升的工具,六顶颜色的帽子比喻六种基本思维功能:白帽子代表事实和资讯;黄帽子代表与逻辑相符合的正面观点和积极因素;黑帽子意味着警示与批判,发现事物的消极因素;红帽子代表感觉、直觉和预感,形成观点和感觉;绿帽子代表创造性解决问题的方法和思路;蓝帽子代表对思维的整体过程的控制。知晓当下思考所对应的思考帽,以及所对应的六顶思考帽的排列顺序和组合,对于个体和团队把握自己的思维进展,厘清思维的混乱都有积极的作用。

(六)全脑思维及思维导图

1981 年,美国加利福尼亚大学罗杰·斯佩里(Roger Sperry)及其同事获得了诺贝尔奖,他们发现大脑左半球擅长语言和计算,习惯于做分析;大脑右半球擅长空间的识别和对音乐、艺术、情绪的感知,偏向于整体直观分析。大脑左半球和右半球在功能上存在分工与合作,相辅相成。并且,当右脑的大脑皮层处于活跃状态时,左脑的大脑皮层处于相对宁静和冥想的状态;当左脑的大脑皮层处于活跃状态时,右脑的大脑皮层则处于相对放松和平静的状态。开展全脑思维将有利于创造力的开发,与这个思路相对应的是东尼·博赞(Tony Buzan)发明的思维导图。它是用图形辅助思考的简洁而有效的工具,以全脑思维替代线性思维的一种思考方法,具有以下作用:梳理凌乱的想法,聚焦主题;进一步拓展主题;在孤立的信息之间建立联系;清晰画出的全景图,可以帮助观察到所有细节与整体;对关注的主题加以形象的描绘,便于发现当前的不足;便于进行概念组合和再组合,进行各要素之间的比较;有助于维持思维的积极性,不断探索方案;把注意力集中在主题上,将短时记忆转化为长时记忆;促进思维发散,多角度捕捉新思想。

(七)创造性问题解决

这一方法是奥斯本及其同事开发的,它包括三大功能:问题理解、创意产生和行动计划,由 6 ~ 8 个创造性问题解决阶段或问题解决步骤组成,涉及发现困境、发现问题、搜寻信息、寻找创意、寻找方案以及确定可接受的方案等步骤。每个步骤中均需要开展发散思考和收敛思考(Puccio,Cabra,2009)。创造性问题解决方法包括大量练习与工具,是创造性技能与方法的集成应用。近年来,国外学者进一步提出创造性问题解决过程与 8 项能力有关:问题构建或问题发现、信息收集、概念搜寻与选择、概念整合、创意产生、创意评估、实施规划、行为评价,并证明这些技能对创造性绩效有积极影响。创造性问题解决方法及其相应的工具在各类机构中已经得到了较广泛的推广。

自我认知——专注于日常思维习惯养成的训练法

拓展延伸

通过本节的学习，我们对创新思维的训练与提升的方法有了了解，你是否能运用这种创新思维方式到今后的学习和生活中去？

第三节 创新能力培养

学习目标

(1)理解培养创新能力的重要意义。

(2)掌握创新能力培养原则。

(3)打造专业教育与思政教育的协同效应，培养创新意识和创新能力。

知识学习

【案例】

打破定势思维

在纽约有一栋高层办公楼，租户们抱怨在上班高峰时，等电梯的时间太长了，服务感受极差，有几家租户威胁说要解除租约搬走。办公楼经理请了一家从事电梯系统设计和运行的专业工程公司来帮忙处理。工程师们经过调研，确认电梯的等待时间确实有点长，并提出了三套改善方案：一是增加电梯数量；二是更换成速度快一点的电梯；第三是引进电脑控制，让无人乘坐的电梯自动下到一楼。但由于楼房年代久远，上述三种方案都不能经济地解决问题。办公楼经理无奈召开了全体员工大会，号召大家一起想解决办法。大家围绕改善电梯的性能提了不少建议，但都存在某种不足遭到否决。

只有一个刚入职的年轻心理学毕业生提出了一个特别的建议，他关注的不是电梯的性能，而是在思考为什么人们等待几分钟就抱怨？他思考得出的结论是抱怨是无聊的结果，提议在上电梯的地方安装几面镜子，那些等电梯的人就可以看看自己或别人，不会有被人注意到的尴尬，等候时间也不觉过去了。镜子很快装好了，只用了很少的费用，租户对等电梯时间长的抱怨也没有了。

很多事情是有多面性的，从不同的角度看就有不同的着重点，也就有不同的应对策略。跳出某个专业领域去思考问题，反而能想到更好的解决办法，不是吗？所以不要让自己思维定势，遇到困境也不要轻易放弃，“山重水复疑无路，柳暗花明又一村。”适用在很多领域和场合。

一、创新能力培养的原则

(一)个性化原则

每个人都是一个特殊的不同于他人的现实存在,没有个性,就没有创造。因此,培养学生的创新能力必须遵循个性化原则,因材施教,激发学生的主动性和创造性,培养其自主的意识、独立的人格和批判的精神。鼓励他们大胆质疑,逢事多问几个"为什么""怎么样"、自己拿主意、自己做决定、不依附、不盲从,引导和保护他们的好奇心、自信心、想象力和表达欲,使他们逐步养成自主、进取、勇敢和独立的人格。

(二)实践性原则

培养创新能力,无论是培养的目的、途径,还是最终结果,都离不开实践。坚持创新是一种创造性的实践,坚持以实践作为检验和评价学生创新能力的唯一标准。

(三)协作性原则

所谓协作是指由若干人或若干单位共同配合完成某一任务。创新能力不只是跟智力因素有关,非智力因素也在很大程度上影响着创造潜能的发挥。

二、培养创新能力的重要意义

(1)创新能力是社会发展的迫切需要。随着市场经济的发展,要求未来的劳动者不仅要具备从业能力,还必须具备创新、创业能力。

(2)创新能力培养是人才自我实现的需要。自我实现在人生目标中具有突出的地位,提高综合素质和创新能力,对参与社会竞争,具有很强的现实意义。

(3)创新、创业能力是推动创新型国家建设的需要。"创新"是一个民族进步的灵魂,是一个国家兴旺发达的不竭动力。21世纪的竞争其实就是高素质人才的竞争。一个拥有创新能力和大量高素质人力资源的国家,将具备发展知识经济的巨大潜力。

三、培养创新能力应具备以下素质

(一)提倡标新立异,养成首创精神

首创就是要做别人没有做过、没有想过的事情,标新立异实质上就是有强烈的进取精神和勇于开拓的思维意识,是一种敢为人先、敢为人未为的创新精神。

(二)激发探索欲望,养成好奇心境

古往今来,有很多发明创造和真知灼见都是通过不断探索而获得的。而人们的探索欲望,常常表现为强烈的好奇心。古人说:"失败是成功之母",西方谚语也说:"好奇是研究之父,成功之母",好奇可使人对事、对人充满兴趣,而有了兴趣便想去质疑,去探究,喜欢刨根问底。人一旦对某个问题产生好奇心,他对这方面的知识储备便会丰富,同时注意力便会集中,对这件事情便会更加关注,更加投入,思维会特别活跃,潜能往往可以在这时释放出来,使人发挥不可估量的作用,这时人的创造性便会空前高涨。

(三)增强顽强意识,养成耐挫能力

人不可能事事一帆风顺,都会遇到困难,碰到挫折,如果没有超强的耐挫能力,没有百折不挠的顽强毅力,而是怕苦畏难,遇到风险便止步,这样就永远不可能获得成功,更不要说取得创新成果。其实,困难、挫折是一笔财富,危急时刻,人们往往会斗志昂扬,思维活跃,意志也更加坚定。只有不畏艰难,去集中精力,解决矛盾,战胜困难,才更容易激发出创造性。

（四）学会质疑

我国古代教育家早就提出“学贵为疑,小疑则小进,大疑则大进”“学从疑生,疑解则学成”。20世纪中期,布鲁纳认为发现教学有利于激活学生的智慧潜能,有利于培养他们学习的内在动机和知识兴趣。

有一位物理老师做了一个实验,他用一小支蜡烛,在蜡烛的底部粘上一个硬币,放在半碗水里,蜡烛刚好露出水面一小段,然后点燃蜡烛,蜡烛燃烧了一会儿,逐渐接近水面。当蜡烛烧到水里时便“熄灭”了,过了一会儿又突然燃起来了;一会儿又“熄灭”了,再过一会儿又燃起来了,这样连续了三次。他就问学生们为什么?最终蜡烛真的熄灭了,他又问学生为什么?他让学生们相互质疑、相互讨论,最后得出结论是与氧气有关。这一实验让学生们从悬念中获得知识,使其深深地记在脑海里。

（五）树立问题意识

什么叫“问题意识”?就是对客观存在的矛盾的敏锐感知和认识。具体来说,就是有“主动发现问题、找准问题、分析问题”的自觉意识,进而也才会为解决问题提供更多、更准的途径与策略。可以说,准确地发现和提出问题就等于问题解决了一半。

一个人需要树立“问题意识”,才能更主动地去改造主客观世界。“问题意识”能够给他人以紧迫感和压力,促进他人不断发现问题、解决问题。

自我认知——换位思考:将脑袋打开1 mm

【案例】

中国人素以谦虚好学著称,我们的企业要想实现跳跃式发展,也就必须站在巨人的肩膀上,我们不但要学习日本人的团队精神、德国人的严谨态度,还应学习美国人的创新精神。在一次酒会上,有7个人,美国人、俄罗斯人、英国人、法国人、德国人、意大利人、中国人,每个人都要宣传自己国家有什么好酒。中国人把茅台拿出来了,酒盖一起,香气扑鼻,在座的各位说茅台了不起。俄国人拿出了伏特加,英国人拿出了威士忌,法国人拿出了XO,德国人拿出了黑啤酒,意大利人拿出了红葡萄酒,都很了不起。到了美国人这里,美国人找了个空杯子,把茅台等几种酒都倒了一点,晃了晃,什么酒?鸡尾酒。综合就是创造。他哪有东西,只不过把别人的东西拿过来,把好的东西综合起来就是创新。

分析:

(1)通过以上的案例,你有什么启示?

(2)你认为创新的秘诀是什么?

四、创新能力的培养

(一)树立远大理想,明确创新目的

人只有树立了远大理想,才会永不休止地前进。我们只有找准了人生的远大目标,才会发现,现在距离理想的目标有多遥远,我们应该怎样做才能最终实现理想。只有这样,我们才会知道只有学会创新,才能适应社会的发展,才能实现自己的理想。也只有这样,我们才能在创新上投入更多的精力。

伟大的教育家陶行知先生说过:"人类社会处处是创造之地,天天是创造之时,人人是创造之人。"创新不是少数天才的专利,人人都可以创新;创新也没有时间限制,随时都可以创新。

(二)创造创新机遇,给予创新空间

"创新空间"指追求创新、发展自我的时间和机会。要培养我们的创新素质,就必须有一个追求创新、表现和发展自我的时间和机会,就必须营造一个和谐的探索氛围,就必须尽可能多地寻找一些创新的机会,让我们的创新思维和操作能力得到应有的锻炼和提高。只有这样,我们才能比较充分地释放潜能,独立思考,标新立异,大胆创新。

(三)加强知识储备

创新并非凭空设想,要有科学的根据和坚实的知识基础。科学创新的基础在于知识储备。知之甚少无法创新,唯有知识渊博,才能为创新能力提供一个比较宽厚的基础。创新是对前人经验的创新性继承,是对于未来发展的链条式推动。创新不是孤单单的一棵独木,它是苍茫大地中的一片森林、一川流水、一脉山峦。唯有根基雄厚,连绵不绝,新陈代谢,循环往复,才能显示出旺盛的精神和宏伟的气魄。创新能力所需要的正是这种精神和气魄,富于这种精神和气魄的强大机体就是知识储备。知识储备是培养创新能力的知识基础。

(四)引导开拓创新行为,养成开拓创新习惯

培养开拓创新能力,不仅要培养开拓思维,学习创新方法,还要把已知的创新理论变成创新实践,具体可从如下几方面入手:

1. 发现新问题

在学习和生活中,我们会遇到大量的复杂问题,其中有些是常规性问题,有些是创新性问题。历史和实践告诉我们,科学上的突破、技术上的革新、艺术上的创作,都是从发现问题、提出问题开始的。爱因斯坦认为,发现问题可能比解决问题更重要。发现和提出问题,从新的可能性、新的角度去考虑问题,要求有创新性的想象。

2. 储存新问题

在发现新问题之后,把信息储存在大脑中,就是将获取的新问题与我们已有的知识经验联系起来,并将新问题纳入我们的大脑中储存起来。新问题的储存质量与创新思维有着密切的联系。储存的问题信息编码合理、质量高,人们在对问题进行思考和分析时就很容易被激活,也就容易被提取,容易产生联想,人的思维也就变得灵活,这样就有助于我们对新问题产生创新性的思想和成果。

3. 提取新问题

任何创新性观念的产生,都需要从储存在头脑中的知识经验中提取有关的信息。在提取过程中,需要有选择、有针对性地激活那些与解决问题有关的信息。

4. 加工新问题

新问题被提取后即进入问题加工阶段。人们对新问题的加工主要有心理和实际操作加工两种方式。心理加工主要有联想、灵感、类比、直觉等方式;实践操作加工主要有实际比较、动作尝试、行为探索、操作演算等方式。人们在从事新的活动中,心理加工和实际操作加工两种加工方式相互补充和相互配合,从而进一步促进人们创新能力的形成。

创新思维和行为在人们的学习和生活中进行实践并得到认可,创新能力就会提高,从而有进一步开拓创新的意愿,使这种行为更加趋于成熟,逐渐养成创新习惯,也使自己的创新能力不断提高。

(五)激发开拓创新情感,提高创新能力

1. 激发创新情感

培养创新能力是一个复杂的系统过程。我们有了理想,明确了创新目的,还需要及时激发开拓创新情感。在创新过程中,首先要对此项活动有一种热切参与的情感和愿望,人只有热切参与这种活动,才可能真正全身心地投入这种活动中去。人有了对创新的情感,热爱创新,才能为创新付出时间和精力,并且不厌倦。

2. 优化知识结构

知识是创新的基础和前提。在学习过程中,我们要有意识地拓宽知识面,优化自己的知识结构,不但要学好基础知识,还要学习和掌握专业知识和各种技能技巧。

3. 强化个性培养

个性和创造能力之间关系密切。创新个性属于创新的动力系统,是创造能力萌芽与生长的土壤,包括不懈的追求、自主性、好奇心、挑战性、求知欲、坚韧性等。

4. 深化创新实践

在学习和生活中,我们要有意识地培养自己的创新素质,如换一种角度去思考、改变一种人际交往方式等,不断提高自己的创新能力。

五、发挥创新优势

一个人要想成功,就必须了解自己的优势,分析并总结自己的优势,科学合理地整合自己的优势,利用优势激发自己的最大潜能,让自己的优势转化为成功的能量。

优势,是指个人在某个方面具有的突出知识和才能,一般包括:与工作有关的专业优势;一般优势,如语言表达、人际关系、组织管理等;业余爱好方面的优势,如某种体育运动项目及摄影、绘画、书法、歌舞等。美国哈佛大学心理学家加德纳认为:一个人的智能是以组合的方式构成的,每个人都是具有多种能力的组合体,人的智能是多元的,除了言语—语言智能、逻辑—数理智能两种基本智能以外,还有视觉—空间智能、音乐—节奏智能、身体—运动智能、自我认识智能等。因此,一个人的优势能直接影响职业活动的效率,从事能够发挥优势的职业,是职场上与他人竞争的优势,也是获得职业成功的驱动力和能够创新的必要条件,是走向成功的必由之路。

实践证明,很多成就卓著的成功人士,首先得益于他们充分了解自己的优势,然后再根据自己的优势进行定位或重新定位。例如,爱因斯坦的思考方式偏向直觉,所以他没有选择数学,而是选择了更需要直觉的理论物理作为事业的主攻方向,这样定位的结果便造就了世界级的物理学大师;而杨振宁的实验能力相对较差,因此,他的导师泰勒帮助他把注意力从实验物理学转到了理论物理学的研究重点上,由此,便有了杨振宁对宇宙不守恒的研究并获得了诺贝尔物理学奖。

那么,如何寻找自己的创新优势?一般而言,每个人的优势主要从以下四方面加以认识:

(一)自己曾经学习了什么

在学校读书期间,自己从专业的学习中获取了哪些收益;社会实践活动提升了哪方面的知识和能力。在就读期间应注意学习的方法,善于学习,同时还要勤于归纳、总结,把单纯的知识真正内化为自己的智慧,为自己多准备一些可持续发展的资源。自己所学的知识、技能就是自己的优势,这种优势很可能就是你创新的起点和基础。

(二)自己曾经做过什么

为了使自己的经历更加丰富和突出,在实践时应尽量选择与职业目标一致的工作项目,坚持不懈地努力,这样才会使自己的经历更具有实在的说服力,更能对日后的工作起到积极的作用。

(三)自己最成功的是什么

在自己做过的诸多事情中,哪些事情是最成功的?是通过何种方式取得成功的?通过对成功细节的分析,可以更多地发现自己的优势。以此作为个人深层次挖掘的动力之源和魅力闪光点,增加自己的择业和从业信心。

(四)正确地评价自己

正确地评价自己是一道难题。古希腊哲学家苏格拉底曾提出一个著名的命题"认识你自己",他认为,人之所以能够认识自己,在于其理性;认识自己的目的在于认识最高真理,达到灵魂上的至善。"认识你自己"还被刻在古希腊阿波罗神殿的石柱上,与之相对的石柱上刻着另一句箴言"毋过",这两句名言作为象征最高智慧的"阿波罗神谕"告诫着人们应该有自知之明,不要做超出自己能力之外的事。在我国,老子说过"知人者智,自知者明",作为大军事家的孙子则有"知己知彼,百战不殆"的名言传世。可以说,从古到今,人们对于自我的认识始终处于无尽的探索之中。

可以从如下四个方面正确地评价自己:

1. 通过与别人的横向比较认识自己

有比较才有鉴别,通过个人自然条件、社会条件、处世方法等方面与周围的人进行比较,找准自己的位置。这种比较虽然常带有主观色彩,但却是认识自己的常用方法。不过,在比较时,要寻找环境和心理条件相近的人,这样才较符合自己的实际水平和自己在群体中的位置,这样的比较才有意义。

2. 通过纵向的生活经历了解自己

成功和挫折最能反映个人性格或能力上的特点,通过自己成功或失败的经验教训来发现个人的特点,在自我反思和自我检查中重新认识自我,认识自己的长处和短处,把握自己的人生方向是非常有意义和非常有效的。如果你不能肯定自己是否具有某方面的性格、才能和优势,不妨寻找机会表现一番,从中得到验证。

3. 从别人的评价中认识自己

人人都会通过别人对自己的评价来认识自己,而且在乎别人怎样看自己,怎样评价自己。当然他人评价比自己的主观认识具有更大的客观性,如果自我评价与周围人的评价有较大的相似性,则表明你的自我认识能力较好、较成熟,如果客观评价与你自己的评价相差过大,则表

明你在自我认知上有偏差,需要调整。然而,对待别人的评价,也要有认知上的完整性,不可因自己的心理需要而只注意某一方面的评价,应全面听取,综合分析,恰如其分地对自己做出评价和调节。

4. 利用 MBTI(Myers & Briggs Type Indicator,迈尔斯和布里格斯的类型指引)认识自己

MBTI 是一种性格测试工具,以瑞士著名心理学家卡尔·荣格的心理类型理论为基础,后经 Katharine Cook Brjggs 与女儿 Isabel Briggs Myers 研究并发展了前者的理论,把卡尔·荣格的理论深入浅出地变成了一个工具。MBTI 已成为世界上应用最广泛的识别人与人差异的测评工具之一。MBTI 主要用于了解受测者的个人特点、潜在特质、待人处事风格、职业适应性以及发展前景等,从而提供合理的工作及人际决策建议。当然,这也会为找出自己的创新优势提供科学依据。

所以,在生活中,要寻找最适合自己去做的事,也就是自己最感兴趣的事、最有优势的事、自身素质能够满足要求的事、客观条件许可的事。这几种因素缺一不可,再加上恒心和毅力,就等于成功。做自己有优势的事,即使一时成功不了,坚持下去也必有收获,即使得不到巨大的成功,也不至于一无所获。

自我认知——提高创新能力的十个技巧

拓展延伸

通过本节的学习,我们对创新能力培养有了新的认识和判断,你学会了吗?

附录　电梯元件的名称和文字符号